U0223135

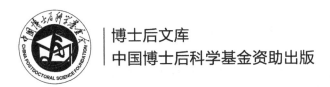

博士后文库
中国博士后科学基金资助出版

# 智能材料的马氏体相变与马氏体

万见峰 著

科学出版社
北 京

# 内 容 简 介

　　本书针对智能材料中的马氏体相变及马氏体,采用理论与实验相结合的方法对其热力学、动力学、形态学等进行多尺度探究,旨在促进新型智能材料的深入研究及应用开发。全书共 8 章;第 1、2 章论述马氏体相变的非线性特征及平均场理论;第 3 章基于量子力学研究马氏体预相变的晶格动力学;第 4 章利用第一性原理研究母相和马氏体的电子结构及稳定性;第 5 章研究相变、层错、长周期结构的热力学;第 6 章利用相场方法研究马氏体相变形态学的相场模拟;第 7 章多层次论述马氏体相界面科学与工程;第 8 章研究 FCC-FCT 马氏体相变的表面形貌特征。

　　本书可供材料科学和凝聚态物理及相关领域的科技人员和高校师生参考。

**图书在版编目(CIP)数据**

智能材料的马氏体相变与马氏体/万见峰著. —北京:科学出版社,2018.8
(博士后文库)
　ISBN 978-7-03-058560-8

　Ⅰ.①智…　Ⅱ.①万…　Ⅲ.①智能材料-马氏体相变-研究②智能材料-马氏体-研究　Ⅳ.①TB381②TG113.1

　中国版本图书馆 CIP 数据核字(2018)第 191861 号

责任编辑:裴　育　陈　婕　纪四稳 / 责任校对:张小霞
责任印制:徐晓晨 / 封面设计:陈　敬

科 学 出 版 社 出版
北京东黄城根北街 16 号
邮政编码:100717
http://www.sciencep.com
北京凌奇印刷有限责任公司 印刷
科学出版社发行　各地新华书店经销

*

2018 年 8 月第 一 版　开本:720×1000　1/16
2024 年 1 月第四次印刷　印张:18 1/4
字数:350 000
定价:**150.00 元**
(如有印装质量问题,我社负责调换)

# 《博士后文库》编委会名单

# 《博士后文库》序言

　　1985 年,在李政道先生的倡议和邓小平同志的亲自关怀下,我国建立了博士后制度,同时设立了博士后科学基金。30 多年来,在党和国家的高度重视下,在社会各方面的关心和支持下,博士后制度为我国培养了一大批青年高层次创新人才。在这一过程中,博士后科学基金发挥了不可替代的独特作用。

　　博士后科学基金是中国特色博士后制度的重要组成部分,专门用于资助博士后研究人员开展创新探索。博士后科学基金的资助,对正处于独立科研生涯起步阶段的博士后研究人员来说,适逢其时,有利于培养他们独立的科研人格、在选题方面的竞争意识以及负责的精神,是他们独立从事科研工作的"第一桶金"。尽管博士后科学基金资助金额不大,但对博士后青年创新人才的培养和激励作用不可估量。四两拨千斤,博士后科学基金有效地推动了博士后研究人员迅速成长为高水平的研究人才,"小基金发挥了大作用"。

　　在博士后科学基金的资助下,博士后研究人员的优秀学术成果不断涌现。2013 年,为提高博士后科学基金的资助效益,中国博士后科学基金会联合科学出版社开展了博士后优秀学术专著出版资助工作,通过专家评审遴选出优秀的博士后学术著作,收入《博士后文库》,由博士后科学基金资助、科学出版社出版。我们希望,借此打造专属于博士后学术创新的旗舰图书品牌,激励博士后研究人员潜心科研,扎实治学,提升博士后优秀学术成果的社会影响力。

　　2015 年,国务院办公厅印发了《关于改革完善博士后制度的意见》(国办发〔2015〕87 号),将"实施自然科学、人文社会科学优秀博士后论著出版支持计划"作为"十三五"期间博士后工作的重要内容和提升博士后研究人员培养质量的重要手段,这更加凸显了出版资助工作的意义。我相信,我们提供的这个出版资助平台将对博士后研究人员激发创新智慧、凝聚创新力量发挥独特的作用,促使博士后研究人员的创新成果更好地服务于创新驱动发展战略和创新型国家的建设。

　　祝愿广大博士后研究人员在博士后科学基金的资助下早日成长为栋梁之才,为实现中华民族伟大复兴的中国梦做出更大的贡献。

中国博士后科学基金会理事长

# 序　言

　　开发新型智能材料是我国近期国家科技发展规划中新材料领域需要强化的前沿技术内容之一,也是国际新材料研究领域的重要发展方向。智能材料中的马氏体相变与马氏体和材料的形状记忆效应(包括单程记忆效应、双程记忆效应及磁控记忆效应)、阻尼性能及超弹性等密切相关,对其进行研究无论是从相变基本原理还是从工程应用上考虑均具有积极的科学意义。

　　智能材料中的马氏体相变与传统钢铁材料有联系,也有很大的差异。该书针对智能材料中的马氏体相变及马氏体进行了多尺度研究,为新型智能材料的开发提供理论支撑,主要创新点及学术价值体现在以下几个方面:针对马氏体相变过程中的非线性特征,提出层错-软膜耦合的相变机制,提出通过马氏体相变和反铁磁相变相结合来调控弹性模量的新思路;利用第一性原理,从结合能、电子密度、键级、态密度、能级等角度对合金的电子结构及其稳定性进行深入的研究;基于电-声相互作用和磁-声相互作用对马氏体预相变进行系统研究,提出预相变的电-声机制,计算预相变的临界驱动力及磁场的影响;利用相场方法系统研究马氏体微观组织的演化规律;利用热力学、第一性原理、相场等方法系统研究马氏体相界面。这些工作有利于我们对马氏体相变基本原理有一个更深入全面的认识和了解。

　　在智能材料中,马氏体相变及马氏体的研究是一个重要分支,该书将理论研究与实验验证结合起来,充分利用第一性原理、量子力学、平均场理论、相场模拟等研究方法,从电子、晶格原子、介观等层次对智能材料中的马氏体相变进行了多尺度研究,在预相变研究、马氏体相界面科学与工程、马氏体形态学等方面可以形成新的研究思路,并建立新的相变理论,不仅拓展了研究思路和研究方法,同时也促进了相变研究及相变的工业应用。希望该书能为从事智能材料研究的科研工作者提供积极的帮助和参考,同时希望万见峰博士在今后的科研工作中继续努力,为相变科学与工程研究做出更大的贡献。

徐祖耀

中国科学院院士

2016 年 8 月于上海

# 前　言

马氏体相变与马氏体的研究在智能材料中具有重要地位。单程记忆效应、双程记忆效应以及磁控形状记忆效应均与马氏体相变有密切的关系。深入研究马氏体相变与马氏体有利于探究形状记忆效应的微观机制和探寻提高形状记忆效应的有效途径,最终目的是加快和扩展智能材料在工业领域的应用,更好地服务于人类社会。

本书从以下几个方面多层次、系统深入地研究马氏体相变:①马氏体相变的非线性特征,如非线性内耗、电阻、比热容等,探究马氏体相变的形核机制,定量描述形状记忆效应的非线性特征,探寻局域软模机理及非线性模量调控的方式;②非线性马氏体相变的平均场理论,基于序参量建立系统的自由能,分析相变的形核及长大过程;③马氏体预相变的晶格动力学,从量子力学的角度对预相变进行深入研究,包括预相变的驱动力、微观机制等,并对预相变过程中的比热容、磁化及阻尼效应进行分析和解释;④母相和马氏体的电子结构及稳定性,利用第一性原理计算马氏体相和母相的电子结构,更深入地分析相变结构稳定性的内在机理;⑤智能材料中的马氏体相变热力学,重点分析相变驱动力、层错热力学、过渡相的热力学稳定性以及相变热滞,为智能材料的热力学设计提供理论依据;⑥马氏体相变形态学的相场模拟,利用相场方法系统探究不同外场(包括拉应力、压应力,连续应力、循环应力,应变等)下马氏体等微观组织的演化规律,为合金成分-微观组织-性能一体化设计开辟道路;⑦马氏体相界面科学与工程,相界面与智能材料的物理性能密切相关,重点研究相界面热力学、相界面力学、马氏体孪晶相界面的电子结构及掺杂效应、相界面动力学、相界面的耗散结构特性等;⑧FCC-FCT 马氏体相变的表面形貌学研究,利用原位实验方法研究马氏体正、逆相变过程中导致的表面形貌动态演化过程,进而阐述马氏体正、逆相变的微观机制。

研究智能材料中的马氏体相变与马氏体,涉及材料热力学、动力学、晶体学、力学、磁学及形态学等基本理论,同时需要相关实验的验证和支持;建立理论模型、进行数值模拟计算等也必须结合实验来进行比较,并加以可靠的分析和预测,这样才能为相变的工程应用提供有价值的技术支撑。事实上,在固态相变的研究过程中,理论工作与实验工作总是交织在一起,并相互促进,使得相变理论越来越丰富、相变的工程应用越来越广泛。

　　感谢国家自然科学基金委员会、国家留学基金管理委员会、上海交通大学和全国博士后科研流动站管理协调委员会给予的支持！同时，感谢给予作者帮助和支持的老师、同学和朋友！感谢家人的默默奉献！

　　由于作者水平有限，还有很多方面的研究没有深入开展，书中难免存在不妥之处，敬请广大读者批评指正。

# 目　　录

# 第1章　马氏体相变的非线性特征

## 1.1　引　言

1895年,Osmond为纪念金相学家Martens,将淬火钢的相变产物命名为马氏体[1],距今已超过120年。目前为止,对马氏体与马氏体相变的研究范围早已扩展到合金、金属间化合物、陶瓷和高分子等智能材料,分别在热力学、动力学和晶体学方面建立了不同层次的理论体系[2]。无论是结构材料还是功能材料,它们对马氏体相变及马氏体的研究在当今依旧有非常重要的作用。

马氏体相变是一种切变型相变,存在形核和长大过程。在相变中,马氏体/母相界面的迁移会导致弹性模量、内耗、电阻、比热容、磁化率等发生异常变化,呈现非线性的特征。基于这些参量的变化,可以借助相应的实验研究各类马氏体相变的基本特征及相关机制。形状记忆效应(SME)与马氏体相变密切相关。影响形状记忆效应的因素有很多,可以建立一个衡量记忆效应的可恢复应变模型,在模型中将这些因素包含进去,量化这些因素对记忆效应的贡献,为新型功能材料的开发设计提供技术支持。固态相变会导致弹性模量的反常变化,不同类型的相变相互作用可以带来更为奇特的模量反常效应,通过对不同类型相变进行调控,能够有效控制体系的弹性模量,这可以作为模量调制工程在工业中加以运用。

## 1.2　FCC-HCP马氏体相变中的非线性特征

### 1.2.1　非线性阻尼和非线性模量[3,4]

智能材料Fe-Mn-Si基合金具有较低的层错能,此类合金的形状记忆效应来自于FCC(面心立方)→HCP(密排六方)马氏体相变及其逆相变,其马氏体相变机制属于层错堆垛机制。在Fe-Mn-Si基合金中添加合金元素氮(N)可以强化基体,并有效提高合金的形状记忆效应[5,6]。同时,N对材料中的FCC-HCP马氏体相变及顺磁-反铁磁相变会产生影响,进而影响材料的阻尼性能和力学性能。一般用真空感应炉熔炼合金,通过加入氮化铬中间合金将N引入Fe-Mn-Si基合金中。

三种合金的 N 含量依次为 0.05wt％、0.083wt％和 0.14wt％[1]，分别表示为合金 A1、A2 和 A3。三种合金升降温过程中的内耗（$\tan\delta$）及模量（用 $\omega^2$ 表征，$\omega$ 为频率）-温度（$T$）的关系曲线，如图 1.1 所示。从图 1.1(a)可以看出，合金 A1 的内耗峰在 259K，此时对应 $\gamma \to \varepsilon$ 马氏体相变，对应的模量 $\omega^2$ 变化并不明显。顺磁→反铁磁(P-A)相变在 213K 降低了内耗峰，并对应模量的降低，降温时只有一个模量减小过程，而升温过程中对应两个模量降低，低温对应的是反铁磁→顺磁相变，高温对应的是马氏体逆相变(431K)，并有两个内耗峰与之对应。当材料体系发生 FCC-HCP 马氏体相变和顺磁-反铁磁相变时，体系的模量和内耗均会发生变化，从而使模量和内耗均呈现非线性的特征；对比升降温的模量-温度曲线和内耗-温度曲线，发现正逆相变的模量和内耗变化规律有所不同，表明马氏体相变和反铁磁相变并不完全可逆。比较图 1.1(b)和(c)，发现降温过程中均只有一个内耗峰，这个峰主要是马氏体相变内耗峰，而反铁磁相变内耗峰并不明显；升温时，可先测出反铁磁逆相变的内耗峰，高温端的内耗峰则对应马氏体逆相变。三种合金中，元素 N 的含量不同，随着 N 含量的增加，马氏体相变温度和反铁磁相变温度均有所降低，但内耗峰的类型并没有变化，只是峰值对应的温度发生了偏移，而模量的反常变化比较大，特别是合金 A3 在降温过后出现了两次模量软化，依次是由马氏体相变和反铁磁相变导致的。相比而言，反铁磁相变导致的模量软化程度要大于马氏体相变；升温时也存在两次模量软化，分别对应这两种相变的逆相变。对于反铁磁相变，它作为二级相变，在利用此方法测定时，存在一定的热滞，尽管非常小，但也有几开尔文，而马氏体相变的热滞则可达到 100K，这也是正逆相变(无论是一级马氏体相变还是二级反铁磁相变)不完全可逆的一个体现。

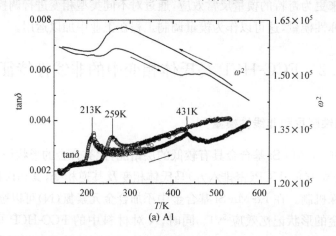

(a) A1

---

1) 本书中 wt％表示质量分数。

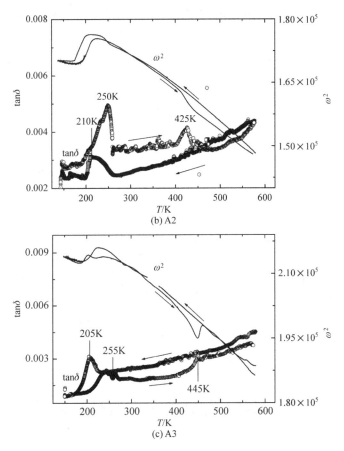

图 1.1　合金 A1、A2 和 A3 的内耗和
模量在升降温过程中的变化曲线[3]

## 1.2.2　非线性电阻

基于以上分析发现,N 合金化后,智能材料 Fe-Mn-Si 基合金的马氏体相变温度($M_s$)和反铁磁相变温度($T_N$)均有所降低,前者降低程度大于后者。N 的加入增加了合金的层错能,提高了相变的临界驱动力,也可认为相变的阻力增加了;这种阻力包括因 N 增加的相变应变能和马氏体/母相共格界面能。电阻方法是一种非常灵敏的相变特征温度测量方法,三种合金的电阻-温度曲线如图 1.2 所示。结合图 1.1,很容易标定各相变特征温度,发现反铁磁相变温度低于马氏体相变温度;马氏体是 HCP 结构,而母相是 FCC 结构,按道理两者的晶体结构不同其反铁磁相变温度也应当不同,但这个不同可能比较小,还难以在电阻法中分辨出两者的差异。与马氏体相变相关的电阻产生,是传导电子在马氏体/母相界面反射的结

果；与反铁磁相变相关的电阻变化，应当是传导电子在反铁磁磁畴界发生反射的结果。根据电阻变化大小的对比，可认为马氏体相界面对电子反射的程度要明显大于反铁磁畴界的反射效果。实验观察到的非线性电阻是两类相变过程中电子在不同界面反射的直接反映。

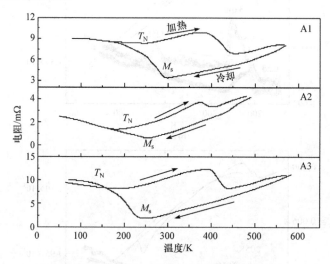

图 1.2　合金 A1、A2 和 A3 的相变特征温度[3]

# 1.3　形状记忆效应的非线性特征[7]

## 1.3.1　物理模型

形状记忆效应可用形状恢复率来定量表示。针对智能材料 Fe-Mn-Si 基合金，影响形状记忆效应的因素有很多[8]，在这里重点是建立一个定量描述形状恢复率与强化、层错能（或层错概率）、预应变和晶粒尺寸等因素之间关系的模型。合金的形状恢复率（$\eta_s$）可以表示为

$$\eta_s = \frac{\varepsilon'}{\varepsilon} \times 100\% \tag{1.1}$$

其中，$\varepsilon'$、$\varepsilon$ 分别是可恢复的宏观应变和预应变。在 Fe-Mn-Si 基合金中，外界应力的作用导致材料内部的变化，这其中包括：①诱发马氏体相变 $\varepsilon^M$；②由位错等不可逆缺陷导致某些区域的屈服；③未真正屈服区所储存的可恢复应变 $\varepsilon_{ny}$；④母相区中的层错所导致的应变 $\varepsilon_{sf}$；⑤整体的弹性形变。而弹性变形在卸载后立刻就恢复了，对记忆效应没有影响。所以，与 $\varepsilon'$ 有正面影响的是①、③和④过程的有效应变 $\varepsilon^M$、$\varepsilon_{ny}$ 和 $\varepsilon_{sf}$，即

$$\eta_s = \frac{\varepsilon_{ny} + \varepsilon_{sf} + \varepsilon^M}{\varepsilon} \times 100\% \tag{1.2}$$

**1. $\varepsilon^M$ 的分析**

根据相变晶体学理论,马氏体相变的不变平面应变($\boldsymbol{D}$)可以表示为

$$\boldsymbol{D} = \boldsymbol{I} + \boldsymbol{d}\boldsymbol{p}' \tag{1.3}$$

其中,$\boldsymbol{I}$ 是单位矩阵;$\boldsymbol{p}'$ 是不变面的法线;$\boldsymbol{d}$ 是不变面的位移矢量。马氏体相变会产生多种变体,设马氏体的变体种类为 $N(\leqslant 24)$,各变体的体积分数分别为 $f_i(i=1, 2, \cdots, N)$,所有变体的微观变形($\varepsilon^0$)可以表示为

$$\varepsilon^0 = \Big| \sum_{i=1}^{N} f_i D_i \Big| \tag{1.4a}$$

$$\sum_{i=1}^{N} f_i = f_M \tag{1.4b}$$

其中,$f_M$ 是马氏体总的体积分数。多晶合金微观变形和宏观变形并不相等,但呈简单的正比关系,比例系数为 $A$,

$$\varepsilon^M = A\varepsilon^0 \tag{1.5}$$

由此可得到马氏体相变对宏观变形的贡献。Fe-Mn-Si 基合金的惯习面是 $\{111\}$,共有 12 种变体。热诱发会形成等体积分数的马氏体变体,各变体间存在一定的对称关系,最终使得式(1.4a)中的 $\varepsilon^0$ 几乎为零,所以热诱发所导致的宏观应变一般很小。应力诱发特别是训练后形成近似单变体的概率大大增加,使马氏体的形成具有一定的择优取向。Fe-Mn-Si 基合金的 FCC-HCP 马氏体相变依靠层错的扩展即可完成结构的转变,简单切变的方向为 $\langle 112 \rangle$(共有 12 个),所以与外应力在 $\{111\}$ 上的分切应力方向越靠近,这种简单切变越容易进行,所形成此类变体的数目就越多。不经过训练很难得到单一变体,所以训练主要对形成马氏体单变体具有影响。定义一个与训练次数 $n$ 有关的函数 $g(n)$,把它与择优变体的体积分数变化($f_o$)联系起来,即

$$f_o = g(n)f_M \tag{1.6a}$$

而非择优取向形成的马氏体体积分数($f_{no}$)为

$$f_{no} = (1 - g(n))f_M \tag{1.6b}$$

这样做是为了将 12 种变体简化为择优取向与非择优取向的两类马氏体。将式(1.6a)和式(1.6b)代入式(1.4a),得到

$$\varepsilon^0 = Af_M |g(n)D_o + (1 - g(n))D_{no}| \tag{1.7}$$

马氏体单变体的切变量理论值为 0.353,且上面两类马氏体的差别主要是切变方向($u, v, w$),它们之间的夹角为 $\beta(0 < \beta < 90°)$,所以上述关系可表示为

$$\varepsilon^M = 0.353 Af_M [g(n) + (1 - g(n))\cos\beta] \tag{1.8}$$

其中

$$\beta = \arccos\left(\frac{u_1 u_2 + v_1 v_2 + w_1 w_2}{\sqrt{u_1^2 + v_1^2 + w_1^2} \cdot \sqrt{u_2^2 + v_2^2 + w_2^2}}\right)$$

下面来确定 $g(n)$ 函数，将式(1.8)代入式(1.2)得到

$$\eta_s = \frac{\varepsilon_{sf} + \varepsilon_{ny} + 0.353 A f_M \cos\beta}{\varepsilon} + \frac{0.353 A f_M (1 - \cos\beta)}{\varepsilon} g(n)$$

$$= \Phi_1 + \Phi_2 g(n) \tag{1.9}$$

在对合金进行训练时，$\Phi_i (i=1,2)$ 变化不大，根据实验[8,9]所得的 $\eta_s$-$n$ 关系曲线（图 1.3），可拟合两者之间的定量关系（在达到完全恢复之前）：

$$\eta_s = 0.674 + 0.155n - 0.0325n^2 + 0.0025n^3 \tag{1.10}$$

进而得到 $g(n)$ 函数的一般形式：

$$g(n) = q_0 + q_1 n + q_2 n^2 + q_3 n^3 \tag{1.11}$$

其中，参数 $q_i (i=0,1,2,3)$ 可根据具体材料而定。已有相关的工作研究应变诱发马氏体的体积分数 $f_M$，它一般满足相变动力学关系式[2]：

$$f_M = 1 - \exp(-k_1 \varepsilon^{k_2}) \tag{1.12}$$

其中，$k_1$、$k_2$ 是与材料有关的参数。

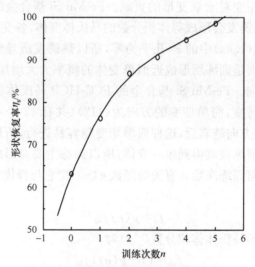

图 1.3　训练次数对形状恢复率的影响[7]

## 2. $\varepsilon_{ny}$、$\varepsilon_{sf}$ 的分析

在 Cu-Zn-Al 合金中，在应力作用下未真正屈服区域所占的体积分数为[2]

$$f_{ny} = \frac{2}{\pi} \arcsin\left[\frac{2(\tau_0 + kR^{-1/2})}{\sigma}\right] \tag{1.13}$$

而晶界的影响是 $(1 - 2\Lambda/R)$，$\Lambda$ 是晶界的宽度，$R$ 是晶粒尺寸，$\tau_0$ 是相变临界切应力，$\sigma$ 是材料的屈服强度。所以它们对可恢复应变的贡献可表示为与 $f_{ny}$ 呈线性关系（比例参数为 $C$）：

$$\varepsilon_{ny} = C\left(1 - \frac{2\Lambda}{R}\right) f_{ny} \tag{1.14a}$$

在 Fe-Mn-Si 基合金中，由于层错的广泛存在，相变后遗留的层错所产生的应变不可忽略。这类层错广泛分布于基体中的未真正屈服区，而不会存在于马氏体中。层错的存在用层错概率来描述，以正比关系来表示层错的影响关系，所以由层错扩展导致的可恢复应变 $\varepsilon_{sf}$ 为

$$\varepsilon_{sf} = B_0 P_{sf} f_{ny} \tag{1.14b}$$

其中，$B_0$ 为比例参数。上述两部分都发生在未真正屈服区，可将它们结合起来用 $\varepsilon_{s\text{-}ny}$ 表示，这仅仅是为了数学表达方便，即有

$$\varepsilon_{s\text{-}ny} = \varepsilon_{sf} + \varepsilon_{ny} = \frac{2C\left(1 - \dfrac{2\Lambda}{R} + BP_{sf}\right)}{\pi} \arcsin\left[\frac{2(\tau_0 + kR^{-1/2})}{\sigma}\right] \tag{1.15}$$

其中，$B = B_0/C$。

**3. $\eta_s$ 的表示**

将式(1.11)、式(1.12)和式(1.15)代入式(1.9)，得到形状恢复率的最后表达式为

$$\eta_s = \frac{1}{\varepsilon}\left\{\frac{2}{\pi}\left[C_1\left(1 - \frac{2\Lambda}{R}\right) + C_2 P_{sf}\right]\arcsin\left[\frac{2(\tau_0 + kR^{-1/2})}{\sigma}\right]\right.$$

$$\left. + 0.353A[\cos\beta + (1 - \cos\beta)(q_0 + q_1 n + q_2 n^2 + q_3 n^3)][1 - \exp(-k_1 \varepsilon^{k_2})]\right\} \tag{1.16}$$

相关参数与材料的种类、加工工艺等密切相关，依赖于实验测定。针对式(1.16)这样一个复杂的关系式，要完全确定各项参数是很困难的，但可根据它来分析已有的实验结果，即只考虑一种影响因素，从而验证它的可靠性。

**1.3.2 预应变的影响**

为了能够定量考虑预应变的作用，最好能将其他影响因素固定下来或取不同的常数。令

$$F(P_{sf}, \tau_0, R) = \frac{2}{\pi}\left[C_1\left(1 - \frac{2\Lambda}{R}\right) + C_2 P_{sf}\right]\arcsin\left[\frac{2(\tau_0 + kR^{-1/2})}{\sigma}\right] \tag{1.17}$$

有关层错概率的实验结果表明，$0.001 < P_{sf} < 0.01$，而 $\arcsin\left[\dfrac{2(\tau_0 + kR^{-1/2})}{\sigma}\right] \leqslant$

$\dfrac{\pi}{2}$，存在

$$F(P_{sf}, \tau_0, R) \leqslant C_1\left(1 - \frac{2\Lambda}{R}\right) + C_2 P_{sf} \leqslant C_1\left(1 - \frac{2\Lambda}{R}\right) + 0.01 C_2 \qquad (1.18)$$

前面定义的函数 $g(n)$ 表示取向变体的分数，所以有

$$g(n) = q_0 + q_1 n + q_2 n^2 + q_3 n^3 \leqslant 1 \qquad (1.19)$$

参数 $F$ 未知，这里取 $0.353A[\cos\beta + (1 - \cos\beta)(q_0 + q_1 n + q_2 n^2 + q_3 n^3)] = 0.003$。基于以上的分析和假定，得到如下的简化函数式[7]：

$$\eta_s = \frac{F(P_{sf}, \tau_0, R) + 0.003[1 - \exp(-2\varepsilon^{0.4})]}{\varepsilon} \qquad (1.20)$$

图 1.4 反映了这一变化，符合实验规律。过小的应变对形状记忆效应的影响在工程应用上的价值不太大，所以一般研究中的预应变都大于 1%。

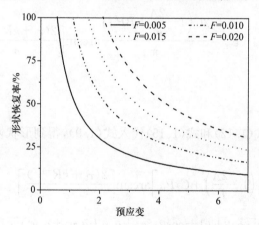

图 1.4　不同预应变下的形状恢复率[7]

### 1.3.3　晶粒尺寸的作用

用同样的考虑方法将其他因素尽量确定下来，然后分析晶粒尺寸效应。对于同一 $F$，应变 $\varepsilon$ 不同，得到的 $\eta_s$ 会相差很大。取 $\varepsilon = 1.6\%$，则式(1.20)可写成：

$$\eta_s = F(P_{sf}, \tau_0, R)/1.6\% + 0.06 \qquad (1.21)$$

而函数 $F(P_{sf}, \tau_0, R)$ 则返回原始关系式。参考以上分析，取

$$F(P_{sf}, \tau_0, R)/1.6\% \leqslant \frac{2}{1.6\%\pi}\left[C_1\left(1 - \frac{2\Lambda}{R}\right) + 0.01 C_2\right]\arcsin\left[\frac{2(\tau_0 + kR^{-1/2})}{\sigma}\right]$$

$$=1.1\left(1-\frac{2}{R}\right)\arcsin\left[\frac{2(\tau_0+kR^{-1/2})}{\sigma}\right]$$

基于这些分析,令 $B(\tau_0)=2\tau_0/\sigma, k/\sigma=0.8$,考虑函数

$$\eta_s=1.1\left(1-\frac{2}{R}\right)\arcsin[B(\tau_0)+0.8R^{-1/2}]+0.06 \tag{1.22}$$

其关系曲线如图 1.5 所示。从图中可以看出,当晶粒尺寸 $R>10\mu m$ 时,随着 $R$ 增大,形状恢复率减小。$R$ 太小,晶界的负效应将导致形状记忆效应降低。

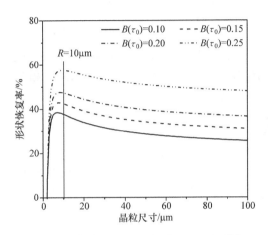

图 1.5　形状恢复率与晶粒尺寸的关系[7]

### 1.3.4　单变体与训练

在式(1.16)中,与变体有关的是参数 $\cos\beta$,与训练次数有关的是 $g(n)$,而训练是获得单变体的最有效途径,两者密切相关。设两者的相关函数 $Q(\beta,n)$ 为

$$Q(\beta,n)=\cos\beta+(1-\cos\beta)g(n) \tag{1.23}$$

当体系中完全是单变体时,$\beta=0, Q(0,n)_{MAX}=1$。实际上并非如此,总会存在少量的其他变体,训练的作用将通过求 $g(n)$ 的极大值得到体现。

### 1.3.5　合金设计

利用式(1.16)可指导智能材料的合金设计,这是提出此式的一个重要目的。下面通过具体合金元素加以说明。

1. Mn 元素[9]

强化效应并不对应于形状记忆效应的提高,另外一个可能因素是层错能(或层

错概率)。而 Fe-Mn-Si 基合金的层错能还没有实验结果。参照 Fe-Mn 合金的层错能实验结果,在 20wt‰Mn 处层错能有最低值,这表明层错概率在此处可能有最大值,以抛物线关系处理 $P_{sf}$ 时有以下关系:

$$P_{sf}=a_1(x_{Mn}-0.2)^2+a_2, \quad a_1<0 \tag{1.24}$$

对 $\sigma_{0.2}$ 采用同样的处理形式:

$$\sigma_{0.2}=b_1(x_{Mn}-0.16)^2+b_2, \quad b_1>0 \tag{1.25}$$

由于 $\sigma_{0.2}$ 与 $\tau_0$ 之间的内在联系,将式(1.5)类推到 $\tau_0$:

$$\tau_0=d_1(x_{Mn}-0.16)^2+d_2, \quad d_1>0 \tag{1.26}$$

取预应变 $\varepsilon=4\%$,晶粒尺寸 $R=100\mu m$,假定为单变体 $\beta=0$。根据实验结果,取 $k_1=2, k_2=0.4, k=700MPa \cdot \mu m^{1/2}$,正应力 $\sigma=90MPa$。相关参数的具体选取,可参考文献[7]。将这些参数代入式(1.16)有

$$\eta_s=\frac{50}{\pi}\left\{C_1\left(1-\frac{2\Delta}{R}\right)\right.$$

$$\left.+C_2[a_1(x_{Mn}-0.2)^2+a_2]\right\}\arcsin\left\{\frac{2[d_1(x_{Mn}-0.16)^2+d_2+70.0]}{90}\right\}+33A$$

进一步简化为

$$\eta_s=A_1[A_2-(x_{Mn}-0.2)^2]\arcsin[D_1(x_{Mn}-0.16)^2+D_2]+33A, \quad A_1>0, D_1>0 \tag{1.27}$$

　　合金设计的一个重要思想是找到某一合金成分以获得最佳性能,在此是最佳的形状记忆效应。这一合金成分就是拐点。由于 $A_1$ 和 $A$ 并不影响拐点的位置,所以起决定作用的是剩余的三个参数,令 $A_1=60, A_2=0.01, D_1=0.1, D_2=0.6$, $33A=0.3$。而且,层错概率发生转折所对应的锰成分 $x_0$ 可能在 0.2 附近,所以有必要考虑 $x_0$ 变化时所出现的结果,分别取 $x_0=0.14, 0.16, 0.18, 0.20$,最终得到的关系式如下:

$$\eta_s=[0.6-60(x_{Mn}-x_0)^2]\arcsin[0.1(x_{Mn}-0.16)^2+0.6]+0.3 \tag{1.28}$$

　　图 1.6 是式(1.28)的示意图,这里仅仅是为了说明合金设计的思想,因为公式中参数的设定必须有充足的实验基础。从图中可以看出,层错概率的改变是影响最佳 $x_0$ 的主要因素。Ni 元素同 Mn 元素的作用类似,是层错能(层错概率)起主要作用,基体强化同样与形状记忆效应的改善相对应。Si 元素是一种理想的合金元素,不仅能大大强化母相,而且能降低合金的层错能(提高层错概率)。根据式(1.16)可知,Si 对形状记忆效应有重要的影响。多晶合金中必须含有 6% 左右的 Si,这是保证获得良好形状记忆效应的一个重要前提。

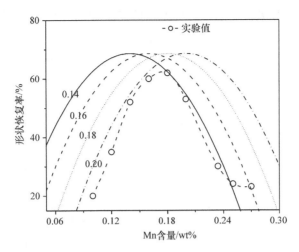

图 1.6　Mn 含量对形状恢复率的影响[9]

**2. 间隙原子 N**

间隙原子 N 是影响形状记忆效应的重要元素,在前面的实验中已证明了这一点。在 N 含量比较小时,实验结果表明 N 能降低合金的层错概率,而进一步增加 N 含量,$P_{sf}$ 如何变化还不清楚。可供参考的是 N 对 Fe 基合金层错能的影响曲线,在 $0.35wt\% N$ 处层错能有最大值,估计 $P_{sf}$ 在 $x_0 = 0.35wt\% N$ 处最小,将其表示为 N 含量的函数:

$$P_{sf} = a_1(x_N - 0.35)^2 + a_2, \quad a_1 > 0 \tag{1.29}$$

式中,$a_1$、$a_2$ 为材料参数。而强化是简单的线性关系:

$$\tau_0 = d_1 x_N + d_2, \quad d_1 > 0 \tag{1.30}$$

其中,$d_1$、$d_2$ 为材料参数,将式(1.29)和式(1.30)代入式(1.16)可得

$$\eta_s = \frac{50}{\pi} \left\{ C_1 \left( 1 - \frac{2\Lambda}{R} \right) + C_2 [a_1(x_N - 0.35)^2 + a_2] \right\} \arcsin \left[ \frac{2(d_1 x_N + d_2 + 70.0)}{90} \right] + 33A \tag{1.31}$$

$P_{sf}$ 发生转折的地方存在不确定性,这里有必要考虑不同 $x_0$ 的情形,分别取 $x_0 = 0.35wt\%$, $0.25wt\%$, $0.15wt\%$, $0.05wt\%$,具体考察下面的方程:

$$\eta_s = [0.75 + 150(x_N - x_0)^2] \arcsin(0.5x_N + 0.001) + 0.3 \tag{1.32}$$

由于准确得到式(1.31)中的相关参数目前很困难,所以方程(1.32)仅是构造的一个方程,图 1.7 是其示意图。从图中可以看出,当 $x_0 = 0.35wt\%$ 时,欲使合金获得最佳记忆效应,必须加入 $0.13wt\%$ 的 N,或使 N 含量超过 $0.35wt\%$,显然,后者会增加冶炼的成本,也会使合金脆化;当 $0.15wt\% < x_0 < 0.35wt\%$ 时,合金化的最佳 N 含量将有所降低;当 $x_0 = 0.05wt\%$ 时,最佳值消失。实验结果表明,N 明

显地改善了形状记忆效应,究其原因,关键是 N 的强化作用,尽管合金的层错概率有所降低不利于形状记忆效应,但综合的结果还是大大提高了形状恢复率。

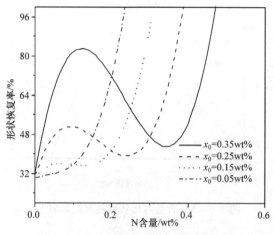

图 1.7  N 含量对形状恢复率的影响

## 1.4  FCC-FCT 马氏体相变中的非线性特征

智能材料 Mn 基合金同时具有单程形状记忆效应、双程形状记忆效应、磁控形状记忆效应以及高阻尼性能,已引起大家的关注。这些性能与马氏体相变密切相关。在高锰合金中存在两种相变:FCC-FCT 马氏体相变(MT1)和顺磁-反铁磁相变(MT2)。单一的马氏体相变和磁性相变均会引起模量软化(或模量反常,$dE/dT<0$,$E$ 为切变模量,$T$ 为温度),而两者的影响机制、影响程度、影响的温度区间均不相同。正常材料的模量是随温度升高而降低的,即 $dE/dT>0$。当 $dE/dT=0$,表示恒弹性,这在 Mn 基合金中已被发现。对于 Mn 基合金,当这两种相变同时存在时,其对材料模量的影响将是两者共同作用的结果。但到目前为止,没有人去研究比较两者对模量反常的影响规律,包括模量损耗的大小、模量反常的温度区间的调控规律及其机理等。

模量反常的材料体系及不同类型包括铁电相变、反铁电相变、超导相变、结构相变、反铁磁相变、玻璃化转变、有序-无序相变、马氏体预相变、贝氏体预相变等[2]。材料中的模量反常与相变密切相关,铁电材料、热弹合金、磁性形状记忆合金等都发现伴随相变会出现模量的反常变化。磁性相变会导致模量的异常效应。反铁磁相变也会导致模量的软化。Mn-Fe-Cu 合金中也存在模量反常。在智能材料 Mn-Fe-Cu 合金中存在马氏体相变和反铁磁相变,这两种相变均会导致模量的软化及其反常变化。其他 Mn 基合金如 Mn-Cu、Mn-Ni、Mn-Fe、Mn-Ni-Cr、Mn-

Ni-C 等也存在模量反常现象。对于 FCC-FCT 相变中的模量软化,其他合金体系如 In-Tl、Fe-Pd、Fe-Pt 同样存在模量软化。

材料体系的模量反常与相变有密切的关系[1]。在马氏体相变过程中,会出现模量的软化现象,如智能材料 Ni-Ti 合金、Ni-Mn-Ga 合金等,根据模量反常结合内耗曲线,可以确定马氏体相变的温度;在马氏体相变的逆相变过程中也伴随着模量的反常变化,而且是相互对应的。铁电材料中的有序-无序相变也会导致模量的异常变化,如 $PbTiO_3$。而对于磁性相变,其对应的模量也将发生异常变化,如 Co、Ni。对于反铁磁 Mn-Fe 合金,其中同时存在马氏体相变和反铁磁相变,而且这两种相变耦合在一起,同时对应模量的软化,所以其模量软化对于这两类相变如何影响模量反常的规律还没有完全弄清楚。

模量反常的控制因素主要包括合金成分、升降温速率、相变类型。Fe-Mn 基合金中的模量软化主要与前两种因素有关。在 Mn 基合金中存在模量软化,以 Mn-Ni 合金为例说明模量软化的特殊性,但对于其模量软化的机制到目前还没有完全弄清楚,特别是两种相变的共同作用会导致模量在较大的温度区间内出现反常变化。在 Mn-Ni 合金中存在模量与成分的异常变化,并对成分有强烈的依赖性。而对于 Mn-Fe-Cu 合金中的变化情况不清楚,包括合金成分及升降温速率等,相关的微观机制还需要深入研究。

模量反常的微观机制主要包括电-声相互作用、磁-声相互作用、局域软膜理论等[1]。针对不同的材料体系,阐述各自相对应的反常的机制可能有所不同。在铁电材料中是光学膜的软化,而结构相变材料中是马氏体相变的软化,是声学声子的软化。例如,Mn 基合金中,Mn-Ni 合金与 Mn-Ni-C 合金的软化声子不同。Mn-Ni 合金中的磁-声相互作用模型无法解释模量反常与合金成分的关系,更没有弄清楚模量在大的温度变化区间反常的内在机理。结构相变中,马氏体相变与预相变及 $\omega$ 相变不同。铁电相变中,位移型与有序-无序型铁电相变的机制不同。磁性相变中,铁磁性相变与反铁磁相变也并不相同。对于 Mn 基合金同时存在两种类型的相变,其相变机制还需要深入研究。Mn-Ni 合金、Fe-Mn 合金中出现模量反常,其影响机制并不清楚;对于模量反常的大温度变化区间,缺乏足够清晰的解释及说明。特别是 Mn-Ni 合金的反常模量变化对合金成分和温度的依赖性这方面的机制还不清楚,这个问题对于 Mn-Fe-Cu 合金也是如此。对于模量反常的可逆性要简单加以说明。基于以上分析,要研究 Mn-Fe-Cu 合金中的模量反常与合金成分及升降温速率之间的关系,同时要研究模量反常变化的微观机制。另外,模量反常也可用来研究开发恒弹性合金,包括合金设计、微观组织控制及其性能调控等。

### 1.4.1　非线性内耗

图 1.8 是三种合金在升降温过程中的模量及内耗变化,升降温速率为 4℃/min,

测量频率为 2Hz。依据内耗曲线,可以判断温度变化过程中合金中的模量变化对应于结构的相变。可以将三种合金的模量变化曲线图划分为三个区域,分别为 A、B、C 区域,A 区域和 C 区域为模量的正常区,即随温度升高,模量降低;而 B 区域,

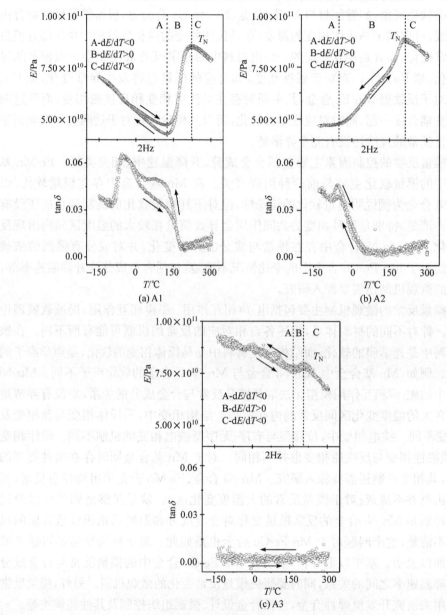

图 1.8　合金 A1、A2、A3 的模量和内耗在升降温过程中的变化[10]

箭头方向是温度变化的方向

是基于温度的模量反常区,其模量随温度的升高而增加。结合内耗曲线,可以认为,在合金 A1 中,同时存在马氏体相变和反铁磁相变;在合金 A3 中,由于内耗曲线几乎没有变化,里面只有反铁磁相变,不存在马氏体相变;而在合金 A2 中,尽管同时存在马氏体相变与反铁磁相变,但由于这两类相变温度相差较大,所以与合金 A1 也存在差别。这里重点考虑模量反常区的变化,以及它与反铁磁相变和马氏体相变的关系,这三种合金正好具有较好的代表性,有助于认识上述两类相变对模量反常的影响规律。

通过比较三种合金的内耗曲线和模量曲线,发现模量反常最主要的差别体现在以下两点。

(1) 温度跨度的范围存在较大的差异。

对于合金 A3,模量反常区域对应的温度范围大约是 50℃,其对应的主要是反铁磁相变过程。对于合金 A1,模量反常区域对应的温度范围大约是 100℃,由于马氏体相变与反铁磁相变靠得比较近,结合图 1.8(a),可初步判断图中右边的那条虚线对应马氏体组织最初的形成,因为这时其内耗曲线开始有较大的变化,结合合金 A3,可以认为马氏体相变导致的模量软化区间是 50℃。而对于合金 A2,模量反常区域对应的温度范围可高达 250℃,可初步判断图 1.8(b)中右边的那条虚线对应马氏体组织最初的形成,由于两类相变温度相差较大,当反铁磁相变结束后,因存在马氏体相变的前驱效应,体系模量被马氏体相变的软化效应所影响,所以模量会继续软化。但软化特征与合金 A1 有区别,中间存在一个过渡区,它是两类相变间的过渡区,在此区间,没有马氏体相变的发生,只存在单一的反铁磁母相结构,进一步降温,马氏体相变就开始发生,所以会导致其模量软化的区间有如此大的变化范围。合金 A1 和 A2 均存在马氏体相变的前驱效应,对于合金 A1,在反铁磁相变的过程中,会出现应变释放,可形成一些微孪晶,即在反铁磁软化的过程中就包含了马氏体相变的前驱效应,而对于合金 A2,马氏体相变的前驱效应并不发生在反铁磁相变导致的模量软化过程中,当反铁磁相变结束后,马氏体相变的前驱效应继续促使模量的软化,直到马氏体相变的发生以及马氏体的形成。这可以从合金 A2 的模量反常变化的变化斜率看出,其曲线明显存在三个阶段,分别对应反铁磁相变、马氏体相变的前驱效应、马氏体相变。

(2) 模量软化的程度不同。

对于合金 A3,由于只存在反铁磁相变,其模量软化的程度最小;而对于合金 A1 和 A2,由于其中同时存在两类相变,其模量软化的程度要明显严重很多。这表明两类相变对模量软化都有贡献。相对于反铁磁相变,马氏体结构相变对模量软化的影响要大。由于模量的变化与原子间力常数的变化有密切关系,马氏体相变对应的是 FCC-FCT 晶体结构的变化,其导致的原子间力的变化要大于 FCC 相顺磁-反铁磁结构的变化。另外,升温过程中模量的变化与降温过程中的规律基本一致。对于合金 A2,其模量反常对应的温度变化区间也高达 250℃,而且其模量变化具有较好的可逆性。

对于 Mn-Ni 合金,一方面是其合金成分对模量有明确的影响,另一方面要考虑模量反常变化情况下的合金成分对应的模量-温度变化曲线,要细致分析其不同阶段对应的结构变化:有模量大幅度降低过程,对应温度变化是 50℃左右;有一个过渡区,温度变化大致为 100℃,在此过渡区,模量变化较小,呈现恒弹性特征;有降低阶段,此阶段是马氏体相变导致的软化区,对应的温度变化大约为 100℃。由此可以将其作为本合金体系两类相变的佐证。

### 1.4.2　频率对模量的影响

图 1.9 是不同频率下三种合金的模量及内耗变化曲线,以此可以确定不同相变类型与模量变化之间的对应关系。从图中可以看出,频率对升降温过程中的内耗曲线有一定的影响,其中孪晶内耗峰对频率有较大的相关性,而马氏体相变内耗峰的强度与频率相关,峰的位置与频率无关,由此可以判断马氏体相变内耗峰和孪晶内耗峰的位置。对于合金 A1,马氏体相变峰对应的温度是 125℃,而低温下的一个内耗峰随频率的增加向高温区有明显的偏移,对应的是孪晶内耗峰,两者对应的温度相差 170℃左右。对于合金 A2,只有一个内耗峰,其峰的位置对频率有一定的依赖性,随频率的增加,峰对应的温度向高温区移动,表明这是一个孪晶内耗峰,马氏体相变峰没有体现出来,因为马氏体相变温度较低,这两个峰叠加在一起,并表现为孪晶内耗峰的特征,但此孪晶为马氏体孪晶。由此可以看出,在合金 A1和 A2 中均发生了马氏体相变,并都形成了马氏体孪晶。而且频率对马氏体相变形核的温度没有影响,在合金 A1 中频率并不改变内耗发生变化的起始点对应的温度($\approx 175$℃),对合金 A2 也是如此($\approx 50$℃),这表明马氏体形核是材料的内禀特性。对比升温过程,这一差别也是如此。在升降温过程中,无论是马氏体相变还是反铁磁相变,振动频率的变化对模量影响很小,既不改变模量软化最低点对应的温度,也不改变模量软化的程度,所以模量软化是材料内部微观组织演化的宏观反映,是材料的内禀特性,与测量频率没有直接的关系。马氏体相变包括形核和长大,形核阶段对应模量减少阶段,而长大对应模量增加阶段。同时看到,合金成分对马氏体相变和反铁磁相变特征温度的影响也不同[3,4],合金成分对前者的影响要大于后者,所以对于合金 A2,马氏体相变与反铁磁相变之间的温度区间较大,马氏体相变的软化效应加上反铁磁相变的软化效应共同对模量反常效应对应的温度变化区间有不同的影响,从图 1.8 中可看出,合金 A2 明显大于合金 A1。

这种差异还可以从合金 A1 和 A2 的孪晶激活特性上得到间接的反映。对比这两种合金,两者的马氏体孪晶内耗峰位移的温度区间随频率变化也不相同,合金 A1 比合金 A2 要大一倍,合金 A1 频率从 1Hz 变到 20Hz,其峰位移大约是 50℃,

而合金 A2 的峰位移是 25℃，这表明马氏体相变对频率的不依赖性削弱了孪晶内耗峰对频率的相关性。由此可认为两合金的孪晶界面激活特性存在差异。对比升温过程，这一差别也是如此。进一步可以计算出马氏体孪晶的激活能，这样可以定量比较两种合金的差异。根据图 1.9 可以计算出合金 A1 和 A2 的孪晶激活能，分别为 0.613eV 和 0.624eV；升温过程中的孪晶激活能分别为 0.655eV 和 0.777eV。由此可以看出，合金 A1 和孪晶激活能高于合金 A2。对于合金 A1，两类相变的耦合作用强，在此温度下马氏体孪晶已完全形成，所以其孪晶激活能较小；而对于合金 A2，两类相变间的温度差别较大，耦合效应较弱，马氏体相变孪晶的形成过程和孪晶弛豫过程存在一定的重合，基于实验计算得到的激活能较大。升温过程中，合金 A1 的孪晶激活能小于合金 A2。

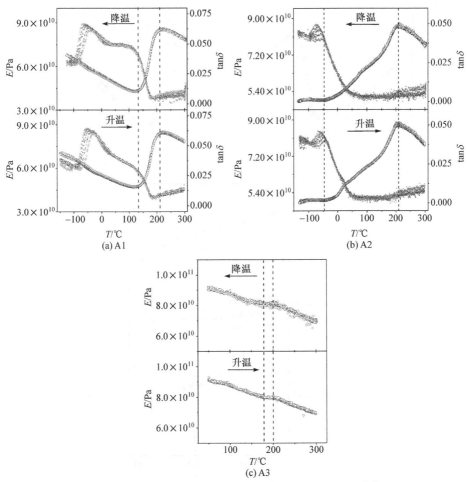

图 1.9　频率对合金 A1、A2 和 A3 模量及内耗的影响[10]

○ 1Hz,△ 2Hz,▽ 4Hz,□ 10Hz,◇ 2Hz

### 1.4.3 升降温速率对模量的影响

图 1.10 是不同升降温速率下模量的变化情况。从图中可以看出,随升降温速率的增大,模量软化曲线有一定的变化,特别是模量软化程度(模量最高点/模量最

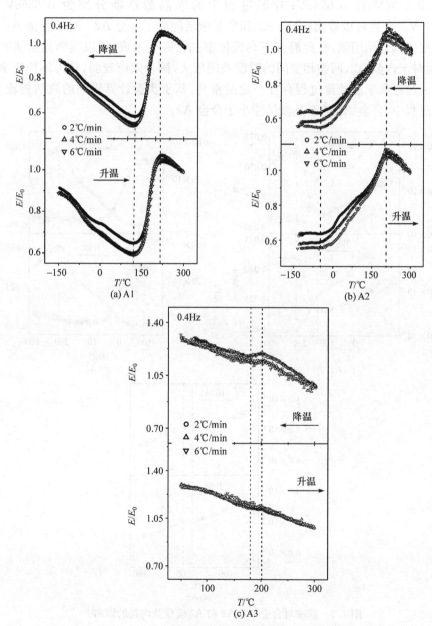

图 1.10 合金 A1、A2 和 A3 在不同升降温速率下的相对模量变化[10]

低点的比值),它随升降温速率的增大而加大,但对模量软化的最低点对应的温度没有太大影响。对于马氏体一级结构相变和反铁磁二级结构相变,升降温速率对其影响会有所不同。对于马氏体相变,基于 DSC(差示扫描量热仪)实验结果,发现升降温速率的增大会导致相变热峰向两侧偏移。对于反铁磁相变,升降温速率的影响并不大,会稍微降低反铁磁相变的温度,导致磁热滞增加。升降温速率对相变过程中的模量软化是有影响的。在 Ni-Mn-Ga 合金中,升降温速率对模量软化程度有一定的影响,随升降温速率的增大,伴随相变的模量软化会增加,但对相变温度的影响较小。相似的规律在 Mn-Cu 合金中也存在,这与相变的动力学过程密切相关。升降温速率增大,相变速率增大,根据局域软膜理论,模量软化的区域增加,导致宏观的模量软化程度增强。

### 1.4.4　非线性热效应

图 1.11 是室温下三种合金的 X 射线衍射(XRD)谱。从图中可以看出,在室温下合金 A1 中已存在 FCT 马氏体结构,而合金 A2 中没有观察到 FCT 结构的马氏体,这与前面的 DMA(动态热机械分析)实验结果是一致的。在 Mn 基合金中,反铁磁相变温度要高于马氏体相变温度,对于高锰合金,两者之间的差距会缩小。降温过程中,由于先发生反铁磁相变,马氏体相变与其耦合效应也会对反铁磁相变产生影响。当耦合效应较强时,其反铁磁相变也会有较大变化。对于合金 A1,尽管反铁磁相变先发生,但紧接着会伴随马氏体相变的产生,所以其相变吸放热峰要比合金 A2 和 A3 明显得多(图 1.12),而且随升降温速率的增大,其吸放热峰峰值对应的温度变化也非常明显,而合金 A2 和 A3 对升降温速率的反应比较弱,这反

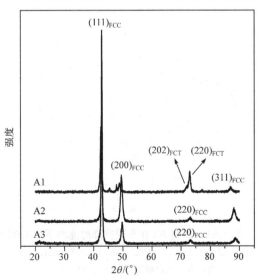

图 1.11　合金 A1、A2 和 A3 在室温下的 XRD 谱[10]

映了反铁磁二级相变的特征。另外,从吸放热峰的曲线特征来看,其放热峰或吸热峰均不呈现对称特征,而是更接近于反铁磁二级相变的特征。从吸放热的角度可以看出,合金 A1 中马氏体和反铁磁相变存在较强的耦合作用,而合金 A2 中耦合效应较弱,对于合金 A3,只有反铁磁相变,其吸放热效应比合金 A1 的要小,但要高于合金 A2。这表明合金 A2 中马氏体相变对反铁磁相变的吸放热有一定的影响,主要原因是反铁磁相变会导致点阵畸变,其能量释放一部分会用于促进马氏体的形成,剩余部分的能量才会以相变潜热的方式释放出来,所以其吸放热比只有反铁磁相变的吸放热要小。

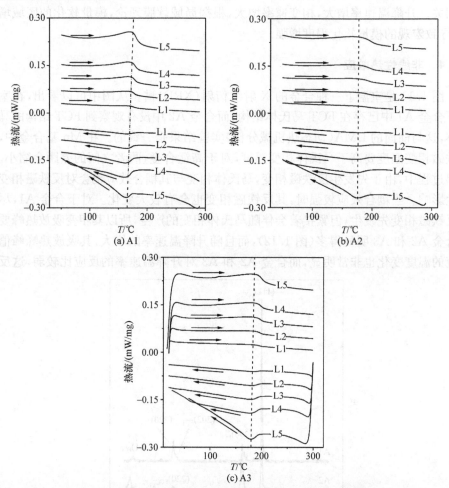

图 1.12 合金 A1、A2 和 A3 在不同升降温速率下的 DSC 曲线[10]

L1-5℃/min, L2-10℃/min, L3-15℃/min, L4-20℃/min, L5-30℃/min;

箭头向左表示降温,箭头向右表示升温

结合热膨胀实验(图 1.13)可以看出,合金 A1 在升降温过程中均存在一个明显的转折点,这个点对应马氏体相变,由于两种相变的耦合作用,特别是存在马氏体相变,所以热膨胀会有一个明显的变化,而对于合金 A3,由于只有反铁磁相变,对应这种相变的热膨胀变化非常小($10^{-6}$ 级别),对于合金 A2,在反铁磁相变温度处只有反铁磁相变,所以此刻的热膨胀也是非常小的,如图 1.13 所示。比较合金 A2 和 A3 的热膨胀曲线,发现合金 A2 的热膨胀率要大于合金 A3,这是由于此刻的合金 A2 要消耗一部分能量用于马氏体相变的前期应变准备,即在合金 A2 中存在应变释放,所以宏观上的热膨胀率要高于合金 A3,这与 DSC 实验结果是一致的。热膨胀实验结果说明,反铁磁相变导致的宏观应变是非常小的,而马氏体相变导致的宏观应变是大的,仅仅是反铁磁相变导致的宏观应变非常小,对于合金 A2,若有马氏体相变的影响,则也不会出现热膨胀曲线上的突然拐折。

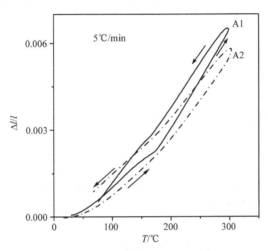

图 1.13　合金 A1 和 A2 的热膨胀实验[10]

箭头向下表示降温,箭头向上表示升温

### 1.4.5　非线性模量的调控机制[10]

为了分析模量软化与相变之间的相互关系,可以建立一个包含反铁磁相变与马氏体相变的 Landau 自由能模型,由此推导出弹性模量与温度之间的相互关系,同时可以考虑两类相变之间的耦合效应对模量软化的影响。对于反铁磁体系,用亚点阵模型来描述此类磁性结构。体系总的 Landau 自由能($F$)可以表述无磁性马氏体的化学自由能($F_{PA}$)、磁性自由能($F_{MA}$)、马氏体的应变能($F_{ST}$)以及它们之间的交互作用能($F_{INT}$):

$$F = F_{PA} + F_{MA} + F_{ST} + F_{INT} \tag{1.33a}$$

$$F_{PA} = F_{PA}^0 + d_0(T - M_s)\eta^2 + d_1\eta^3 + d_2\eta^4 \tag{1.33b}$$

$$F_{MA} = F_M^A + F_M^B + F_M^{AB}$$
$$= [a_A(T - T_N)M_A^2 + b_A M_A^4] + [a_B(T - T_N)M_B^2 + b_B M_B^4] + k_{AB} M_A^2 M_B^2$$

$$\tag{1.33c}$$

$$F_{ST} = F_{ST}^0 + c_1 \varepsilon^2 + c_2 \varepsilon^3, \quad c_1 > 0 \tag{1.33d}$$

$$F_{INT} = (\lambda_1 M_A^2 + \lambda_2 M_B^2)\varepsilon^2 + (\lambda_3 M_A^2 + \lambda_4 M_B^2)\eta^2 + \lambda_5 \eta^2 \varepsilon^2, \quad \lambda_A, \lambda_B > 0 \tag{1.33e}$$

其中，$\eta$ 和 $\varepsilon$ 分别是马氏体的序参量和相变应变；$F_M^A$ 和 $F_M^B$ 分别是反铁磁亚点阵系统中的磁性自由能，对应的磁矩分别为 $M_A$ 和 $M_B$；$F_M^{AB}$ 是 A、B 磁性点阵的相互作用能；$k_{AB}$ 是相互作用参数；$F_{PA}^0$ 和 $F_{ST}^0$ 分别是系统的初始化学自由能和初始应变能；$\lambda_i (i = 1, \cdots, 5)$ 是 $\eta$、$M$ 和 $\varepsilon$ 这三种序参量相互之间的关联耦合系数；$d_0$、$d_1$ 和 $d_2$ 是马氏体体系中的参数；$a_A$、$a_B$、$b_A$ 和 $b_B$ 是磁性体系中的参数；$c_1$ 和 $c_2$ 是应变能中的弹性常数。

根据弹性常数$(c_{ij})$的定义：

$$c_{ij} = \frac{\partial^2 F}{\partial \varepsilon^2} \tag{1.34}$$

可以得到模量 $C_T$ 的具体关系式：

$$C_T = 2c_1 + 6c_2 \varepsilon + 2(\lambda_1 M_A^2 + \lambda_2 M_B^2) + 2\lambda_5 \eta^2 \tag{1.35}$$

其中，$c_1$ 是材料本身的模量变化，不涉及材料中的任何相变。对于反铁磁结构，无磁场情形下满足 $M_A = -M_B$，并假定 $\lambda_1 = \lambda_2 = \lambda_0$，则式(1.35)可改写为

$$C_T = 2(c_1 + 3c_2 \varepsilon + 2\lambda_0 M_A^2 + \lambda_5 \eta^2) \tag{1.36}$$

考虑到体系的相变应变 $\varepsilon$ 包括反铁磁相变应变 $e_{PA}$ 与马氏体相变应变 $e_{MT}$ 两部分，可将 $\varepsilon$ 写成如下简单形式：

$$\varepsilon = e_{PA} + e_{MT} = \xi_1 M_A + \xi_2 \eta \tag{1.37}$$

结合式(1.36)和式(1.37)可以得到如下关系式：

$$C_T = 2c_1 + C_M + C_\eta \tag{1.38}$$

其中

$$C_M = 2(3c_2 \xi_1 M_A + 2\lambda_0 M_A^2) \tag{1.39}$$

$$C_\eta = 2(3c_2 \xi_2 \eta + \lambda_5 \eta^2) \tag{1.40}$$

$C_M$ 与 $C_\eta$ 分别是磁性相变与马氏体相变的模量，这样就可以分别考虑磁性相变与马氏体相变对模量反常的贡献。在 Mn 基合金中，反铁磁相变温度比马氏体相变温度高，所以模量反常变化的首先是 $C_M$，然后才是 $C_\eta$；当马氏体相变与反铁磁相变比较靠近时，$C_M$ 与 $C_\eta$ 同时变化。这两类相变对模量的贡献大小就由式(1.39)和式(1.40)分别决定。为了进一步考虑模量反常随温度变化的快慢，基于式(1.38)，可以得到模量反常的动力学的相关信息：

$$\frac{dC_T}{dT} = 2\left[(3c_2 \xi_1 + 4\lambda_0 M_A)\frac{dM_A}{dT} + (3c_2 \xi_2 + 2\lambda_5 \eta)\frac{d\eta}{dT}\right] \tag{1.41}$$

从式(1.41)中可以看出,除磁矩与马氏体的序参量外,模量反常的快慢还与$\dfrac{\mathrm{d}M_A}{\mathrm{d}T}$、$\dfrac{\mathrm{d}\eta}{\mathrm{d}T}$有关,即模量反常的动力学与磁性相变动力学及马氏体相变动力学有直接关系。

为了进一步考虑升降温速率对弹性模量与温度的相互关系$\dfrac{\mathrm{d}C_T}{\mathrm{d}T}$,可以利用 G-L 模型的动力学方程,根据最小能量变分原理,得到变分形式下的非守恒变量-弹性模量的动力学演化方程

$$\frac{\mathrm{d}C_T}{\mathrm{d}t}=-L_c\frac{\partial F}{\partial C_T} \tag{1.42}$$

根据$\dfrac{\mathrm{d}C_T}{\mathrm{d}t}=\dfrac{\mathrm{d}C_T}{\mathrm{d}T}\cdot\dfrac{\mathrm{d}T}{\mathrm{d}t}$,升降温速率可以表示为$V_T=\dfrac{\mathrm{d}T}{\mathrm{d}t}$,这样可以得到弹性模量与升降温速率之间的相互关系,可以表示为

$$\frac{\mathrm{d}C_T}{\mathrm{d}T}=-V_TL_c\frac{\partial F}{\partial C_T} \tag{1.43}$$

其中,$L_c$是动力学参数。根据式(1.42)和式(1.43)可以进一步得到考虑升降温速率对模量软化的影响。

$$\left(\frac{\mathrm{d}C_T}{\mathrm{d}T}\right)^2=-V_TL_c\frac{\partial F}{\partial T} \tag{1.44}$$

这个方程表示随着升降温速率的增加,模量对温度的导数变化增大,即升降温速率的增加会引起模量的软化进一步加剧,这与以前 Ni-Mn-Ge 和 Mn-Cu 及其他合金体系及本节的结果是一致的。而体系的熵可以表示为

$$S=-(\partial F/\partial T)_P \tag{1.45}$$

结合式(1.44)和式(1.45),可得到如下表达式:

$$\frac{\mathrm{d}C_T}{\mathrm{d}T}=\pm(-V_TL_cS)^{1/2} \tag{1.46}$$

方程(1.46)是体系的弹性模量-熵变平衡方程,它是基于相变力学与相变热学之间相关函数的平衡方程,定义它为固态相变的热-力平衡方程。当$\mathrm{d}C_T/\mathrm{d}T>0$时,表示由马氏体相变或反铁磁相变导致的模量反常变化;当$\mathrm{d}C_T/\mathrm{d}T<0$时,表示材料体系模量的正常变化;当$\mathrm{d}C_T/\mathrm{d}T=0$时,表示材料体系的恒模量,即 Elinvar效应;当$\mathrm{d}C_T/\mathrm{d}T$为常数时,表示材料体系模量的线性变化,反之表示模量的非线性变化。基于实验结果,在相变过程中其熵变均是非线性的,所以根据式(1.46)可以认为其模量变化也是非线性的。根据实验结果,随着升降温速率的增大,$S$-$T$ 曲线会变得更加陡峭,其峰值会增大,由此得到,随着升降温速率的增大,$\mathrm{d}C_T/\mathrm{d}T$ 会增大,这与实验结果是一致的。

根据以上关系式,在降温过程中($T_1 \rightarrow T_s \rightarrow T_f \rightarrow T_2$),可以将弹性模量表示为如下关系式:

$$C_T = -\int_{T_f}^{T_1} (-V_T L_c S)^{1/2} dT + \int_{T_s}^{T_f} (-V_T L_c S)^{1/2} dT - \int_{T_2}^{T_s} (-V_T L_c S)^{1/2} dT$$

(1.47)

其中,$T_s$、$T_f$ 分别是相变开始和结束温度。对于升温过程($T_1' \rightarrow T_s' \rightarrow T_f' \rightarrow T_2'$),也可以得到相应的关系式:

$$C_T' = -\int_{T_2'}^{T_s'} (-V_T L_c' S')^{1/2} dT + \int_{T_s'}^{T_f'} (-V_T L_c' S')^{1/2} dT - \int_{T_f'}^{T_1'} (-V_T L_c' S')^{1/2} dT$$

(1.48)

升降温过程中的相变速率可以相同,但其熵变及动力学参数可能不同,所以要加以区别,这表明相变的正逆过程可能会不相同,但其相变规律不会有本质的改变。

基于以上关系,结合公式就可以得到 $C_T$ 的变化曲线,包括 $C_T$-$T$、$\mathrm{d}C_T/\mathrm{d}T$-$T$ 及 $\mathrm{d}C_T/\mathrm{d}T$-$V_T$ 等曲线。下面结合实验结果分析曲线变化规律及机理。图 1.14 是仅有马氏体相变和反铁磁相变导致的模量软化曲线,表明这两类相变均可导致模量软化。在非磁性 In-Ta 合金中[1],发生 FCC-FCT 马氏体相变时,其模量是软化的;对于 Mn 基合金,如 Mn-Ni 合金[1],尽管只有磁性转变,其模量软化也是非常明显的。所以图 1.14 所反映的规律是符合现有实验结果的。在 Mn 基合金中,由于反铁磁相变温度要高于马氏体相变温度,所以在降温过程中对应磁性相变的模量软化要早于马氏体相变,如图 1.14 所示。当马氏体相变与磁性相变比较靠近时,模量反常段的 $C_T$-$T$ 曲线不会出现明显的分段现象,这与研究的合金 A1 的实

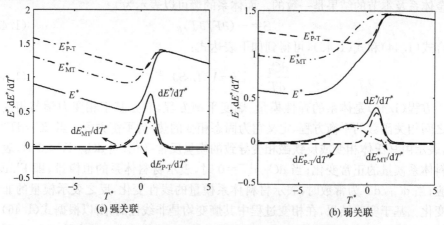

图 1.14　强关联和弱关联下的相对模量 $E^*$ 和 $\mathrm{d}E^*/\mathrm{d}T^*$
与相对温度 $T^*$ 之间的关系曲线[10]

验结果是一致的;当马氏体相变温度与反铁磁相变之间的间隔较大时,在模量反常区间($dC_T/dT>0$)的 $C_T$-$T$ 曲线会出现分段,这在本书的实验中已观察到(对应合金 A2),在 Mn-Ni 合金中也观察到此类现象。对比本节的实验结果及 Mn-Ni 合金的实验结果,可以看出模量损耗的大小是两类相变共同决定的,相比而言,反铁磁相变导致的模量损耗要小于马氏体相变,毕竟马氏体相变导致的晶体结构差异要大于反铁磁相变导致的磁结构差异,即降温过程中磁结构对原子间力常数的影响要小于晶体结构的变化。

　　当两种相变比较靠近时,对应模量反常的温度区间比较小;随着马氏体相变温度的降低,模量反常对应的温度区间逐步增大。合金元素对磁性相变温度的影响是线性的,而且比较小,而对马氏体相变温度的影响是非线性的,影响也比较大。图 1.15 所反映的规律也符合这一特征。在 $dE^*/dT^*$-$T^*$ 曲线中,存在两个峰(分别将左、右峰标为 $A$ 和 $B$)分别对应 $dC_T/dT=0$,前者与反铁磁相变有关,后者与马氏体相变相关。在成分变动时,$A$ 点的变化要小于 $B$ 点的移动,这与合金元素对两类相变的影响不同是一致的,而且模量反常温度区间的扩大($>100℃$)主要是由马氏体相变温度的变化导致的。结合前面的实验结果,频率对模量没有影响,表明模量变化是材料的内在属性;升降温速率对模量反常的影响主要体现在模量损耗方面,但对模量反常温度区间的影响比较小。从图 1.15 中可以得到模量反常温度区间的大小,而且可以看出模量反常的动力学特性。在降温或升温过程中,其模量变化不是均匀的,存在一个最大值与相变对应;对于合金 A1,由于两类相变的温度比较接近,所以其模量变化的最大值只有一个峰对应;对于合金 A2,由于两类相

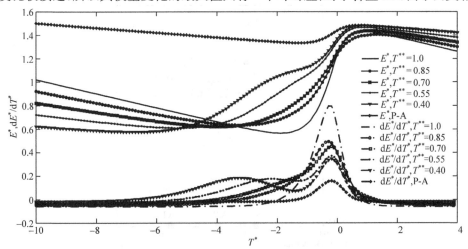

图 1.15　不同耦合效应下的相对模量,$E^*$ 和 $dE^*/dT^*$ 与相对温度 $T^*$
之间的变化曲线($T^{**}=M_s/T_N$)[10]

变的温度相差较大,所以会存在两个峰值对应模量变化的最大值,高温段对应的是反铁磁相变,低温段对应的是马氏体相变,而且反铁磁相变对应的峰值比较大,这说明反铁磁相变是一个二级相变,其热滞比较小,模量变化比较快;马氏体相变作为一级相变,其热滞比二级相变的大,所以其模量变化要慢,尽管它对模量的影响较大。

### 1.4.6　模量-温度-成分相图

基于 Mn-Fe-Cu 合金的温度-成分相图,将上述模量反常规律添加进去可得到模量反常的规律,命名为模量-成分-温度相图,如图 1.16 所示。此图中最重要的是在中间三角区 $ABC$ 是模量反常区,对于不同的合金成分其模量反常区间是一一对应的,其中 $BC$ 直线垂直于成分坐标。在成分区间 $c_A \sim c_B$,随着 Mn 含量的降低,模量反常的温度区间是逐步增加的。当合金成分大于 $c_B$ 时,马氏体相变将被抑制,只存在反铁磁相变,其模量反常区间就非常小,此时对应的是自旋玻璃态,这与 Mn-Cu 合金的结果是一致的[11]。所以,合金成分是模量反常温度区间大小的决定性因素,其内在微观组织机理是马氏体相变与反铁磁相变共同作用的结果。图 1.16 被认为是此类合金中的第一张温度-成分-性能相图。利用图 1.16,除解释材料的内在规律及物理机制外,对合金设计也具有指导意义,如 Invar 合金、热弹性合金等的研制和开发。对于浓度 $c_B$,其模量在一定的温度区间 $[T_C, T_B]$ 内保持恒定,这就是恒弹性合金,即 $AB$ 线段就是恒弹性合金的工作范围。尽管 $AB$ 和 $AC$ 曲线上满足弹性模量与温度无关的特性,但由于相邻两点与合金成分相关,所以不能得到一种固定成分的恒弹性合金。以往的 Mn 基三元合金中,在一定的温

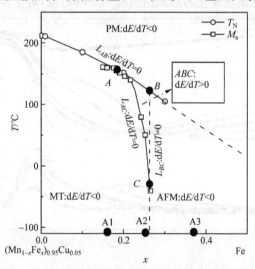

图 1.16　Mn-Fe-Cu 合金的模量-温度-成分相图(A1、A2、A3
分别对应于三种 Mn-Fe-Cu 合金)[10]

度区间具有恒弹性,但原文作者只是报道了这一实验现象,没有给出具体的微观组织及相关的机制。根据本章的研究结果可认为这同样是两者相变共同作用的结果。在 Mn-Ni 合金中,对于 20.4at[1]％Ni 这一合金成分,在温度范围[50℃,150℃]内具有恒弹特性,这与图 1.12 反映的规律是完全一致的。图 1.12 反映的规律将是一个非常有意义的工作,对合金设计具有积极的指导意义。

关于逆相变中的相关物理效应,在 DMA、DSC、热膨胀等实验中均考虑了升温过程中的相关相变,由此可以得到逆相变过程中相关模量反常的变化规律,以此研究模量反常的调控规律是否具有可逆性。这对于实际材料的使用是有帮助的,因为实际材料在服役过程中总会经历升降温过程,材料性能的稳定性是材料正常使用的保证。从 DMA 测试曲线中可以看出,模量演化与温度、频率及升温速率均有关。在逆相变过程中其模量演化也符合模量软化的规律,对比升降温的曲线特征,表明材料的力学特性也具有一定的可逆性。所不同的是曲线的位置可能会轻微调整,但模量反常区依旧是一个三角区 $ABC$,而且 $BC$ 依旧是恒弹性特性的温度区间,所对应的合金成分是不变的。反铁磁相变是二级相变,所以正逆相变中 $AB$ 所在曲线不变,而 $A_s > M_s$,所以在逆相变过程中 $ABC$ 的面积要小于正相变过程中 $ABC$ 的面积,即恒弹性的温度区间要缩小,但其微观机制是不变的。

## 1.5　局域软模的相场验证

### 1.5.1　局域软模

固态相变(如铁弹相变、磁性相变、结构相变)过程中伴随着模量软化[1,2]。相比于铁电材料的完全软化,马氏体相变作为一级结构相变,多表现为非完全软化。中子非弹性散射实验、内耗实验、弹性常量分析等均证实马氏体相变中的这种软化特征,基于此,Clapp[12,13] 提出了马氏体相变的局域软模机制,并从 Landau 自由能的角度对其进行了静态分析,得到局域模量软化的条件。这些工作均在努力探究结构相变与模量软化之间的相互关系,力求更深入地了解结构相变的物理本质,特别是在内部微观组织与力学常数之间建立直接的对应关系。

马氏体相变过程中会形成马氏体/奥氏体界面,如果有马氏体孪晶形成,同时还会产生马氏体孪晶界面。无论哪一种界面,界面作为一种面缺陷对材料体系的模量有影响,主要原因是界面处的模量变化不同于体材料。相界和晶界对模量均有直接影响。可用纳米压痕仪来研究界面处的模量变化。Mashe-Drezner 等[14] 发现复合材料界面处的模量要低于基体。单晶与多晶弹性常量的差异主要是由多晶中晶界的影响以及各晶粒位向差异导致的,界面体积的增加导致模量的减小,甚至

---

1)　本书中 at％表示原子分数。

出现其他新的特性,如恒弹性[15]。Yaniv 等[16] 研究了马氏体孪晶界面的模量变化,发现马氏体孪晶界面的模量低于马氏体,当多变体马氏体排列在一起时会出现模量的周期性振荡。纳米压痕仪测量的精度往往是在微米级进行的,而马氏体孪晶界面可能就只有几个原子层,所以要得到更精细的模量特征还需要更深入的工作。既然界面处的模量低于材料体系,那么在相变过程中界面对模量软化的贡献有多大并不清楚,而且低界面模量对相变的进行是否有直接影响也没有相关的研究,特别是在马氏体长大的过程中这种软化的作用是否有利于马氏体的长大。

### 1.5.2　相场模型方法

相场模型方法对模拟微观组织具有极大的优越性[17],并在马氏体相变模拟中取得了大量有价值的结果,包括马氏体的形核和长大过程[18]。这些工作中均将体系的模量作为一个定值来进行模拟[17,18]。模量表示为马氏体体积分数的线性关系,尽管在微观组织演化过程中,体系的模量变化,但还是体模量的变化,无法得到体系内部各处模量的动态演化过程。本节将局域模量变化引入相场演化过程中,利用相场方法将微观组织与模量演化直接联系起来,比较不同多变体体系中模量软化的特性差异,研究局域软模演化的共同规律;同时研究马氏体相变过程中,马氏体/奥氏体界面模量以及马氏体孪晶界面模量的演化,并对界面应力场进行分析。G-L模型中可将体系的自由能表示为界面梯度能、弹性应变能和化学自由能之和[18]:

$$F = F_{in} + F_{ch} + F_{el} \tag{1.49}$$

其中

$$F_{in} = \sum_p \int_V (\nabla \Delta P)^2 dV + \sum_{p \neq g} \int_V [\nabla(\Delta P - \Delta g)]^2 dV$$

$$F_{ch} = \frac{1}{2} A(\eta_1^2 + \eta_2^2 + \eta_3^2) - \frac{1}{3} B(\eta_1^3 + \eta_2^3 + \eta_3^3) + \frac{1}{4} C(\eta_1^2 + \eta_2^2 + \eta_3^2)^2$$

$$F_{el} = \frac{1}{2} \sum_{p,q} \int \frac{d^3 k}{(2\pi)^3} B_{pq}(e) \{\eta_p(r)\}_k^* \{\eta_q(r)\}_k$$

$$B_{pq}(e) = 4E \cdot e_i \cdot \varepsilon_{ij}^0(p) \cdot \varepsilon_{kl}^0(q) \cdot e_l - \frac{2E}{1-\nu} \cdot [e_i \cdot \varepsilon_{ij}^0(p) \cdot e_j] \cdot [e_k \cdot \varepsilon_{kl}^0(q) \cdot e_l]$$

式中,$A$、$B$、$C$ 是 Landau 自由能系数;$\{\eta_1, \eta_2, \eta_3\}$ 是长程序参量,分别对应马氏体的三种变体。对于界面能,包括马氏体/奥氏体界面能($M/P$)和马氏体孪晶界面能($M_p/M_q$),分别对应 $F_{in}$ 表达式右边的第一项和第二项。$\{\eta_p(r)\}_k^*$ 是 $\{\eta_p(r)\}_k$ 的复共轭,$B_{pq}(e)$ 是二体交互作用势,$E$ 是弹性模量,$\varepsilon_{kl}^0(p)$ 是 $p$ 变体的相变应变。$e = k/k$($k$ 是倒易点阵矢量)。$e_k$ 是 $e$ 的 $k$ 阶分量。体系的弹性模量可表示为 $E =$

$\partial^2 F_{el}/\partial\varepsilon^2$。Clapp[12,13]考虑了局域软模效应,表明不同区域的模量会有差异,而且在演化过程中是一个变量,所以弹性模量是一个与位置 $r$ 和演化时间 $t$ 相关的变量 $E(r,t)$。在模拟过程中,微观组织及弹性模量的控制方程如下:

$$\begin{cases} \dfrac{\partial\eta_p(r,t)}{\partial t} = -\sum_q L_{pq} \dfrac{\delta F}{\delta\eta_p(r,t)} \\[3mm] E(r,t) = \dfrac{\partial^2 F_{el}(r,t)}{\partial\varepsilon(r,t)^2} \end{cases} \tag{1.50}$$

其中

$$\varepsilon(r,t) = \sum_p \eta_p(r,t) \cdot \boldsymbol{\varepsilon}_p, \quad p = 1,2,3 \tag{1.51a}$$

$$\boldsymbol{\varepsilon}_1 = \varepsilon_0 \begin{bmatrix} -2 & 0 & 0 \\ 0 & 1 & 0 \\ 0 & 0 & 1 \end{bmatrix}, \quad \boldsymbol{\varepsilon}_2 = \varepsilon_0 \begin{bmatrix} 1 & 0 & 0 \\ 0 & -2 & 0 \\ 0 & 0 & 1 \end{bmatrix}, \quad \boldsymbol{\varepsilon}_3 = \varepsilon_0 \begin{bmatrix} 1 & 0 & 0 \\ 0 & 1 & 0 \\ 0 & 0 & -2 \end{bmatrix} \tag{1.51b}$$

具体的演化控制方程如下:

$$\begin{cases} \dfrac{\partial\eta_p(r,t)}{\partial t} = L \cdot \nabla^2 \eta_p(r,t) + \dfrac{\nabla(F_{ch}+F_{el})}{\nabla\eta_p(r,t)} \\[3mm] E(r,t) = \dfrac{1}{\nabla\varepsilon(r,t)} \cdot \nabla\left[\dfrac{\nabla F_{el}(r,t)}{\nabla\varepsilon(r,t)}\right] \end{cases} \tag{1.52}$$

Ni-Mn-Ga 合金的切变模量 $G$ 为 $30\times10^9$ Pa,泊松比 $\nu$ 为 $0.38$。具体计算模拟中 $T=300$ K,$\Delta f(T)=1.5\times10^7$ J/m$^3$,$A^*=A/\Delta f(T)=0.3$,$B^*=B/\Delta f(T)=4.5$,$C^*=C/\Delta f(T)=4.2$,$\varepsilon_0(T)=-0.02$。约化时间 $\Delta\tau=0.02$,计算单胞采用周期性边界条件,计算网格取为 $N_0=64$。

### 1.5.3　局域软模的演化过程

图 1.17(a)是在预置一个核胚的情况下微观组织的演化过程。基于马氏体各变体体积分数的变化,可以看出在前 1500 步微观组织演化非常缓慢。当 $t=1000$ 步时,演化系统的中心位置主要还是变体 1(V1)[1]和变体 2(V2),变体 3(V3)还没有形成,如图 1.17(a)中的 A1 图所示。2000~3000 步是马氏体各变体快速演化阶段,图中的 A2 和 A3 分别对应 $t=2000$ 步和 $t=2500$ 步约化时间的微观组织。A4 对应 $t=10000$ 步的微观组织。尽管各变体在最后的体积分数略有差异,但各变体的动力学过程是几乎相同的,这一点可以从各变体的体积变化率上看出(图 1.17

---

1)　本书中用 V1、V2、V3 表示马氏体变体。

(a))。这表明尽管预置了一个核胚,但并不影响各变体的演化速度。

图 1.17(b)～(e)是以上四个约化时间点微观组织中的长程序参量(LOP)、相对模量($E/E_0$)、应力场($\sigma$)在[111]方向上的变化曲线。在演化初期($t=1000$ 步)时,基于各变体序参量变化关系可以看出,此刻主要还是变体 1,而且变体 1 的体积非常小,但其模量已有明显变化,$E/E_0=0.94$,降低了 6%。基于相场的微弹性理论,在演化过程初期各处的模量均相同,而且在演化过程中均假设马氏体与奥氏体的模量是相同的,但演化过程中各处的模量是一个动态的变化过程,是由方程(1.52)来控制的。在软模形核理论中马氏体的模量软化是局域软化,不同于铁弹性材料体系中的完全软化[1]。实验中观察到各类合金中马氏体相变过程中模量软化的程度在 10%左右。本节的模拟显示在演化初期,模量的软化有利于其他变体的形成,因为此刻其他两种变体的形核主要是在此软化区内形成的,而其他区域是没有马氏体变体形成的,这间接证明了局域软模形核的可行性。同时由实验可以看出,母相区域的模量没有发生变化,还是等于 $E_0$。当 $t=2000$ 步时,在[111]方向上模量变化不同于 $t=1000$ 步时的特征,中心区域的模量软化已没有了,结合马氏体序参量的变化可以看出,此时的变体 1 已长大,而模量软化已扩展到两侧,分别对应于马氏体/奥氏体界面,也可认为在马氏体长大过程中,模量减小与界面推移同步进行。在 $t=2000$ 步和 $t=3000$ 步之间,马氏体微观组织演化非常快,各变体体积及形态均有较大的变化。取其中间时刻 $t=2500$ 步,结合序参量变化,发现此刻界面区域比较宽,重要的是界面区的模量是增加的,而中间马氏体内部的模量稳定在平衡值($E/E_0=1$),这是相变动态过程中出现的反常现象。当 $t=8000$ 步时,微观组织演化基本稳定,马氏体相变基本结束,这时体系内部主要是马氏体孪晶,这为研究马氏体孪晶界面的模量变化提供了良好的条件。在[111]方向主要是变体 1 和变体 2 形成的孪晶界面,而且界面非常清晰。结合弹性模量的变化可以看出,在孪晶界面处均存在一个较小值,而马氏体内部的弹性模量有少许增加。Yaniv 等[16]利用纳米压痕仪研究了 Ni-Mn-Ga 合金中马氏体孪晶界面处的模量变化,发现存在模量的振荡现象,这与本章的模拟实验结果基本一致。由于实验过程中纳米压头的尺寸在微米级,而马氏体孪晶界面的尺度可能就只有几个原子层,完全属于纳米级,所以利用纳米压痕仪来精确测定界面模量的变化时有一定局限性,其精度还不能完全与孪晶界面对应,所得到的只是这一区域的模量特征。对于界面处模量的变化特征,可以从原子间的相互作用得到,由于界面是一个面缺陷,其模量要小于基体的模量。在纳米尺度,不同的晶粒尺寸与模量之间有一定的对应关系,晶粒尺寸越小,模量越大,这主要存在一定的表面效应,即在表面的弹性模量要高于材料内部,这种结果与微米尺度的效应不太相同。这种模量变化的直接结果就是遏制了纳米尺度下马氏体相变的形成。

相变演化的路径是由界面所受到的阻力决定的,即界面总是沿阻力最小的方向进行,所以相变过程中的内部应力,特别是界面前端的应力状态对相变的进行具有重要的影响。在这里给出以上四个时刻[111]方向上各点对应的主应力:$\sigma_{11}$、$\sigma_{22}$、$\sigma_{33}$。比较图 1.17(b)~(e)中这三种力的演化过程,发现马氏体内部及界面处应力变化非常大,除数值变化之外还存在应力方向的变化。在相变初期($t=1000$步),$\sigma_{11}$ 和 $\sigma_{22}$ 在不同位置有张应力和压应力,而 $\sigma_{33}$ 主要是压应力,其在马氏体/奥氏体界面处有较大的值,而马氏体内部的应力状态也不是完全相同的,即便是演化到后期($t=8000$ 步,图 1.17(e))。微观组织的演化是内应力变化较大的主要原因。在界面附近,应变有较大的变化,尽管界面处的模量有降低的趋势,但这个降低只有 1%,而相变应变的变化比较大,所以综合结果是界面处的应力是增加的。另外,实验测定的都是微观组织演化结束后的平衡态。对于 $t=8000$ 步时各应力的变化,从图中可以看出,在马氏体孪晶界面处 $\sigma_{11}$、$\sigma_{22}$、$\sigma_{33}$ 均存在一个较大值,且都是拉应力状态,而马氏体内部均处于压应力状态,这表明界面是应力集中的地方。在马氏体内部观察到裂纹的形成可能与马氏体孪晶界面处的应力集中有一定的关系,而马氏体与奥氏体界面处的裂纹形成则与马氏体/奥氏体处的界面应力集中相关[2]。另外,计算得到 von-Mises 应力在[111]方向上的变化情况,比较不同时刻 von-Mises 应力的大小发现,界面处是 von-Mises 应力变化比较大的地方,所以在应力作用下发生材料屈服首先从界面处开始。这与实验观察到界面处裂纹的形成机理是一致的。

为了对相变过程中模量的变化有一个全面认识,给出了[110]面上的模量变化,并将其与微观组织对应起来,如图 1.18 所示。在这里还是以以上四个不同时刻的微观组织为例来加以说明。在演化初期,尽管微观组织比较小,但内部的模量软化非常明显,最大降低幅度达到 8%,而且是整个内部区域均出现了软化,比较

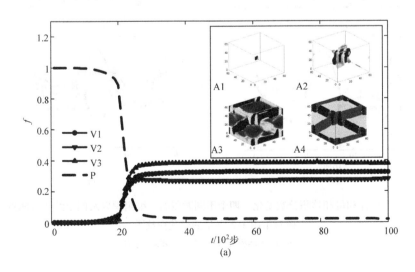

(a)

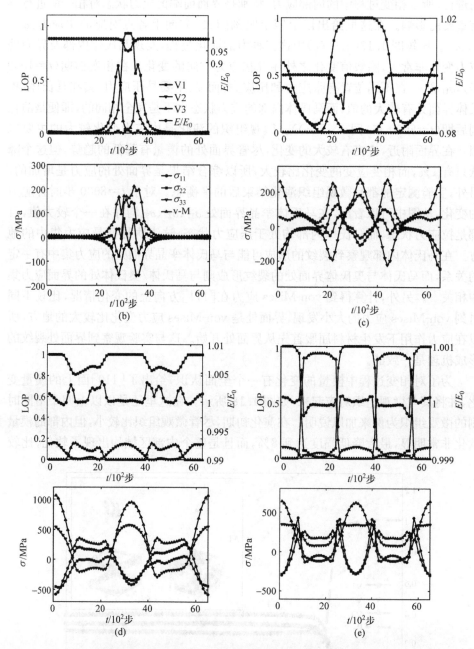

图 1.17　马氏体和母相体积分数变化及四个不同时刻的三维组织以及四个约化时间点
微观组织中各参量的变化曲线[19]

P-母相；f-体积分数；v-M-von-Mises 应力

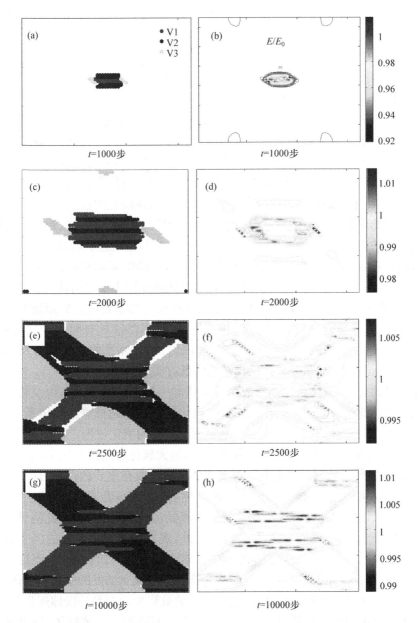

图 1.18　三变体在(110)面微观组织((a)、(c)、(e)、(g))及弹性模量((b)、(d)、(f)、(h))的演化[18,19]

有意思的是在外部的马氏体/奥氏体边界区,其模量有一定的升高,但此升高的最大值只有1%,如图1.18(a)所示。当演化到2000步时,中间区域的模量接近于平衡值,但内部的模量软化区超过整个相变区域的1/2,且形成一个不规则的模量软化环形区域(图1.18(b)),但不是一维单连通,因为对应到三维空间是一个二维单连通。所以,此刻马氏体/奥氏体界面区是一个模量软化区,尽管整个相变区内部存在马氏体孪晶,但内部模量的变化还没有与孪晶界面建立起对应关系。当马氏体进一步长大时,从 $t=2500$ 步到 $t=8000$ 步,可以看出此刻模量的振荡幅度在 $(-1\%,1\%)$ 变化,同初期的软化相比减小了很多,这主要是马氏体孪晶。孪晶界面的模量变化也呈现非常复杂的变化特征:①同一孪晶界面上的模量并不完全相等;②当孪晶界面上存在台阶时,不同台阶面上的模量变化多为相反的,一个是模量降低,另外一个则是模量升高;③同一类型的孪晶界面上的模量也不完全相同;④不同类型的孪晶界面上的弹性模量也不完全相同。一般认为,微观组织的模量应当是材料的内禀属性,但实际的测量结果显示,它与微观组织的内部分布及组态有密切的关系,特别是在界面处会有较大的变化,实验结果均显示,在界面处模量会降低,明显不同于基体材料的模量。所以,这四类不同主要是由其内部组织导致的,模拟结果显示材料体系内部的模量变化具有尺寸形态效应。界面处的模量变化导致单晶和多晶材料的模量会有不同[12,14],使得模量具有明显的尺寸效应。Cui等[15]的实验结果显示,当材料内部的界面增加时,体系的模量会有反常的变化,甚至出现恒弹特性,这与界面处模量的降低有明显关系。

作为对比,只考虑体系分别形成两种变体和一种变体时微观组织及相应模量的演化情况,如图1.19所示。在具体模拟演化中仍然采用三维组织体系,所涉及的相关模拟参数不变,图1.19(a)是体系中两个变体的演化过程。在演化初期($t=$1000步),发现在中心位置依然是模量软化区,最大软化值达到6.5%,由于预置的核胚是变体1,所以此模量区的软化对于变体2的形成有重要的作用,这与以上三个变体的软化情形是一致的。当 $t=3000$ 步时,中心区形成了比较清晰的马氏体孪晶变体,马氏体/奥氏体界面处的模量明显降低,大约降低1%,而此刻马氏体孪晶界面处的模量则是增加的(大约1%)。另外,观察到在演化体系的四个角上出现了新的模量软化区,最大软化达到3%,其对应着新的马氏体形成,而且是马氏体变体1和变体2是同时出现的,这是内部微观组织演化诱发的孪晶马氏体,可明确是模量软化形核导致的马氏体相变。最后,此处形成孪晶马氏体逐步长大,并与体系中心区的孪晶马氏体融合在一起。由于只有两种马氏体变体,所以只有一种孪晶界面。对于孪晶界面上的模量变化,可以看到同样的变化规律,当界面上存在台阶时,不同台阶面上的模量变化是不同的,一个模量升高,另外一个则模量降低,其变化趋势是相反的。运行10000步后,体系中的孪晶界面相对比较稳定,所得到的孪晶界面上的模量是变化的,有升高的,也有降低的,但其变化均不超过

1%，这表明相变初期体系模量的变化比较大，当体系稳定后界面处模量变化减小了，且模量变化的区域主要集中在马氏体/奥氏体界面和马氏体孪晶界面上。图1.19(b)是只有一种变体的演化过程，由图看出此时形成的马氏体具有透镜状的形态，马氏体/奥氏体界面具有明显的台阶。在相变初期的模量软化可以达到6%，演化结束时模量变化幅度小于 1%。在演化过程中，从其他区域马氏体的形成中可观察到模量软化，但这种软化只有 2%。马氏体/母相界面上的模量变化由于台阶的存在而明显不同。另外，透镜状马氏体内部模量并不完全相同，其分布具有一定的规律性，模量增加区(0.6%)和模量降低区(0.6%)呈现带状分布，并交错排列。

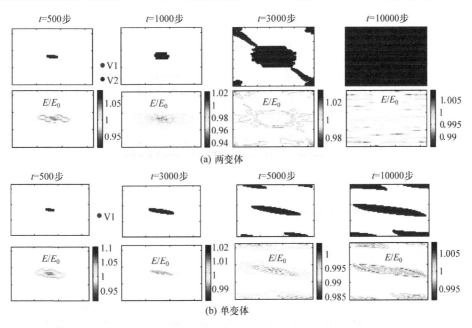

图 1.19　两变体和单变体在(110)面的微观组织及相对
弹性模量在不同时刻的演化图[19]

　　以上是材料模拟体系内部局域模量的演化情况。图 1.20(a)给出了体系平均模量的演化。从图中可以看出，无论体系里存在几种变体，体系模量随时间的演化均存在一个模量软化的过程，但是模量软化最低点的大小会有所差异。对于三种变体的模拟体系，由于变体间相互协调能力较好，所以马氏体相变进行得比较快；而单变体体系里不存在马氏体变体间的应变自协调，所以其动力学演化比较缓慢，对应的模量软化最低点对应的时间比较大。这可以从马氏体转变的动力学曲线$(\mathrm{d}f/\mathrm{d}t\text{-}t)$上看出，各类体系均存在一个最大值，最大值对应的时间依次是三变体、两变体、单变体逐步增加，但最大值是依次减小的(图 1.20(b))，这与图 1.17 和图 1.18 中局域模量软化的程度大小是一致的。但平均模量软化的程度是单变体的最大,三个变体对应的最小,似乎与正常的规律相反。

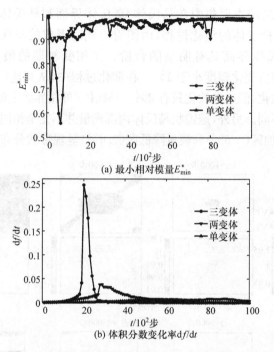

(a) 最小相对模量 $E_{\min}^{*}$

(b) 体积分数变化率 d$f$/d$t$

图 1.20　最小相对模量和体积分数变化率与约化时间的关系曲线[19]

# 1.6　小　　结

　　(1) 本章提出了一个形状恢复率 $\eta$ 的关系式,并综合考虑了强化效应(用 $\tau_0$ 表征)、晶粒尺寸($R$)、层错能(层错概率 $P_{sf}$)和训练次数($n$)的作用,此关系式可用于形状记忆合金的成分设计。

　　(2) 合金成分对模量反常区的温度范围具有调节作用,最大可以达到 150℃,其中反铁磁转变导致的模量软化对温度变化的贡献是 50℃,而马氏体相变及马氏体相变前驱效应对其贡献最大可以达到 100℃;这种模量反常规律具有一定的可逆性。模量反常区间的异常扩大是反铁磁相变与马氏体相变弱耦合作用的结果,耦合作用的大小与 $\Delta T(T_N - M_s)$ 有关,$\Delta T$ 越小耦合作用越大。升降温速率对模量反常影响比较小,包括模量软化大小及其异常温度区间。本章建立一个包含两类相变的理论模型,对模量反常的微观机制进行了分析及解释,同时考虑了温度及升降温速率对模量的影响机理。

　　(3) 将局域模量的变化引入微观相场方程中,并以此研究形状记忆合金结构相变过程中的局域软模和马氏体/奥氏体界面及马氏体孪晶界面模量的演化。相变初期,预置核胚区域存在明显的软化,这将诱发其他马氏体变体的形成;在相变过程中,孪晶马氏体的形成可由局域模量软化诱发形核,这证明了局域软模的形核机制。相变初期局域弹性模量变化比较大(约 8%),局域模量软化是一个较大的区域;当微观组织演化稳定后,模量变化的区域主要集中在马氏体/奥氏体界面和马氏体孪晶界面处,其增加或降低的幅度只有 1%。材料体系内部孪晶界面上台阶的形成对孪晶界面模量的变化具有重要作用,不同的台阶面上的模量变化不同,使得孪晶界面模量变化具有尺寸效应和形态效应。界面对整个体系模量软化的贡献约为 5%。通过模拟得到了界面应力场的演化规律,尽管界面模量降低,但马氏体/奥氏体界面和马氏体孪晶界面仍是应力集中的地方,材料屈服与断裂会优先从这些位置开始。

## 参 考 文 献

[1] 徐祖耀. 相变原理[M]. 北京:科学出版社,2000.

[2] 徐祖耀. 马氏体相变与马氏体[M]. 北京:科学出版社,1999.

[3] Wan J F, Chen S P, Hsu T Y, et al. Modulus characteristics during the $\gamma \rightarrow \varepsilon$ martensitic transformation in Fe-Mn-Si-Cr-N alloys[J]. Solid State Communications, 2004, 131(1): 27-30.

[4] Wan J F, Chen S P, Hsu T Y, et al. Modulus softening during the $\gamma \rightarrow \varepsilon$ martensitic transformation in Fe-25Mn-6Si-5Cr-0.14N shape memory alloys[J]. Materials Science and Engineering A, 2006, 438-440: 887-890.

[5] Wan J F, Chen S P. Martensitic transformation and shape memory effect in Fe-Mn-Si based alloys[J]. Current Opinion in Solid State and Materials Science, 2005, 9(6): 303-312.

[6] Wan J F, Huang X, Chen S P, et al. Effect of nitrogen addition on shape memory characteristics of Fe-Mn-Si-Cr alloy[J]. Materials Transactions, 2002, 43(5): 920-925.

[7] Wan J F, Chen S P, Hsu T Y. Semi-empirical prediction of the shape memory effect of Fe-Mn-Si based alloys[J]. Materials Science Forum, 2002, 394-395: 431-434.

[8] Wan J F, Chen S P, Hsu T Y. Effect of stacking fault energy and austenite strengthening on martensitic transformation in Fe-Mn-Si alloys[J]. Journal de Physique IV, 2003, 112(2): 381-384.

[9] 万见峰. FeMnSiCrN 形状记忆合金的马氏体相变[D]. 上海:上海交通大学,2000.

[10] Cui S S, Shi S, Zhao Z M, et al. Tunable abnormal modulus in Mn-Fe-Cu anti-ferromagnetic alloys[J]. Materials Research Express, 2016, 3(7): 075701.

[11] Barbara B, Malozemoff A P, Imry Y. Scaling of nonlinear susceptibility in MnCu and GdAl spin-glasses[J]. Physical Review Letters, 1981, 47(25): 1852-1855.

[12] Clapp P C. A localized soft mode theory for martensitic transformations[J]. Physica Status Solidi B, 1973, 57(2): 561-569.

[13] Clapp P C. Pretransformation effects of localized soft modes on neutron scattering, acoustic

attenuation, and Mössbauer resonance measurements[J]. Metallurgical Transactions A, 1981,12(4):589-594.

[14] Moshe-Drezner H, Shilo D, Dorogoy A, et al. Nanometer-scale mapping of elastic modules in biogenic composites: The nacre of mollusk shells[J]. Advanced Functional Materials, 2010,20(16):2723-2728.

[15] Cui J, Ren X B. Elinvar effect in Co-doped TiNi strain glass alloys[J]. Applied Physics Letters, 2014,105(6):374.

[16] Yaniv G, Doron S. Modulus mapping of nanoscale closure variants in Ni-Mn-Ga[J]. Applied Physics Letters, 2008,93(3):073907.

[17] Chen L Q. Phase-field models for microstructure evolution[J]. Annual Review of Materials Research, 2002,32(32):113-140.

[18] Wang Y Z, Khachaturyan A G. Three-dimensional field model and computer modeling of martensitic transformations[J]. Acta Materialia, 1997,45(2):759-773.

[19] Wan J F, Cui S S, Zhang J H, et al. Interfacial modulus mapping and local softening during structural transformation in martensitic alloys[J]. Metallurgical and Materials Transactions A, 2017,48(10):4447-4452.

# 第 2 章　非线性马氏体相变的平均场理论

## 2.1　引　　言

智能材料 Fe-Mn-Si 基合金的马氏体相变机制主要是层错化形核机制[1]。实验结果发现,在 FCC-HCP 马氏体相变过程中存在多种可能的长周期结构[2-6]。热机训练可有效提高形状记忆效应,经训练后的 Fe-14Mn-6Si-9Cr-5Ni(wt%)合金中可能存在长周期层错结构[2]。Ogawa 等[3]利用高分辨率电子显微镜(HREM)在 Fe-15Mn-5Si-9Cr-4Ni(wt%)合金中观察到了 9R 结构。Wang 等[4]在不同温度下对 Fe-28Mn-6Si-5Cr(wt%)合金进行训练后观察到长周期马氏体结构相(或 4H 和 6H 结构过渡相),还观察到 8H 结构马氏体(Fe-30Mn-6Si(wt%)合金)。其他长周期结构如 18R(15R)结构马氏体在 Fe-16.5Mn-0.25C(wt%)合金中被发现[5]。Co 基合金中的 FCC-HCP 马氏体相变机制与 Fe-Mn-Si 基合金类似,层错化形核机制是其主导机制,在其相变过程中存在多种转变产物,如 128R、64R、36R 等结构[6]。长周期结构或过渡相的形成,不仅与合金成分、种类有关,还与材料的热处理或热加工工艺有密切的关系。DSC 实验显示,热循环对马氏体正逆相变温度有一定的影响,随着循环次数的增加,相变特征温度会发生偏移;对 Fe-Mn-Si 基合金进行一定次数的热机训练,可以使这类半热弹合金获得 100%的形状记忆效应。研究表明,热机训练提高了 Fe-Mn-Si 基合金的马氏体转变温度[7]。由此可见,长周期堆垛结构的产生有其内在的原因,它对 FCC-HCP 马氏体相变的形核与长大有重要的作用,但目前对其内在机理还缺乏合理有力的解释。

对于长周期结构的稳定性,可以从热力学上对其自由能进行计算,并比较其大小,但相关的长周期结构的热力学参数比较缺乏,无法建立对应的自由能函数。本章基于层错机制给出一个普适的计算模型,不仅针对智能材料 Fe-Mn-Si 合金,而且对于其他合金中的长周期结构研究也有积极意义。智能材料体系繁多,不同体系中的马氏体相变形核和长大过程也会有一定的差异,所以很难形成一个统一的马氏体相变模型,将孤立波理论引入形状记忆合金,利用这种非线性理论研究马氏体相变,为相变机理的深入研究开拓了新的研究方向[8]。本章结合 FCC-HCP 马氏体相变,提出一种合理的序参量,建立此类型马氏体相变的 Landau 自由能函数,进一步探究此类马氏体相变的微观机制,从孤立波的角度描述 HCP 马氏体的形核与长大过程,以解释和说明 FCC-HCP 马氏体相变中的一些现象。

# 2.2　FCC-HCP 马氏体相变的 Landau 理论

## 2.2.1　序参量的定义及描述[9]

　　智能材料 Fe-Mn-Si 基形状记忆合金同 Co 基合金一样都属于低层错能合金，其马氏体相变均依赖层错堆垛来完成，但对于堆垛的具体过程并不明确，一般认为这种堆垛过程是从不规则堆垛到规则堆垛。所以，对于这类依赖层错的马氏体相变，要建立其 Landau 理论，关键是找到一个能反映相变本质过程的序参量($\eta$)。考虑到合金层错能与温度之间的相互关系以及层错的形成条件，即在降温时由全位错分解形成不全位错，通过不全位错的扩展形成层错，或者直接由空位盘形成层错，而层错在高温下是不能稳定存在的。对于铁弹合金中的结构相变，基于群论，其新相与母相之间存在严格的群与子群关系；而对于智能材料中的马氏体相变，其马氏体相与母相之间并不存在此类对称关系，最多是非平庸的共同子群。众多实验显示，马氏体相与母相之间存在明确的位向关系，这是马氏体表象晶体学理论建立的重要实验基础。对于 FCC 和 HCP 结构相变过程，其密排原子面的基本结构相同，最根本的差异是原子密排面的堆垛顺序，这种堆垛顺序的差异直接导致长周期结构(如 4H、6H、8H 等)的差异。层错作为面缺陷，堆垛顺序的差异可借助层错来进行分类描述，即长周期结构是通过在母相中引入不同数量的层错来形成的。若进一步考虑层错堆垛方式，将会更复杂，这里不做更多的分析，只考虑层错的数量或层错的密度。可将层错密度作为 FCC-HCP 马氏体相变自由能函数的序参量($\eta$)。假定沿原子密排面法线方向上周期为 $Q$ 层原子面内有 $P$ 个层错，则层错密度为 $P/Q$。所以序参量可表示为

$$\eta = P/Q \tag{2.1}$$

当 $P=0$ 时，$\eta=0$，表示原子密排面的堆垛顺序完全正确，没有层错，此时对应母相结构。当 $P/Q=1/2$ (或 $\eta=1/2$)时，对应 HCP 马氏体结构(2H)，为 FCC-HCP 马氏体相变的终态结构相，上面提到的已被观察到的各种过渡相以及其他可能的中间相结构的序参量分别对应于 0 和 1/2 之间某一有理数。例如，21H、18H 和 16H 类型中间结构的层错密度或序参量分别是 3/7、4/9 和 3/8。对于在 0~1/2 变化的无理数和有理数，从无理数到有理数是一个非连续的过程，结合马氏体相变作为一级相变的特征，说明在结构相变温度存在序参量的突变，这正是一级相变的典型特点。严格来讲，不同结构之间的相互转化温度并不相同，尽管这种差异非常小，但理论上应当存在，而且正逆相变的特征温度有差异。针对马氏体相变，Falk 将相变应变作为序参量，建立了相应的 Landau 自由能函数，用以描述马氏体相变的非线性特征[8]。此相变应变是相变切变过程中的一个平均值，无法用来区分长

周期结构,也无法描述长周期结构马氏体的形成过程。下面结合半热弹 Fe-Mn-Si 形状记忆合金的 FCC-HCP 马氏体相变特点,用层错密度表征序参量,使其物理含义明确而具体。

### 2.2.2　Landau 自由能[9]

与二级相变不同的是,作为一级相变的马氏体结构相变的自由能函数应当满足如下特征:存在一个临界相变温度 $T_c$,母相和新相具有相同的自由能。当 $T>T_c$,体系的自由能只存在一个能量极小值,与序参量 $\eta=0$ 相对应,其物理含义为母相是高温区间的稳定相。当 $T<T_c$,体系的自由能极小值数目会增加,极小值对应的序参量不为 0,对应新相的形成,包括马氏体结构或其他长周期过渡相。对于马氏体相变,这个临界温度 $T_c$ 可认为是马氏体相变温度 $M_s$。需要明确的是,经典热力学中马氏体和母相之间还存在一个平衡温度 $T_0$,在此温度两相的化学自由能相等;马氏体相变作为一级相变,显然满足 $T_0>T_c$;在 $T_c$ 时,马氏体相与母相的化学自由能之差是马氏体相变的临界驱动力,是促使马氏体相变的正能量。马氏体/母相界面能和相变应变能等是马氏体相变过程中的负能量,它们会消耗化学自由能;一级马氏体相变中必须是两相共存,所以异相界面能是必然会产生的,而且相变中存在点阵常数的突变,相变应变能也必然会伴随相变的产生。对于二级相变,如磁性相变过程中也会产生应变,但这种应变非常小(ppm 级),而马氏体相变应变则可达到 0.01 以上,二者相差是非常大的,而且二级相变中只有单相存在,不应当出现界面能。

根据 G-L 理论的基本形式[8],体系的自由能函数可写成如下形式:

$$\phi(\eta,T)=\phi_0(T)+a(T-T_0)\eta^2+b\eta^4+c\eta^6 \tag{2.2}$$

其中,各参数 $a,b,c>0$,与材料体系有关。方程(2.2)中将体系的自由能函数写成序参量 $\eta$ 的偶数次项之和,具有内在的物理意义:定义 FCC 结构中 {111} 原子密排面的法线矢量为 $n$,层错堆垛过程可沿两个方向进行,即沿 $n$ 方向或沿 $-n$ 方向,堆垛写成的新相对应的序参量分别对应 $+\eta$ 或 $-\eta$,两者等价,表示马氏体相变形核和长大是以惯习面所在平面为对称面向两侧同时进行的,原位电镜实验也观察到马氏体长大过程中马氏体/母相界面都是在同时迁移的,而不是异相界面单一方向运动。

### 2.2.3　FCC-HCP 马氏体相变的分析与讨论[9]

#### 1. 马氏体相变机制

对于 Co-Ni 合金、Fe-Cr-Ni 合金、Fe-Mn-Si 合金等低层错能合金,依赖热诱发或应力/应变诱发的马氏体结构相变主要通过层错堆垛来完成,其层错堆垛过程是由不规则到规则的有序化过程[1]。从能量上考虑，一片层错不能完成马氏体的形核，一般形核需要 3～5 片层错；形核之后，马氏体的长大则需要更多的层错引入，新层错的加入也需要满足能量最低原理，最终形成规则的层错排列结构，规则的结构即长周期结构。这便是 Ohtsuka 等[2]基于实验结果推测的结果：在 Fe-Mn-Si 合金中存在长周期结构相，即具有一定规则排列层错的新相结构，其他相关的实验工作[3-7]证明了以上推测的可靠性。其内在的机制可能是多种结构竞争的结果，还需要深入研究。

上面定义的序参量 $\eta(=P/Q)$ 中的 $P$ 和 $Q$ 均为有理数，因此序参量 $\eta$ 也必定是有理数。从数学上讲，在 0 和某一个 $\eta_i$ 之间必定存在无理数（定义为 $\xi_j$），序参量从 0 变化到 $\eta_i$ 必经过数值 $\xi_j$，其具有明确对应的物理含义：有理数代表层错排列规则的结构，而无理数代表混乱或不规则，$\eta_i=0$ 对应于母相，$\eta_i$ 则对应具有某种堆垛周期的马氏体结构，所以从母相转变到马氏体相必然是一个层错从不规则堆垛到规则堆垛的有序化过程；而 $\eta_i$ 的对称性表明层错在以惯习面所在面为对称面向两侧堆垛长大、增厚过程中，新加入的层错以等概率方式进行着从不规则到规则的叠加过程，以维持体系总体的力学平衡。这与马氏体相变基本原理一致，也符合能量最低原理。

数值密度不同的情况下，选择任意两个邻近的有理数，对其进行格点划分。有理由相信，此数值段内必定包含无数多个有理数和无理数；在新产生的这些数中再选取任两个邻近的有理数进行同样的格点划分操作，数学上以此方式可以无限地进行划分，但结合到实际的材料体系这种操作必定有一个限度。实验观察到大多数低层错能合金，是以层错化作为结构转变的主要机制，形成薄片状马氏体；片状马氏体的厚度不超过 3000 个原子层，有的马氏体片可能更薄。基于数学和物理基本含义，具有如下合理推论。

**推论 2.1**　FCC-HCP 马氏体相变过程是金属或合金中的层错由一种不规则堆垛到一种规则堆垛的有序化过程，再经过另外一种不规则堆垛进行到另外一种规则堆垛的另外一种有序化过程，如此循环直到某一温度下形成最稳定的层错排列结构，即形成某种长周期结构。具体过程可以表示为如下模式：

$$\eta_0(=0=\eta_{\text{FCC}})\Rightarrow\xi_1\Rightarrow\eta_1\Rightarrow\xi_2\Rightarrow\eta_2\Rightarrow\cdots\Rightarrow\xi_i\Rightarrow\eta_i\Rightarrow\cdots\Rightarrow\eta_n(=1/2=\eta_{\text{HCP}})$$

序参量作为有理数满足关系：$\eta_0<\eta_1<\eta_2<\cdots<\eta_i<\cdots<1/2$。上述内容清晰地说明了从 FCC 母相结构到 HCP 马氏体结构的演化过程，同时明确阐述了 FCC-HCP 马氏体相变中层错有序化的微观机制。此机制也与马氏体相变作为一级相变的特征一致，因为任何两个有理数 $\eta_i$ 和 $\eta_{i+1}$ 中间必定存在无理数 $\xi_j$，所以这些特征数不是连续的，在相变时序参量从 $\eta_i$ 演化到 $\eta_{i+1}$ 正好体现了一级相变的突变特征。

2. 界面孤立子

孤立波可作为热弹合金中马氏体/母相畴界或马氏体孪晶界面,Falk 将非线性数学引入材料相变研究,开辟了新的研究方向[8]。徐祖耀[6]基于孤立子理论计算得到运动相界面孤立子的能量与马氏体相变的临界驱动力相当,并建立了一维马氏体相变的形核-长大模型。发展至今,智能材料体系非常丰富,这导致了马氏体相变类型及相关机制的多样性,建立马氏体相变普适模型的工作必定非常艰巨,特别是能否包容各种相变细节,但将孤立子研究方法用于马氏体相变是有积极意义的。下面结合层错有序化和孤立子非线性特征,重点研究 Fe-Mn-Si 合金中的FCC-HCP 马氏体相变过程。

基于以上所描述的层错化过程,马氏体沿惯习面或层错面的法线方向(将⟨111⟩方向定为 $x$ 轴)的切变长大实际上是层错不断形成并按照一定的规律进行有序化堆垛,因而相界面的运动速度 $V$ 可以用序参量或层错密度的变化率 $\mathrm{d}\eta/\mathrm{d}t$ 来表达:

$$V = d_{(111)} \frac{\mathrm{d}\eta}{\mathrm{d}t}$$

其中,$d_{(111)}$ 是(111)面间距。$\eta'$ 作为序参量变化梯度可以用来表征相界面,这与一维 G-L 理论中的应变梯度类似[8]。基于层错密度并包含界面特征的智能材料的体系自由能可表示为

$$\phi(\eta, T) = \phi_0(T) + a(T - T_0)\eta^2 + b\eta^4 + c\eta^6 + d(\eta')^2$$

其中,$d > 0$。基于以上方程,在发生马氏体相变时序参量与位置的关系曲线满足如下关系式:$\eta(x) = \dfrac{A\sinh^2(Bx)}{C + D\cosh^2(Bx)}$ 或 $\eta(x) = \dfrac{A}{C + D\sinh^2(Bx)}$(其中 $A$、$B$、$C$、$D$ 为参数)。这表明序参量 $\eta$ 在⟨111⟩方向上随位置 $x$ 的变化具有孤立波特征,即相界面的迁移可看成孤立波的运动,相界面就是孤立子。

Fe-Mn-Si 合金中多种过渡相的存在意味着相变时可能存在预相变,由于不同的序参量对应不同结构类型的过渡相或长周期结构,所以界面孤立子的作用是完成不同长周期结构的转变,直到在某一外界条件(温度场或应力场)下形成最稳定的薄片状马氏体结构。异相界面的孤立子解体现了马氏体相变机制的非线性特征,特别是如何通过切变的方式将一种结构(母相)转化为另一种结构(过渡相或马氏体相);材料成分和体系的差异决定了孤立子的具体性质会有所不同,如界面能量、界面宽度和界面迁移速度等,从而形成不同结构类型的马氏体。界面孤立波作为一种物质波,能够在一定的介质中稳定传播,孤立子在某时某位置的动力学必定引起介质的某种运动,对于马氏体相变就是能反映一级结构相变的切应变,按照马氏体晶体学表象理论,这种切应变属于相变不变应变。

　　基于以上得到的 $\eta\text{-}x$ 关系式,表明在孤立波的形成位置,序参量或层错密度是按照一定的波形变化的,纵坐标是层错密度的具体值,然而只有当层错密度(或序参量 $\eta$)为有理数时对应的位置才可能发生结构相变,因为序参量变化的物理含义是材料体系里层错密度不断变化,而且层错会按照能量最低原理进行有序堆垛,以此表征马氏体相变的微观机制。孤立波在传播的过程中保持波形不变,这表明序参量的变化具有整体一致性,其重要物理意义在于异相界面迁移运动时保证了结构转变的稳定性和统一性,即界面转换后能形成同一结构类型的马氏体。外界条件的改变会改变体系的稳定性,所对应的稳态下的序参量 $\eta$ 很可能会变化。这是外因(环境因素)和内因(层错有序化机制)既竞争又相互协调的结果,与实验结果对比成功的就是不同的长周期结构(如 6H、4H 等)对应于不同的序参量。

### 3. 马氏体相变温度[9]

　　马氏体相变温度($M_s$)在热力学上非常重要,特别是分析马氏体相变的临界化学驱动力和相变热滞。决定 $M_s$ 的主要因素是合金成分,影响 $M_s$ 大小的因素包括冷却速度、晶粒尺寸、外场等,测量方法的不同也会影响 $M_s$ 的准确性,相比而言电阻法最灵敏;内耗法能同时得到模量和内耗的变化,对于深入研究相变机制非常有利;磁性测量(包括磁化强度和磁化率)主要用于磁性材料中的相变研究;热分析法适合研究马氏体相变过程中的热效应,也适合研究与相变相关的多热效应,如磁热效应、弹热效应及压热效应;热膨胀方法主要针对相变中存在较大应变的情况,当相变应变非常小时,其测量精度会下降。Fe-Mn-Si 形状记忆合金通过热机训练后,其 $M_s$ 会升高,根本原因是包含变形的训练增加了材料内部的位错密度,借助缺陷形核的马氏体相变更容易发生。训练后的智能材料 Fe-Mn-Si 合金中往往会出现过渡结构相,一方面与应变引入的缺陷有关,另一方面也可能与 $M_s$ 的微调有关。

　　1) 不同序参量下的 $M_s$

　　基于以上所建立的 Landau 自由能函数,可通过以下两种方式推导出马氏体相变温度 $M_s$ 的计算关系式。

　　(1) 马氏体相变作为一级相变,在相变时具有如下特征:

$$\frac{\partial\phi(\eta,T)}{\partial\eta}=0 \tag{2.3}$$

将式(2.2)代入式(2.3),得到

$$T\big|_{M_s}=T_0-\frac{1}{a}(2b\eta^2+3c\eta^4) \tag{2.4}$$

对于具体的智能材料体系,参数 $T_0$、$a$、$b$、$c$ 均为大于 0 的常数。

　　(2) 根据式(2.2),$\eta=0$ 时对应的是母相体系的自由能:

$$\phi(0,T)=\phi_0(T)=\phi_{FCC}(T) \tag{2.5}$$

可得到如下马氏体相变方程：

$$\begin{aligned}\phi^{FCC\to nH}&=\phi_{nH}(\eta,T)-\phi_{FCC}(T)\\&=a(T-T_0)\eta^2+b\eta^4+c\eta^6\end{aligned} \tag{2.6}$$

其中，$nH$ 表示未知长周期结构相，FCC 表示母相。结合固态相变热力学的基本理论[7]：

$$\Delta G_{ch}^{FCC\to nH}=\Delta H^{FCC\to nH}\left(1-\frac{T}{T_0}\right) \tag{2.7}$$

结合 $\phi^{FCC\to nH}=\Delta G_{ch}^{FCC\to nH}$ 条件，可得到 $M_s$ 的数学表达式：

$$T\big|_{M_s}=T_0-\frac{b\eta^4+c\eta^6}{a\eta^2+\dfrac{\Delta H^{FCC\to nH}}{T_0}} \tag{2.8}$$

　　式(2.4)和式(2.8)尽管是通过不同方式得到的，但对于一种具体的智能材料，其相变温度就应当确定了，所以两者应当是等价的。但可以肯定的是，两者具有相同的变化规律：$T$ 作为马氏体相变温度，均随 $\eta$ 的增大而减小。根据序参量的物理含义，不同的序参量值对应不同的层错密度或原子密排面堆垛周期不同的中间过渡相，序参量越小，表明这种长周期结构越大，根据式(2.4)或式(2.8)均可得到如下结论：形成长周期结构的临界相变温度要高于低周期结构的相变温度。基于上述分析，考虑训练对微观组织的调控机理。实验已证实，训练效应改变了马氏体的结构类型，相变过程中观察到多种长周期结构，如 4H、6H、8H 相，其原子密排面在其法线方向上的平均周期分别为 4、6、8，相应的序参量则分别为 1/4、1/6 和 1/8，这些序参量值均为 1/2(对应 HCP 相)。结合相变温度计算式(2.4)和式(2.8)，训练使得体系位错密度增加，也引入了更多的层错，结合外力给相变提供能量，一些原本并不稳定的长周期结构在外场作用下能够在相变过程中稳定存在下来，发现马氏体结构由短周期向长周期转化，序参量随之减小，而相变温度随之升高。这是基于 Landau 理论框架下 $M_s$ 表达式分析热机训练提高马氏体相变温度的重要原因之一。

　　2) 外界应力场对 $M_s$ 的影响

　　定义 $\Omega=\dfrac{\partial\phi(\eta,T)}{\partial\eta}$，这里用参量 $\Omega$ 表达智能材料内部状态的改变对体系总能量的影响；当 $\Omega=0$ 时，表示体系处于某种平衡状态，其含义就是体系的稳定状态(或平衡态)根据自由能 $\phi$ 对序参量 $\eta$ 取最小值来确定。当存在外场(如外应力或外应变场)时，其将对体系的自由能做贡献，同时改变稳定态下的序参量。这里考虑外应力场 $\sigma$ 对相变的作用规律。包含应力场的总自由能可表示为

$$\phi_\sigma(\eta,T)=\phi(\eta,T)-f\cdot\sigma\cdot\nabla\varepsilon\cdot\eta \tag{2.9}$$

其中,参数 $f$ 是与智能材料有关的常数($>0$);$\nabla\varepsilon$ 作为应变梯度($>0$)相当于引入一片层错所引起的应变。外场使智能材料体系的平衡态向 $\phi_\sigma(\eta,T)$ 的最小值方向移动,可得到如下关系式:

$$\Omega(\eta,T)=f\cdot\sigma\cdot\nabla\varepsilon \tag{2.10}$$

结合 1)中(2)的分析,得到外场下 $M_s$ 的理论计算公式:

$$T|_{M_s}=T_0+\frac{f\cdot\sigma\cdot\nabla\varepsilon}{\eta}-\frac{1}{a}(2b\eta^2+3c\eta^4) \tag{2.11}$$

结合 1)中(1)的分析,考虑经典固态相变热力学理论,存在外应力场时的相变自由能变化具有以下关系:

$$\Delta G=\Delta H\left(1-\frac{T}{T_0}\right)-f\cdot\sigma\cdot\nabla\varepsilon\cdot\eta \tag{2.12}$$

进一步得到外应力下 $M_s$ 的定量关系式:

$$T|_{M_s}=T_0+\frac{f\cdot\sigma\cdot\nabla\varepsilon}{\eta}-\frac{b\eta^4+c\eta^6}{a\eta^2+\dfrac{\Delta H}{T_0}} \tag{2.13}$$

从式(2.11)和式(2.13)均可以看出,一定的外界应力可使马氏体相变温度 $M_s$ 升高。

#### 4. 过渡相的相变热力学分析

固态相变热力学的重要任务之一就是计算得到结构相变的化学驱动力。目前的马氏体相变热力学理论体系中,已建立了与 FCC、BCC、HCP 等结构相对应的相变热力学,但在处理过渡相热力学方面还需要建立相应的理论计算模式。上面基于层错密度这个序参量所建立的自由能函数,可以处理长周期结构的稳定性。

对应于任意有理数序参量 $\eta_i$ 的长周期结构相,长周期结构相包含外应力场的 Landau 自由能可表示如下:

$$\phi_{iH}(\eta_i,T)=\phi_{FCC}(T)+a(T-T_0)\eta_i^2+b\eta_i^4+c\eta_i^6+f\cdot\sigma\cdot\nabla\varepsilon\cdot\eta_i \tag{2.14}$$

由此很容易得到从一种长周期结构演化到另外一种长周期结构($iH\rightarrow jH(i\neq j)$)的 Landau 自由能之差($\phi^{iH\rightarrow jH}(T)$):

$$\phi^{iH\rightarrow jH}(T)=\phi_{jH}(\eta_j,T)-\phi_{iH}(\eta_i,T) \tag{2.15}$$

## 2.3　FCC-HCP 马氏体相变的层错-软膜耦合机制[10,11]

### 2.3.1　马氏体正相变[10]

智能材料 Fe-Mn-Si 合金的层错能很低($<10\text{mJ/m}^2$),当温度降低时,层错能

进一步降低,导致层错扩展,层错相互堆垛形成马氏体。这是对正相变的一般认识。但层错是如何完成这种过程并形成规则的马氏体结构的问题没有令人信服的答案,层错化机制同样不能说明这一点。尽管 $\gamma \to \varepsilon$ 相变被认为是一种最简单的马氏体相变,但要建立一个能合理解释 Fe-Mn-Si 合金中马氏体形成的机制并不容易。极轴机制被排除了,因为极轴位错的存在没有实验证据,但这种机制的优点是利用极轴位错可形象地描述马氏体结构的形成。相比而言,层错化机制中就是缺少这种类似于极轴位错的桥梁,它是层错化过程得以顺利进行的动力源泉。层错化机制中的桥梁可能是软模。内耗实验中没有观察到模量的软化,并非没有软模,这和实验仪器的灵敏度有关。利用音频内耗仪,在 Fe-Mn-Si-Cr-0.14N(wt%)合金中观察到稳定的马氏体相变软模现象。

　　模量的软化有利于马氏体相变的顺利进行。低层错能合金中的相变有两种阻力:层错能和相变应变能。软模意味着切变模量的降低,从而使合金层错扩展的阻力大大降低,起到了有效降低层错能的作用,显然有利于马氏体相变。而马氏体的相变应变能可根据 Eshelby 弹性夹杂理论进行分析,单变体的应变能很大,远远超过相变的临界化学驱动力 $\Delta G^{\gamma \to \varepsilon}|_{M_s}$,原子力显微镜(AFM)则观察到热诱发相变过程中形成了单变体,层错化机制很难解释这种现象。在弹性模量软化阶段,合金的弹性常数存在异常降低,单变体的相变应变能降低到了化学驱动力足以克服的程度,否则难以形成单一变体。而马氏体带的相变应变能与切变概率有关,实验中至今没有测出 Fe-Mn-Si 合金中热诱发马氏体的形状应变,但可以肯定的是不会为零,参考 Co 基合金的测量值,也应当在 0.1 以上,即使形状应变取 10%,计算得到的相变应变能也比 $\Delta G^{\gamma \to \varepsilon}|_{M_s}$ 大一个数量级。所以相变中模量的软化有利于热诱发相变中单变体和马氏体带的形成。

## 2.3.2　马氏体逆相变[10]

　　智能材料 Fe-Mn-Si 基合金中,逆相变可能的机制有两种:①$\varepsilon/\gamma$ 相界面的 Shockley 不全位错的逆向运动,无须重新形核;②利用 $\varepsilon$ 相中的层错来完成 $\gamma$ 相的形核和长大。支持第一种机制的实验依据是热诱发和应力诱发马氏体逆相变的透射电子显微镜(TEM)原位动态观察。但是由于逆相变的速度很快,依旧无法直接观察到大部分马氏体片的回复运动,所观察到的是剩余很小一部分(小于 10 个原子层)层错的逆向运动。值得注意的是,此时的结构是层错,不是马氏体,若以残留的相变缺陷的运动特点作为相变机制建立的唯一依据似乎不太合理。支持第二种观点的是利用高分辨率透射电子显微镜(HRTEM)在马氏体中观察到了层错,也就是在马氏体中存在少许的奥氏体,它可以发展成为 $\gamma$ 相的核胚,但是否真的成为核胚没有可靠的证据。

　　机制①对应于正相变层错化机制,简单明了,容易接受。尚不明确的是

Shockley 不全位错的逆向运动是否有一个从规则到不规则的对称过程,还是完全规则的或完全不规则的。关键是它不能排除逆相变需形核的可能,因为不全位错的逆向运动对应于马氏体体积的缩小,与逆相变的形核是两个不同的过程,两者并不矛盾。机制②所面临的问题是马氏体中的层错是如何形核长大并恢复成为母相结构的,其长大过程仍依赖于不全位错的逆向运动。

基于以上分析,能和两方面实验结果吻合的机制是:逆相变有一个形核长大的过程,形核依赖于马氏体中的层错,长大依赖于 Shockley 不全位错的逆向运动。这里主要就马氏体中的层错如何形核加以说明。在 Fe-Mn-Si 基合金中所发生的逆相变相比 Co 基、Cu-Zn 基合金要难得多,因为这种合金的热滞高达 100K,而后两种合金则小于 40K,这表明逆相变形核很困难。对应于逆相变,要形成 FCC 结构,也可能存在 Shockley 不全位错的不规则到规则的回复过程(或马氏体中的层错由不规则到规则堆垛),但马氏体中的层错密度相对母相中要少,形核的概率相应降低,所以形核困难。但如何实现这个由不规则到规则的回复过程,在马氏体中寻找极轴位错更不可能,即极轴机制同样无效。

### 2.3.3 层错-软膜耦合机制[11]

实验结果表明,在热诱发相变的逆相变中存在明显的软模,另外在 Co 基合金的逆相变中也发现存在软模。所以,逆相变中的软模可能与上述回复运动有密切的联系。内耗实验表明,此合金(Fe-25Mn-6Si-5Cr-0.14N(wt%))的马氏体 0. 相变及其逆相变过程中存在软模。通过 TEM 对比观察发现,层错在母相中大量存在,但在马氏体的周围,层错的密度已大大降低,这说明 ε(HCP)马氏体的形成的确消耗了层错,层错化的过程依旧有效。所以,软模、层错化是 $\gamma \leftrightarrow \varepsilon$ 相变过程的两个不同方面,结果都对相变完成有贡献。相变是否完全依赖于层错化? 无论正相变还是逆相变,从微观结构的构成上层错化完全可以达到目的,但无法回答层错化的起因,这是层错化机制的先天性不足。所以,相变不可能完全依赖于层错化。相变是否完全依赖于软模? 对本合金不可能。原因有两个:①正逆相变的软化程度明显不同,正相变小于逆相变,一般可依赖于软模形核的合金,如 Ni-Ti 合金中两过程的软化程度相当;②模量的软化程度相对较小。磁相变的软化明显大于正逆相变的软化,特别是正相变的软模比较小,同其他合金相比也是如此。因此,$\gamma \leftrightarrow \varepsilon$ 相变与层错化和软模都有关系,层错化和软模共同作用来完成相变过程。基于上述实验结果和分析,提出层错-软模耦合机制作为 $\gamma \leftrightarrow \varepsilon$ 相变的形核机制。这是对层错化机制的完善。下面将从晶格动力学的角度来解释所提出的层错-软模耦合机制。

FCC 或 HCP 结构中单个层错的形成并不改变原子的配位数,改变的只是原子排列的对称性,沿某一方向的层错排列可以用一维的 Ising 模型表示,可以将层

错 $i$ 用自旋算符表示,即 $S_i(S_i^x, S_i^y, S_i^z)$,$S_i^x$ 和 $S_i^y$ 分别表示层错形成时原子沿 $x$、$y$ 方向对称性的改变,$S_i^z$ 表示沿 $z$ 方向层错堆垛的特征。基于 Ising 模型,层错系统的哈密顿量可写成

$$H_{SF} = -\Omega \sum_i S_i^x - \Gamma \sum_i S_i^y - \frac{1}{2} \sum_{ij} J_{ij} S_i^z S_j^z \tag{2.16}$$

其中,$\Omega$、$\Gamma$ 分别是原子对称性改变所造成的能级差,它们是层错能的重要组成部分;$J_{ij}$ 是层错间的交互作用。由于层错切变是 $\langle 112 \rangle$ 方向,而 $\langle 110 \rangle$ 方向上只是原子的少许调整,满足关系 $\left| \Omega \sum_i S_i^x \right| \gg \left| \Gamma \sum_i S_i^y \right|$,所以式(2.16)简化为

$$H_{SF} = -\Omega \sum_i S_i^x - \frac{1}{2} \sum_{ij} J_{ij} S_i^z S_j^z \tag{2.17}$$

参考质子-晶格耦合模型,层错-软模耦合系统的哈密顿量为

$$H = H_{SF} + H_L + H_{SFL} \tag{2.18}$$

其中,$H_{SF}$、$H_L$ 分别是没有耦合时层错系统和晶格振动的哈密顿量;$H_{SFL}$ 是层错与晶格耦合作用的哈密顿量。在简谐近似下,晶格振动哈密顿量为

$$H_L = \frac{1}{2} \sum_{lka} m_k \dot{u}_a^2(lk) + \frac{1}{2} \sum_{l_1 k_1 a} \sum_{l_2 k_2 \beta} \phi_{a\beta}(l_1 k_1, l_2 k_2) u_a(l_1 k_1) u_\beta(l_2 k_2) \tag{2.19}$$

其中,$u_a$ 是第 $l$ 个原胞中质量为 $m_k$ 的原子偏离其平衡位置的位移;$\phi_{a\beta}$ 是力常数。位移 $u$ 等于各正则模坐标 $Q(\boldsymbol{q}, j)$ 的线性叠加。

$$u_a(lk) = (Nm_k)^{-1/2} \sum_{q,j} e_a(k, \boldsymbol{q}, j) Q(\boldsymbol{q}, j) \exp[i\boldsymbol{q} \cdot R(l, k)] \tag{2.20}$$

其中,$N$ 是晶体中原胞的数目;$\boldsymbol{q}$ 和 $e_a$ 分别是正则模的波矢和本征矢的 $a$ 分量;$R(l, k)$ 是原子的平衡位置。式(2.19)进一步可写成

$$H_L = \frac{1}{2} \sum_{q,j} (P_{q,j} P_{-q,j} + \omega_{q,j}^2 Q_{q,j} Q_{-q,j}) \tag{2.21}$$

其中,$Q$、$P$ 和 $\omega$ 分别为正则模坐标、动量和频率。

假定层错与晶格振动的耦合作用正比于赝自旋和正则坐标的双线性项,则 $H_{SFL}$ 为

$$H_{SFL} = -\sum_{q,j} S_{-q}^z f_{i,q} Q_{-q,j} \tag{2.22}$$

其中,$f$ 是耦合系数。通过线性化的海森伯运动方程组可得到母相耦合模的频率:

$$2\omega_\pm^2(\boldsymbol{q}) = \omega_q^2 + \omega_B^2(\boldsymbol{q}) \pm \left\{ [\omega_q^2 - \omega_B^2(\boldsymbol{q})]^2 + 2N\Omega f_q^2 \tanh\left(\frac{1}{2}\beta\Omega\right) \right\}^{1/2} \tag{2.23}$$

层错能的大小近似等于层错区与正常区的能级差 $\Delta E$。$\Delta E$ 越小,层错与晶格共振的振幅相应提高,这表明耦合程度增加,缺陷区的模量软化减弱,即局部软模效果不明显。反之,层错能增加,耦合减弱的结果导致缺陷区的软化与正常区之间有较大的差别,体现了局部软模的特征。这就是低层错能合金的相变不强烈依赖

于软模的重要原因。Fe-Mn 合金的层错能小于 $100\mathrm{mJ/m^2}$，相变中存在软模，而 Fe-Mn-Si 基合金的层错能小于 $10\mathrm{mJ/m^2}$，相变软模不明显。N 增加了 Fe-Mn-Si 基合金的层错能，增强了相变软模的作用，已得到实验的证明[11]。对于逆相变也是如此。Co 的 HCP 相中层错能随温度的升高而减小，但比 FCC 相的变化要大。这一规律同样适用于 Fe-Mn-Si 基合金，所以逆相变时的耦合小于正相变，软模比正相变的明显。对于 $\gamma \rightarrow \varepsilon$ 相变，热诱发和应力诱发的相变过程都可看成外场（温度场和应力场）作用下的层错化过程，且外场与时间和空间有关。根据赝自旋系统的动力学[12]，将相变体系的哈密顿量写成

$$H = -\Omega \sum_i S_i^x - \frac{1}{2} \sum_{i,j} J_{ij} S_i^x S_j^x - \beta \sum_i E_i(t) S_i^z \tag{2.24}$$

自旋算符平均值的海森伯方程为

$$\frac{\mathrm{d}}{\mathrm{d}t} \langle S_i \rangle_t = -i \langle [S_i, H] \rangle \tag{2.25}$$

假定 $\langle S_i^\alpha S_j^\beta \rangle_t = \langle S_i^\alpha \rangle_t \langle S_j^\alpha \rangle_t$，其中 $i \neq j$，$\alpha, \beta = x, y, z$。上述运动方程进一步简化为

$$\frac{\mathrm{d}}{\mathrm{d}t} \langle S_i \rangle_t = -i \langle [S_i, -F_i \cdot S_i] \rangle_t = \langle S_i \rangle_t \times F_i(t) \tag{2.26}$$

$F_i(t)$ 是与时间有关的场，满足 $F_i(t) = -\dfrac{\partial \langle H \rangle_t}{\partial \langle S_i \rangle_t}$。式（2.26）描述了层错堆垛矢量围绕应力场的自由旋进，它最重要的意义是提供了层错化的动力源，起到了类似于极轴位错的桥梁作用。

## 2.4　与 FCC-HCP 马氏体相变关联的反铁磁相变[12]

　　智能材料 Fe-Mn-Si 基合金中发生 FCC-HCP 马氏体相变后会发生顺磁-反铁磁相变，马氏体相变与反铁磁相变会相互影响，一方面，反铁磁相变会对马氏体相变的过程产生影响，另一方面，形成的马氏体由于其反铁磁相变问题与母相不同，也会影响反铁磁相变。下面先结合实验重点考虑磁场对合金相变过程的影响，然后基于 Landau 自由能对实验结果进行分析。

### 2.4.1　室温下的 *M-H* 曲线

　　对于智能材料 Fe-Mn-Si-Cr-N 合金，其 $T_N$ 在 250K 左右[10]。首先看不同状态下的磁性特征。图 2.1 给出了不同温度下的 *M-H* 曲线，曲线 L1 对应的是反铁磁态，曲线 L2 和 L3 对应的是顺磁态，$H$ 是磁场强度，$M$ 是平均原子磁矩。从图中可以看出，磁场强度使顺磁态物质具有一定的磁矩，同时也加强了反铁磁的磁性，但高温顺磁性的磁矩还是要小于反铁磁态的磁矩，而且温度会降低顺磁态的磁性，

300K 的磁矩要大于 400K 体系的磁矩,这与高温退磁效应一致。另外注意到,无论是顺磁态还是反铁磁态,在 0～7T 范围内均没有饱和磁矩,这不同于铁磁性物质的磁性特征。这同时说明在 400K,尽管磁场可导致材料的磁化,但材料依然是顺磁态,不会出现磁场诱发的顺磁-铁磁性相变。若是出现铁磁相,应当会出现饱和磁矩,其 *M-H* 曲线会发生变化。另外不同于磁性特征的是,顺磁态和反铁磁态均没有磁滞回线,这样在交变的电磁场中不会出现磁损耗。但是 *M-H* 曲线并不是一条直线,在磁场施加的开始,材料体系的磁矩增加比较快,当磁场强度超过某一临界值后,*M-H* 曲线基本呈线性关系。

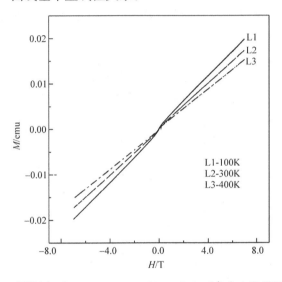

图 2.1　不同温度下 Fe-24.4Mn-5.9Si-5.1Cr(wt%)合金的磁场强度和
平均原子磁矩的关系曲线[12]

### 2.4.2　不同磁场下的 *M-T* 曲线及磁相图

当磁场强度为零时,材料的磁性非常小,无论顺磁或反铁磁,材料的磁矩都非常小(约为 $10^{-5}$ emu),此时材料在 100～400K 范围内,材料的磁矩几乎没有太大的变化,可以认为材料没有发生磁性相变。当磁场强度为 1T 时,发生了顺磁-反铁磁相变,如图 2.2 所示,可认为是磁场诱发的磁性相变,相比 0T,材料的平均原子磁矩提高了两个数量级,降温过程中,在 250K 有明显的转折,此时对应于顺磁→反铁磁性转变温度 $T_N$。在室温时,将发生反铁磁→顺磁转变,但实验结果显示,升降温过程中的磁性相变温度并不一致。假定降温时顺磁→反铁磁性的转变温度为 $T_N^-$,室温过程中反铁磁→顺磁转变温度为 $T_N^+$,所以有 $T_N^- < T_N^+$,表明顺磁-反铁磁相变存在热滞($T_N^+ - T_N^-$)。磁相变一般属于二级相变。对于磁性相变中的磁性损

耗,图 2.1 给出的 *M-T* 曲线表示材料不存在磁损耗,但是在升降温过程中 *M-T* 曲线并不完全重合,两曲线之间可构成一个区域,这个区域面积的大小可以认为是升降温过程中导致的磁损耗。从图 2.2 中可以看出,随磁场的增加,*M-T* 曲线包含的面积逐步增加,这表明磁场会增加升降温过程中导致的磁损耗。而且这种磁损耗主要是在反铁磁态发生的,因为在顺磁态时升降温的 *M-T* 曲线几乎重合,它们构成的面积相比反铁磁态构成的面积要小。另外还要注意的是,反铁磁状态的材料存在热剩磁,特别是低温下并不随温度连续降低。同时考虑磁场对其影响,随磁场强度的增大($H=1T,3T,5T,7T$),材料体系的磁矩均得到提高,无论是在顺磁态还是在反铁磁态,这与图 2.1 反映的规律是一致的,而且磁性相变温度对应的峰值也随磁场强度的增大而增大。

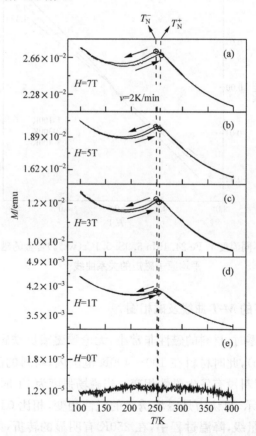

图 2.2　Fe-24.4Mn-5.9Si-5.1Cr(wt%)合金在不同磁场下升降温过程中的顺磁-反铁磁相变[12]

根据图 2.2 可得到合金的磁相图,如图 2.3 所示。由于存在磁热滞,所以存在一个温度区间 $[T_N^-, T_N^+]$,材料的磁性状态并不对称,在降温过程中此温度区间的材料呈现顺磁,而升温过程中呈现反铁磁,所以此温度区间的磁性具有非对称性,用 PM⁻/AFM⁺ 表示,如图 2.3 所示。这不同于以往的磁性相图,以往磁性相变的热滞几乎没有。所以,不存在这样一个温度区间,其磁性状态关于温度不对称。而磁场对相变温度是有影响的,一般会提高顺磁-铁磁相变温度,也会提高铁磁-反铁磁相变的温度,但会降低顺磁-反铁磁相变的温度,只是降低得非常小,约为 $dT_N/dH = 1K/T$。而本章中实验结果显示,磁场对顺磁-反铁磁相变的两种特征温度的影响不是太大。

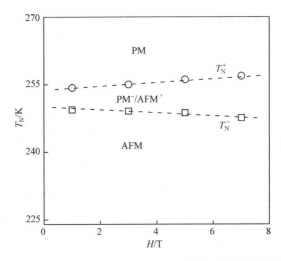

图 2.3 Fe-24.4Mn-5.9Si-5.1Cr(wt%)合金的磁相图[12]

### 2.4.3 不同升降温速率下的 *M-T* 曲线及磁相图

磁性材料中存在自旋弛豫,材料的磁矩会随时间的延长逐步减小,有的是线性关系,有的呈现非线性关系;在不同温度发生的自旋弛豫速率会有明显的区别,在高温下自旋弛豫的速度明显要高于低温下的自旋弛豫。由此认为,升降温速率或相变驱动速率对磁性相变会有影响。图 2.4 是不同升降温速率下合金顺磁-反铁磁相变的 *M-T* 曲线,所采用的速率分别为 2K/min、5K/min、10K/min,同时考虑了不同磁场的影响(0.5T、1.5T)。从图 2.4(a)中可以看出,有三个方面的变化需要注意:

(1)热滞增加。随着降温速率的增大,顺磁→反铁磁相变温度会降低;而随着升温速率的增大,反铁磁→顺磁相变温度会升高。相比图 2.2 中磁场的影响,升降温速率对磁性相变特征温度的影响要明显。

(2)曲线形状变化。在驱动速率为 2K/min 时,升降温的 *M-T* 曲线像旗子(楔子形)一样,当驱动速率增加到 5K/min 时,*M-T* 曲线呈现出蝴蝶翅膀形,对比 10K/min 的 *M-T* 曲线,蝴蝶翅膀会加宽。而磁场的作用不改变形状,只改变大小。

(3) 磁损耗。升降温过程中的 $M\text{-}T$ 曲线包含的面积表示磁损耗的大小,这表明随升降温速度增大,顺磁-反铁磁相变的磁损耗会增大,如同磁滞回线的面积表示磁损耗大小。图 2.2 中,只是在反铁磁态出现磁损耗,而考虑升降温速率后,在顺磁态也会出现磁损耗;随升降温速率的增大,顺磁态下的磁损耗也增大。

(4) 两磁性转变临界温度对应的磁矩差。随升降温速率的增大,平衡磁矩差有所减小。磁场对不同速率下的磁性相变温度也有影响。

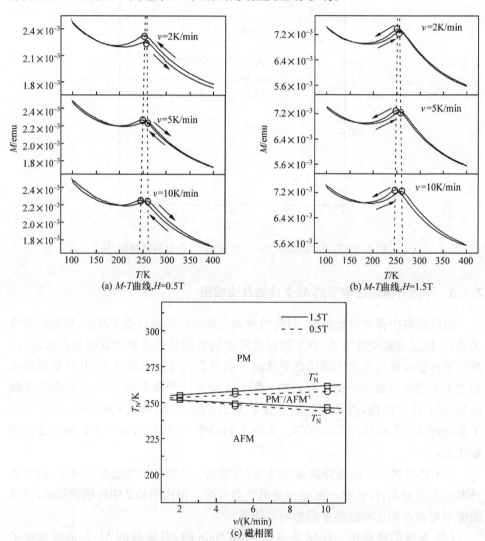

图 2.4　不同升降温速率对磁场强度分别为 0.5T 和 1.5T 时
反铁磁相变的影响及磁相图[12]

根据图2.4(a)和(b)可得到基于驱动速率的Fe-Mn-Si-Cr-N合金的磁相图，如图2.4(c)所示。在驱动速率比较小时，磁场对磁相变温度的影响比较小，对磁热滞的影响比较小，这与图2.3的结果一致。驱动速率增大时，磁场对磁相变温度的影响也会增加，但对磁热滞的影响并不大，因为磁场同时增加了$T_N^-$和$T_N^+$，如图2.4(c)所示。由于升降温速率不同，在材料内部会产生不同的内应力，导致不同的非均匀内应变，它与顺磁结构产生交互作用，从而使原来的顺磁结构产生稳定化，所以，要使磁性发生有序化转变为反铁磁结构，就必须施加更大的驱动力，使顺磁-反铁磁相变的温度降低。

## 2.4.4　Landau 模型

对于反铁磁材料体系，有几种反铁磁方式，这里采用最简单的双子格模型，分别用A和B来表示，体系的磁性自由能可以用Landau模型来表示，同时考虑磁场效应。结合此处的研究对象，升降温速率不同会导致体系内部不均匀的应变分布，这种非均匀应变与A、B晶格的磁性会有相互作用，所以总体系的磁性自由能可表示为以下函数：

$$F = F_M^A + F_M^B + F_M^{AB} + F_M^H + F_{M-V}$$
$$= [F_0^A + a_A(T - T_C^A)M_A^2 + b_A M_A^4] + [F_0^B + a_B(T - T_C^B)M_B^2 + b_B M_B^4]$$
$$+ c_{AB} M_A^2 M_B^2 - (M_A + M_B)H + (d_A M_A^2 + d_B M_B^2)\varepsilon^2(V_0) \quad (2.27)$$

其中，$F_M^A$、$F_M^B$ 和 $F_M^{AB}$ 分别表示为A、B晶格的磁性自由能和两晶格之间的磁性相互作用能；$F_M^H$ 是与磁场强度相关联的体系自由能变化。为了考虑升降温速率对磁性的影响，当升降温速率不同时，其内部会产生非均匀应变，将加热或冷却速度的影响表示为非均匀应变的函数，使得速度变化越快，非均匀应变越明显。对于A、B晶格，假定分别存在一个磁性相变的温度 $T_C^A$ 和 $T_C^B$，在降温过程中这两种晶格发生的相变是顺磁→铁磁相变，而不是顺磁→反铁磁相变，所以其相变温度不同，即 $T_C^A \neq T_N$，$T_C^B \neq T_N$。另外，平衡温度下A、B晶格的磁性自由能分别为 $F_0^A$ 和 $F_0^B$。其他参数均满足 $a_A, a_B, b_A, b_B, c_{AB}, d_A, d_B > 0$。根据变分原理

$$\frac{\partial F}{\partial M_A} = 0, \quad \frac{\partial F}{\partial M_B} = 0 \quad (2.28)$$

可得到以下关系式：

$$M_A[2a_A(T - T_C^A) + 3b_A M_A^2 + 2c_{AB} M_B^2 + 2d_A \varepsilon^2(V_0)] - H = 0 \quad (2.29a)$$

$$M_B[2a_B(T - T_C^B) + 3b_B M_B^2 + 2c_{AB} M_A^2 + 2d_B \varepsilon^2(V_0)] - H = 0 \quad (2.29b)$$

将以上两个关系式相加可得到以下温度的关系式：

$$T = \frac{1}{2(a_A + a_B)}\left[T_C - 2(d_A + d_B)\varepsilon^2(V_0) + \frac{H(M_A + M_B)}{M_A M_B}\right] \quad (2.30)$$

其中，$T_C = 2a_A T_C^A + 2a_B T_C^B - 3b_A M_A^2 - 3b_B M_B^2 - 2c_{AB}(M_A^2 + M_B^2)$。当体系方式为顺

磁-反铁磁相变时,两种晶格的平衡磁矩分别为 $M_A^0$ 和 $M_B^0$,而此时的温度为顺磁→反铁磁相变临界温度。若将升温时发生的反铁磁→顺磁相变一起加以考虑,可得到体系发生顺磁↔反铁磁相变的两个特征温度:

$$\begin{cases} T_N^- = \dfrac{1}{2(a_A+a_B)}\left[T_C^0 - 2(d_A+d_B)\varepsilon^2(V_0) + \dfrac{H(M_A^0+M_B^0)}{M_A^0 M_B^0}\right] \\ T_N^+ = \dfrac{1}{2(a_A+a_B)}\left[T_C^0 + 2(d_A+d_B)\varepsilon^2(V_0) - \dfrac{H(M_A^0+M_B^0)}{M_A^0 M_B^0}\right] \end{cases} \quad (2.31)$$

$T_N^-$ 是降温时顺磁→反铁磁相变温度,$T_N^+$ 是升温时反铁磁→顺磁相变温度。由此可以看出,随非均匀应变的增大或随降温速率的增大,$T_N^-$ 会减小,这与本书的实验是吻合的;而升温时,由于非均匀应变的增大,$T_N^+$ 会有所增大。而磁场的作用则与 $H\dfrac{M_A^0+M_B^0}{M_A^0 M_B^0}$ 有关,一般反铁磁态下,由于 $H(M_A^0+M_B^0) \geqslant 0$,$M_A^0 M_B^0 < 0$,所以 $H\dfrac{M_A^0+M_B^0}{M_A^0 M_B^0} < 0$,磁场一般是降低 $T_N^-$,同时升高 $T_N^+$。实验结果显示,磁场降低顺磁-反铁磁相变温度。而磁场对顺磁-铁磁相变温度的影响则是相反的,它使这类磁性相变的温度有所增加。磁场对铁磁-反铁磁相变温度的影响,也显示出积极的作用。另外,还可以得到顺磁-反铁磁相变的热滞 $\Delta T_N$,可表示为

$$\Delta T_N = T_N^+ - T_N^- = \dfrac{1}{a_A+a_B}\left[2(d_A+d_B)\varepsilon^2(V_0) - \dfrac{H(M_A^0+M_B^0)}{M_A^0 M_B^0}\right] \quad (2.32)$$

从式(2.32)中可以看出,非均匀应变和磁场对反铁磁相变的热滞有影响。非均匀应变会导致反铁磁相变存在热滞,并随非均匀应变的增加而增大;磁场也会增大热滞,因为 $H(M_A^0+M_B^0) \geqslant 0$,$M_A^0 M_B^0 < 0$。以往的实验显示,磁场会使顺磁-反铁磁相变的温度有所降低,但降低的程度有限,基于实验得到的大致结果为 $dT/dH < 1K/T$。本章得到的实验结果表明(图 2.4),随升降温速度的增加,磁性热滞逐步增加;磁场也会对热滞有所增加,如图 2.3 所示。本章的实验结果证明了上述理论预测。

## 2.5　基于 FCC-FCT 马氏体相变与反铁磁相变耦合的应变分析[13]

在智能材料高锰合金中 FCC-FCT 马氏体相变与顺磁-反铁磁相变可耦合在一起,此时的模量软化是两类相变共同作用的结果,所以比单一相变对应的模量软化都要大,而且此时的热膨胀实验也显示出较大的伸缩量,只有反铁磁相变是难以测量出样品在升降温过程中的应变变化的,因为反铁磁相变导致的应变级别在

$10^{-6}$，非常小，需要非常精确的实验设备才能测量出。在这里主要以反铁磁磁矩（$M_A$ 和 $M_B$）和相变切应变（$\varepsilon$）作为序参量，相应的系统自由能总能（$F$）可表示为非磁性自由能（$F_{NM}$）、反铁磁性自由能（$F_M$）及其相互作用能（$F_{ME}$）：

$$F=F_{NM}+F_M+F_{ME} \tag{2.33a}$$

$$F_{NM}=F_{NM}^0+c_1\varepsilon^2+c_2\varepsilon^3,\quad c_1>0 \tag{2.33b}$$

$$F_M=F_M^A+F_M^B+F_M^{AB}=(a_AM_A^2+b_AM_A^4)+(a_BM_B^2+b_BM_B^4)+k_{AB}M_A^2M_B^2 \tag{2.33c}$$

$$F_{ME}=(\lambda_AM_A^2+\lambda_BM_B^2)\varepsilon^2,\quad \lambda_A,\lambda_B>0 \tag{2.33d}$$

其中，各参量与材料相关。当马氏体相变与反铁磁相变温度比较靠近时，两者之间的相互作用会增强，可近似认为其相互作用参数与 $\Delta T(=T_N-M_s)$ 有关，并随 $\Delta T$ 减小而增大，将其表示为：$\lambda_A=\lambda_A^0/\Delta T$ 和 $\lambda_B=\lambda_B^0/\Delta T(\lambda_A^0,\lambda_B^0>0)$。根据变分原理

$$\frac{\partial F}{\partial \varepsilon}=0 \tag{2.34}$$

得到平衡温度时的临界相变应变 $\varepsilon_0$ 为

$$|\varepsilon_0|=\left|\frac{2}{3c_2}\left\{c_1+\frac{1}{\Delta T}[\lambda_A^0(M_A^0)^2+\lambda_B^0(M_B^0)^2]\right\}\right| \tag{2.35}$$

基于以上公式可以看出，当相变耦合较强时，$\Delta T$ 会比较小，此时的耦合应变会增加，这符合本书的热膨胀实验结果。

## 2.6　小　　结

（1）本章基于智能材料 Fe-Mn-Si 合金马氏体相变过程中形成的多种长周期结构，提出了一种新的序参量（$\eta$）——层错密度，建立了相应的 FCC-HCP 马氏体相变的 Landau 理论，并利用层错密度这一序参量合理解释了热机训练和外界应力对马氏体相变温度的影响机理，并发展了 FCC-HCP 马氏体相变的层错化机制，提出了一种更为细致的层错有序化机制：金属或合金中的层错先经过一种不规则堆垛到一种规则堆垛的有序化过程，再经过另外一种不规则堆垛到另外一种规则堆垛的另外一种有序化过程，如此循环，直到形成某一温度下最稳定的层错排列结构，即形成某种稳定的长周期结构。这种机制精确描述了 FC-HCP 马氏体相变的形核及长大过程。基于所建立的母相到过渡相的相变热力学计算模型，可有效处理长周期结构相之间的转化热力学。

（2）基于实验结果，可认为层错有序化和软模是共同作用来促使马氏体相变的进行，并建立 FCC-HCP 马氏体相变的层错-软膜耦合机制，这是对层错化机制的完善，从晶格动力学的角度解释了所提出的层错-软模耦合机制。此耦合机制描述了层错堆垛矢量围绕应力场的自由旋进，其重要意义是提供了层错化的动力源。

(3) 在智能材料 Fe-MnSi-Cr-N 合金中,顺磁-反铁磁相变存在磁热滞。磁场和升降温速率均可提高磁性相变的温度,尽管只有几摄氏度。本章基于磁场和升降温速度绘制了相应的磁相图,反铁磁正相变及其逆相变对磁场和升降温速率具有相同的响应规律;基于马氏体相变和反铁磁相变,建立了相应的 Landau 自由能模型,推导出磁热滞的通用表达式,并用此表达式分析了马氏体相变应变对磁热滞的影响规律。

## 参 考 文 献

[1] Hsu T Y. FCC($\gamma$)-HCP($\epsilon$) martensitic transformation[J]. Science in China (Ser. E),1997, 27:289-293.

[2] Ohtsuka H,Kajiwara S,Kikuchi T,et al. Growth process and microstructure of $\epsilon$ martensite in an Fe-Mn-Si-Cr-Ni shape memory alloy[J]. Journal de Physique IV:Proceedings,1995,5: C8-451-C8-455.

[3] Ogawa K,Kajiwara S. HREM study of stress-induced transformation structures in an Fe-Mn-Si-Cr-Ni shape memory alloy[J]. Materials Transactions,JIM,1993,34(12):1169-1176.

[4] Wang D F,Ji W Y,Liu D Z,et al. New structure after martensitic transformation in an Fe-Mn-Si-Cr shape memory alloy[J]. Progress in Natural Science,1998,8(5):608-609.

[5] Oka M,Tanaka Y,Shimizu K. Phase transformation in a thermally cycled iron-manganese-carbon alloy[J].Materials Transactions,JIM,1973,14(2):148-153.

[6] 徐祖耀. 马氏体相变与马氏体[M]. 北京:科学出版社,1999.

[7] Jiang B H,Qi X,Yang X X,et al. Effect of stacking probability on $\gamma \rightarrow \epsilon$ martensitic transformation and shape memory effect in Fe-Mn-Si alloys[J]. Acta Materialia, 1998, 46(2): 501-510.

[8] Falk F. Martensitic domain boundaries in shape-memory alloys as solitary waves. Journal de Physique Colloques,1982,43(4):203-208.

[9] Wan J F,Chen S P,Hsu T Y. Landau theory of martensitic transformation in Fe-Mn-Si alloys[J]. Chinese Science Bullintine,2002,47(5):430-433.

[10] 万见峰. FeMnSiCrN 形状记忆合金的马氏体相变[D]. 上海:上海交通大学,2000.

[11] Wan J F,Chen S P,Hsu T Y,et al. Modulus characteristics during the $\gamma \rightarrow \epsilon$ martensitic transformation in Fe-Mn-Si-Cr-N alloys[J]. Solid State Communications,2004,131(1): 27-30.

[12] Wang L,Cui Y G,Wan J F,et al. Magnetic thermal hysteresis due to paramagnetic-antiferromagnetic phase transition in Fe-24.4Mn-5.9Si-5.1Cr alloy[J]. AIP Advances,2013, 3(8):094301-R.

[13] Liu C,Yuan F,Gen Z,et al. In-situ study of surface relief due to cubic-tetragonal martensitic transformation in Mn-Fe-Cu antiferromagnetic shape memory alloy[J].Journal of Magnetism and Magnetic Materials,2016,407:1-7.

# 第3章 马氏体预相变的晶格动力学

## 3.1 引　言

马氏体预相变是相变中的重要现象之一。智能材料,如 Ni-Ti 合金、Ni-Al 合金、Ni-Mn-Ga 合金等均存在马氏体预相变。Zheludev 等[1,2]通过 TEM 观察到条纹组织和调制畴结构,并通过非弹性中子实验观察到从 400K 到 260K[110]横向声学声子(TA 声子)逐渐软化,但并不完全,认为合金中发生的预相变与电-声相互作用相关。这一点与 Ni-Ti-Fe[3,4]、Ni-Al[5]等合金相似。通过电阻、磁化率等实验均发现 Ni-Mn-Ga 合金的预相变行为[6,7]。[110]TA 声子在相变中有重要的作用,Lee 等[8]通过实验研究了 Ni-Mn-Ga 合金的费米表面特征,认为费米表面上的嵌套(nesting)是声子异常的主要原因。Zhao 等[9,10]在对 Ni-Ti、Ni-Al 合金的研究中首先提出了这一观点,认为电-声相互作用是预相变的主要机制。Chernenko 等[11]在 Ni-Mn-Ga 合金的电子浓度($e/a$)和马氏体预相变、马氏体相变温度之间建立了对应关系,发现预相变只发生在 $e/a < 7.6$ 的合金中,且相变温度随 $e/a$ 增大而增加。Zayak 等[12]提出了 Ni-Mn-Ga 合金的 G-L 理论,得到了合金的温度-浓度相图。Castán 等[13]利用平均场理论和 Monte Carlo 模拟来研究 Ni-Mn-Ga 合金的预相变,认为磁弹作用是预相变的起因。Planes 等[14]考虑了应变和原子磁矩之间的耦合,建立了一个表象模型,认为马氏体预相变是由磁弹相互作用驱动的。基于 TA 声子异常,多认为马氏体预相变与电-声相互作用或磁-声相互作用有密切关系,而基于磁化率的实验结果,则认为磁弹作用是预相变的主导机制,但均没有进行定量的理论分析。计算相变的临界驱动力是相变研究中的一个重要内容,根据经典热力学可得到马氏体相变的驱动力、形核率,这方面已建立完善的理论体系,而目前还没有计算预相变驱动力的工作,因为预相变的产物是亚稳相,其热力学参数难以从实验中测得。

## 3.2 马氏体预相变的电-声机制[15-17]

### 3.2.1 系统的哈密顿量

由于合金中预相变主要与 TA 声子相关,所以只考虑电子与 TA 声子的相互作用。TA 声子与 LA 声子不同,没有形变势,电子与 TA 声子之间的相互作用主要体现在翻转过程——U 过程(Umklapp process)[18]。系统的哈密顿量可表示为如下方程:

$$H = H_{el} + H_{ph} + H_{el-ph} \tag{3.1a}$$

$$H_{el} = \sum_k E_0 c_k^+ c_k = \sum_l E_0 c_l^+ c_l \tag{3.1b}$$

$$H_{ph} = \sum_q \hbar \omega_{TA} \left( a_q^+ a_q + \frac{1}{2} \right) \tag{3.1c}$$

$$H_{el-ph} = \sum_{q,k} M_{q+K_n} (a_q + a_{-q}^+) c_{k+q+K_n}^+ c_k \tag{3.1d}$$

$$M_{q+K_n} = -i \sqrt{\frac{N\hbar}{2\omega_{TA}M_0}} V_{q+K_n} (\boldsymbol{e}_q \cdot \boldsymbol{K}_n) \tag{3.1e}$$

其中,$E_0$ 是电子的本征能级;$c_k^+$、$c_k$、$a_q^+$、$a_q$ 分别为电子和声子的产生、湮灭算符;$\omega_{TA}$ 是 TA 声子的频率;$\boldsymbol{K}_n$ 是倒易点阵矢;$M_0$ 是离子的质量;$N$ 是原胞中的离子数;$\boldsymbol{e}_q$ 是 TA 声子极化方向的单位矢量;$V_{q+K_n}$ 是离子势函数。为计算方便,$V_{q+K_n}$ 取电子与离子之间的库仑势:

$$V_{q+K_n} = \frac{4\pi e^2}{|\boldsymbol{q} + \boldsymbol{K}_n|^2} \tag{3.2}$$

所以有

$$M_{q+K_n} = -i \sqrt{\frac{N\hbar}{2\omega_{TA}M_0}} \frac{4\pi e^2}{|\boldsymbol{q} + \boldsymbol{K}_n|^2} (\boldsymbol{e}_q \cdot \boldsymbol{K}_n) \tag{3.3}$$

对于 $c_k$、$c_{k+q+K_n}^+$,有

$$c_k = \sum_l c_l \exp(-i\boldsymbol{k} \cdot \boldsymbol{R}_l) \tag{3.4a}$$

$$c_{k+q+K_n}^+ = \sum_l c_l^+ \exp[i(\boldsymbol{k} + \boldsymbol{q} + \boldsymbol{K}_n) \cdot \boldsymbol{R}_l] \tag{3.4b}$$

可得到电子与 TA 声子的 $H_{el-ph}$:

$$H_{el-ph} = \sum_{q,l} M_{q+K_n} \exp[i(\boldsymbol{q} + \boldsymbol{K}_n) \cdot \boldsymbol{R}_l](a_q + a_{-q}^+) c_l^+ c_l \tag{3.5}$$

### 3.2.2　马氏体预相变的驱动力

设电-声系统的波函数为 $\psi$,$H_{el-ph}$ 的本征值为 $E_{el-ph}(=E_{int})$,有以下方程成立:

$$H_{el-ph}\psi = E_{el-ph}\psi \tag{3.6}$$

目前无法得到 $E_{el-ph}$。为了得到 $\Delta G^{P \to M}$,只能进行以下粗略的估计。相变前后,体系的变化主要体现在电子本征能级的改变上,这样电子的自能修正就是相变的驱动力。对 $H$ 进行以下幺正变换:

$$\overline{H} = \exp(-S) H \exp(S) \tag{3.7a}$$

其中

$$S = \sum_{q,l} \frac{M_{q+K_n}}{\hbar \omega_q} \exp[\mathrm{i}(\boldsymbol{q}+\boldsymbol{K}_n) \cdot \boldsymbol{R}_l](a_q^+ + a_{-q})c_l^+ c_l \tag{3.7b}$$

得到

$$\overline{H} = \sum_l (E_0 - \Delta E)c_l^+ c_l + \sum_q \hbar \omega_{q_0} \left(a_q^+ a_q + \frac{1}{2}\right) \tag{3.8}$$

$$\Delta E = \sum_q \frac{|M_{q+K_n}|^2}{\hbar \omega_q} \tag{3.9}$$

其中，$\Delta E$ 就是电子-声子相互作用对 $E_0$ 的修正。将 $M_{q+K_n}$ 代入式(3.9)，有

$$\Delta E = \sum_q \frac{8\pi^2 N e^4}{M_0 \omega_q^2} \frac{(\boldsymbol{e}_q \cdot \boldsymbol{K}_n)^2}{|\boldsymbol{q}+\boldsymbol{K}_n|^4} \tag{3.10}$$

Ni-Mn-Ga 合金中的马氏体预相变是由 $\frac{1}{3}$[110]TA 与电子的交互作用驱动的，其相互作用能 $E_{\mathrm{int}}$ 就是预相变的驱动力 $\Delta G^{\mathrm{P} \to \omega}$。根据式(3.10)得到此声子与电子的相互作用对电子的自能修正为

$$\Delta E(q_0) = \frac{8\pi^2 N e^4}{M_0 \omega_{q_0}^2} \frac{(\boldsymbol{e}_{q_0} \cdot \boldsymbol{K}_n)^2}{|\boldsymbol{q}_0+\boldsymbol{K}_n|^4} = \Delta G^{\mathrm{P} \to \mathrm{M}} \tag{3.11}$$

### 3.2.3　马氏体预相变的形核率

根据经典的相变热力学理论，若得到相变的驱动力 $\Delta G^{\mathrm{P} \to \mathrm{M}}$，就可从 $J^* = J_0 \exp[-\Delta G^{\mathrm{P} \to \mathrm{M}}/(k_B T)]$ 得到相变的形核率 $J^*$，考虑到这一关系式中 $\Delta G^{\mathrm{P} \to \mathrm{M}}$ 和 $J^*$ 都是从经典理论得到的，所以若将上面中得到的 $\Delta G^{\mathrm{P} \to \mathrm{M}}$ 代入 $J^*$ 的计算式不合适。下面从另外一个角度得到马氏体预相变的形核率 $J^*$。假定预相变前后分别对应电-声系统的初态 $|i\rangle$ 和终态 $|f\rangle$，则预相变的形核率 $J^*$ 对应从初态到终态的跃迁概率 $W(i \to f)$：

$$J^* = W(i \to f) = \frac{2\pi}{\hbar} |\langle f | H_{\mathrm{el\text{-}ph}} | i \rangle|^2 \delta(E_f - E_i) \tag{3.12}$$

其中，$E_f - E_i = \varepsilon_{k'} - \varepsilon_k \mp \hbar \omega_{\pm q}$。在马氏体预相变中存在 $\frac{1}{3}$[110]TA 声子的凝聚，此声子导致了预相变的发生，所以应主要考虑电子与此声子的作用，既可得到预相变的形核率 $J^*$：

$$J^* = W(k \to k+q_0) = \frac{2\pi}{\hbar} M_{q_0}^2 \left[ (n_{q_0}+1)\delta(\varepsilon_{k+q_0} - \varepsilon_k + \hbar \omega_{q_0}) + n_{q_0} \delta(\varepsilon_{k+q_0} - \varepsilon_k - \hbar \omega_{q_0}) \right] \tag{3.13}$$

其中，$\boldsymbol{k}' - \boldsymbol{k} = \boldsymbol{q}_0 + \boldsymbol{K}_n$，$n_{q_0}$ 是波矢为 $\boldsymbol{q}_0$ 的声子数，$\varepsilon$ 为电子能级。考虑声子的湮灭

过程,并将声子数 $n$ 用平均值 $\bar{n}$ 代替:

$$\bar{n}_{q_0} = \frac{1}{\exp[\hbar\omega_{q_0}/(k_B T)]-1} \tag{3.14}$$

所以形核率 $J^*$ 为

$$J^* = \frac{16\pi^3 e^4 N(\boldsymbol{e}_{q_0} \cdot \boldsymbol{K}_n)^2}{M_0 \omega_{q_0} |\boldsymbol{q}_0 + \boldsymbol{K}_n|^4} \frac{1}{\exp[\hbar\omega_{q_0}/(k_B T)]-1} \tag{3.15}$$

### 3.2.4 马氏体预相变的非线形特征

设波矢为 $\boldsymbol{q}$ 的声子对应的原子静态位移为

$$u_l = u_0 \sin(\boldsymbol{q} \cdot \boldsymbol{r}_l + \delta\theta) = u_0 \sin\vartheta_l \tag{3.16}$$

其中,$\boldsymbol{q} \cdot \boldsymbol{r}_l + \delta\theta = \vartheta_l$ 表示原子的位相。对于不同的研究体系,$q$ 有不同的取值,但 $\vartheta_l$ 总可写成这种形式:$\vartheta_l = 2m\pi + \theta_l (m \in \mathbf{Z})$,将其代入式(3.16)有

$$u_l = u_0 \sin\theta_l \tag{3.17}$$

而单一声子与电子的相互作用 $H_{\text{el-ph}}$ 为

$$H_{\text{el-ph}} = \sum_l u_l \cdot \left(\sum_j \Delta V_j\right) \approx A_1 \sum_l \sin\theta_l \tag{3.18}$$

这里将电-声作用近似表示为仅仅与原子位移相关的线性函数。预相变的结果形成了调制结构,具体体现在不同格位上为原子的位相不同。采用平均场近似,体系的自由能表示为

$$F = \sum_l A_1 \sin\theta_l + A_2(\sin\theta_l)^2 + A_3\left(\frac{d\theta_l}{dl}\right)^2 \tag{3.19}$$

其中,$A_1$、$A_2$、$A_3$ 为参数。等号右边第一项表示电-声相互作用能,第二项表示 TA 声子凝聚后的原子切变能,第三项是界面能。根据变分原理,当体系处于平衡状态时,有

$$\frac{\partial F}{\partial \theta_l} = 0 \tag{3.20}$$

所以可得

$$\frac{\partial^2 \theta_l}{\partial l^2} + \frac{A_1}{2A_3}\cos\theta_l - \frac{A_2}{A_3}\sin(2\theta_l) = 0 \tag{3.21}$$

以 $\theta_l - 90°$ 代替式(3.21)中的 $\theta_l$ 得到

$$\frac{\partial^2 \theta_l}{\partial l^2} + C_1 \sin\theta_l + C_2 \sin(2\theta_l) = 0 \tag{3.22}$$

其中,$C_1 = A_1/2A_3$,$C_2 = -A_2/A_3$。上述方程为经典的双 Sine-Gordon 方程,方程的解为

$$\theta_l = 4\arctan[\lambda \cdot \exp(l-\gamma)] + 4\arctan[\lambda \cdot \exp(l+\gamma)] \tag{3.23}$$

其中,$\lambda$、$\gamma$ 为参数。而预相变应变方向与声子波矢垂直,大小为

$$u_l = u_0 \sin\{4\arctan[\lambda \cdot \exp(n-\gamma)] + 4\arctan[\lambda \cdot \exp(n+\gamma)]\} \tag{3.24}$$

### 3.2.5　计算结果与讨论

利用式(3.11)估算智能材料 Ni-Mn-Ga、Ni-Ti-Fe 和 Ni-Al 合金马氏体预相变的临界驱动力,列于表 3.1 中。从表中可以看出,对于 Ni-Mn-Ga、Ni-Ti-Fe 合金,温度降低,声子能量减小,而电子的自能是逐渐增加的,且受温度影响较大,分别达到 155.9meV/140K、51.2meV/330K。温度变化时,声子的波矢略有变化,主要是热胀冷缩造成的,在这里不考虑它们的影响,而声子的频率受温度的影响比较大。由于软化声子在预相变中有重要的作用,图 3.1 给出了电子自能 $\Delta E$ 与声子频率 $\omega_{TA}$ 之间的关系。根据式(3.11),当声子波矢和体系一定时,$\Delta G^{P \to \omega} \propto 1/\omega^2$,所以声子软化意味着电-声作用加强,为预相变提供了足够的能量。三种体系的预相变驱动力分别为 172.2meV/atom、52.5meV/atom、17.0meV/atom,和声子的能量处于同一数量级。

**表 3.1　Ni-Mn-Ga、Ni-Ti-Fe 和 Ni-Al 合金预相变的临界驱动力和形核率**

| 合金 | 温度/K | $q_0/q_{max}$ | $\hbar\omega_{q_0}$ /meV | $\Delta E(q_0)$ /meV | $\Delta G^{P \to M}$ /meV |
|---|---|---|---|---|---|
| Ni-Mn-Ga[1] | 260 | | ~0.8 | 172.2 | |
| | 270 | | ~1.0 | 110.2 | |
| | 280 | | ~1.2 | 76.8 | |
| | 295 | ~0.33 | ~1.5 | 49.2 | ≤172.2 |
| | 320 | | ~1.9 | 30.1 | |
| | 350 | | ~2.2 | 22.8 | |
| | 400 | | ~2.6 | 16.3 | |
| Ni-Ti-Fe[16] | 293 | | ~0.8 | 52.5 | |
| | 356 | | ~1.9 | 9.3 | |
| | 423 | ~0.33 | ~2.3 | 6.4 | ≤52.5 |
| | 523 | | ~4.5 | 1.7 | |
| | 623 | | ~5.0 | 1.4 | |
| Ni-Al[17,18] | 85 | | ~1.1 | 17.0 | |
| | 150 | ~0.167 | ~1.5 | 9.1 | ≤17.0 |
| | 290 | | ~2.0 | 5.1 | |

由式(3.15)可知,马氏体预相变的形核率 $J^*$ 与声子频率、声子波矢、温度相关,而经典的 $J^*$ 是相变驱动力和温度的函数。结合式(3.11)和式(3.15)得到

$$J^* = \frac{2\pi\omega_{q_0}\Delta G^{P \to M}}{\exp[\hbar\omega_{q_0}/(k_BT)]-1} \tag{3.25}$$

这和经典形核率的关系式不同。由于 $\Delta G^{P\to M}$ 是 $\omega_{q_0}$ 的函数,所以 $J^*$ 与 $\Delta G^{P\to M}$ 之间没有简单的线性关系。$J^*$ 与 $\omega_{q_0}$ 之间的关系如图 3.2 所示,电-声相互作用增强,声子频率随之减小,形核率增加,预相变发生的可能性相应加大。

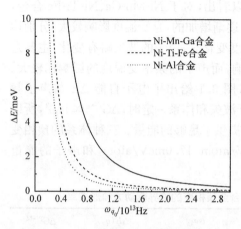

图 3.1　电子自能与声子频率的关系

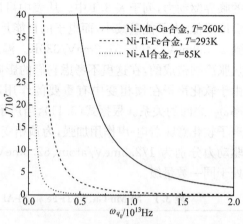

图 3.2　形核率与声子频率的关系

　　图 3.3(a)为方程(3.23)的示意图,预马氏体结构相和母相分别对应不同的原子位相,相界面处表现为孤立波的特征。电子-TA 声子之间的强耦合作用导致特

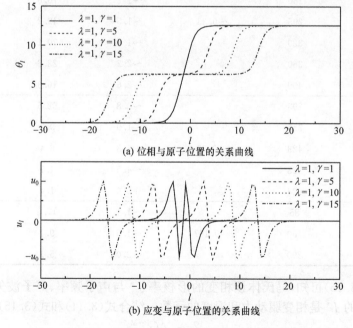

(a) 位相与原子位置的关系曲线

(b) 应变与原子位置的关系曲线

图 3.3　位相和应变与原子位置的关系曲线

定 TA 声子的冻结或凝聚,于是在电子密度上出现电荷密度波(CDW),CDW 的波矢与原子结构上出现调制的周期波矢是一致的;同时,在原子位置上 TA 声子的极化直接导致体系的应变起伏,磁弹相互作用的根源就是自旋电子-声子相互作用。所以,马氏体预相变是由电-声强相互作用所激发的,而 CDW、调制结构的形成、磁弹作用、应变起伏等均可用电-声机制来解释。图 3.3(b)是方程(3.24)的示意图。TA 声子的极化方向与波矢方向垂直,所以应变是横向的,重要的是界面处的应变有自协调的特征,这与文献[1]中所观察到的反相畴界一致,因为反相畴界两侧的应变反向。

# 3.3　马氏体预相变的磁-声机制[19-22]

### 3.3.1　系统的哈密顿量

基于自旋电子-声子相互作用可得到磁-声相互作用。自旋电子波函数 $\psi(r,\sigma)$ 在 $r$ 位置和处于自旋态 $\sigma$ 可以表示为

$$\psi(r,\sigma) = \sum_k c_{k,\sigma}\varphi_k(r,\sigma) \tag{3.26a}$$

$$\psi^+(r,\sigma) = \sum_k c_{k,\sigma}^+\varphi_k^+(r,\sigma) \tag{3.26b}$$

其中,$\varphi_k(r,\sigma) = u_k(r)\exp(ik \cdot r)\chi(\sigma)$,$c_{k,\sigma}^+$、$c_{k,\sigma}$ 分别表示波矢为 $k$ 和自旋态为 $\sigma$ 的自旋电子的产生算符和湮灭算符,$\chi(\sigma)$ 表示自旋函数。电-声相互作用一般表示为[18]

$$H_{int} = \sum_{\sigma,\sigma'}\int \psi^+(r,\sigma)h(r)\psi(r,\sigma)dr \tag{3.27}$$

其中,单体势 $h(r)$ 满足 $h(r) = -\sum_l u_l \cdot \nabla V(r - R_l)$。对于 TA 声子,其交互作用哈密顿量具有以下表达形式:

$$H_{int} = \sum_{\sigma,\sigma'}\sum_{q,k}M_{q+K_n}(a_q + a_{-q}^+)c_{k+q+K_n,\sigma}^+c_{k,\sigma'} \tag{3.28}$$

其中,$M_{q+K_n} = -i\sqrt{\dfrac{N\hbar}{2\omega_{TA}M_0}}V_{q+K_n}(e_q \cdot K_n)$,$\omega_{TA}$ 是 TA 声子的频率,$M_0$ 是单胞中离子的质量,$e_q$ 和 $K_n$ 分别是声子极化矢量和倒易点阵矢量,$V_{q+K_n}$ 是一个电子与离子中心相互作用的有效势。为了计算方便,库仑势 $V_{q+K_n}$ 可以表示为

$$V_{q+K_n} = \frac{4\pi e^2}{|q+K_n|^2}$$

利用傅里叶变换,$c_{k,\sigma}$、$c_{k+q+K_n}^+$ 可写成:

$$c_{k,\sigma} = \sum_l c_{l,\sigma} \exp(-\mathrm{i}\boldsymbol{k} \cdot \boldsymbol{R}_l) \tag{3.29a}$$

$$c_{k+q+K_n,\sigma}^+ = \sum_l c_{l,\sigma}^+ \exp[\mathrm{i}(\boldsymbol{k}+\boldsymbol{q}+\boldsymbol{K}_n) \cdot \boldsymbol{R}_l] \tag{3.29b}$$

这样交互作用 $H_{\mathrm{int}}$ 可以写成如下形式：

$$H_{\mathrm{int}} = \sum_{\sigma,\sigma'} \sum_{q,l} M_{q+K_n} \exp[\mathrm{i}(\boldsymbol{q}+\boldsymbol{K}_n) \cdot \boldsymbol{R}_l](a_q + a_{-q}^+) c_{l,\sigma}^+ c_{l,\sigma'} \tag{3.30}$$

电子算符和 Pauli 矩阵算符之间满足以下关系：

$$c_{l\uparrow}^+ c_{l\uparrow} = \frac{1}{2}(1+\widehat{\sigma}_l^z), \quad c_{l\downarrow}^+ c_{l\downarrow} = \frac{1}{2}(1-\widehat{\sigma}_l^z)$$

$$c_{l\uparrow}^+ c_{l\downarrow} = \frac{1}{2}\widehat{\sigma}_l^+, \quad c_{l\downarrow}^+ c_{l\uparrow} = \frac{1}{2}\widehat{\sigma}_l^-$$

为了简化计算，在 $l$ 位置的自旋算符 $S_l$ 满足 $S_l = \frac{1}{2}\widehat{\sigma}_l$。通过 Holstein-Primakoff 变换

$$S^+ = \sqrt{2S - b^+ b}\,b \approx \sqrt{2S}\,b, \quad S^- = b^+\sqrt{2S - b^+ b} \approx \sqrt{2S}\,b^+, \quad S^z = S - b^+ b$$

可将方程(3.5)改写成如下形式：

$$\begin{aligned}
H_{\mathrm{int}} &= \sum_{q,l} M_{q+K_n} \exp[\mathrm{i}(\boldsymbol{q}+\boldsymbol{K}_n) \cdot \boldsymbol{R}_l](a_q + a_{-q}^+)(1 + S_l^+ + S_l^-) \\
&= \sum_{q,l} M_{q+K_n} \exp[\mathrm{i}(\boldsymbol{q}+\boldsymbol{K}_n) \cdot \boldsymbol{R}_l](a_q + a_{-q}^+)[1 + \sqrt{2S}(b_l^+ + b_l)]
\end{aligned} \tag{3.31}$$

其中, $b_l^+$ 和 $b_l$ 分别是磁子的产生和湮灭算符。以上自旋电子-声子相互作用即可得到以下磁-声相互作用：

$$H_{\mathrm{M\text{-}ph}} = \sum_{q,l} \sqrt{2S} M_{q+K_n} \exp[\mathrm{i}(\boldsymbol{q}+\boldsymbol{K}_n) \cdot \boldsymbol{R}_l](a_q + a_{-q}^+)(b_l^+ + b_l) \tag{3.32}$$

通过傅里叶变换

$$b_l = \sum_k \exp(\mathrm{i}\boldsymbol{k} \cdot \boldsymbol{R}_l) b_k, \quad b_l^+ = \sum_k \exp(-\mathrm{i}\boldsymbol{k} \cdot \boldsymbol{R}_l) b_k^+$$

以及关系式 $b_{k+K_n} = b_k$, $b_{k+K_n}^+ = b_k^+$，就可以得到单一磁子-TA 声子的相互作用哈密顿量：

$$H_{\mathrm{M\text{-}ph}} = \sum_q \sqrt{2S} M_{q+K_n}(b_q^+ a_q + a_q^+ b_q) \tag{3.33}$$

磁子的哈密顿量为

$$H_{\mathrm{M}} = -J \sum_{l,\delta}\left[S_l^z S_{l+\delta}^z + \frac{1}{2}(S_l^+ S_{l+\delta}^- + S_l^- S_{l+\delta}^+)\right] = E_0 + \sum_q \hbar\omega_q^{\mathrm{M}} b_q^+ b_q \tag{3.34}$$

其中, $E_0 = -NZ|J|S^2$；$\hbar\omega_q^{\mathrm{M}} = 2JSa^2 q^2$（立方晶体）；$J$、$Z$、$a$ 分别是磁子之间的耦合参数、坐标数和点阵参数；$\omega_q^{\mathrm{M}}$ 是磁子的频率。声子的哈密顿量为

$$H_{ph} = \sum_q \hbar\omega_q^{ph}\left(a_q^+ a_q + \frac{1}{2}\right) \tag{3.35}$$

其中,$a_q^+$ 和 $a_q$ 分别是声子的产生和湮灭算符;$\omega_q^{ph}$ 是波矢为 $q$ 的声子频率。系统的总哈密顿量可表示为

$$H = H_M + H_{ph} + H_{M\text{-}ph}$$

$$= E_0 + \sum_q \hbar\omega_q^{ph}\left(a_q^+ a_q + \frac{1}{2}\right) + \sum_q \hbar\omega_q^M b_q^+ b_q + \sum_q \sqrt{2S}M_{q+K_n}(a_q^+ b_q + b_q^+ a_q) \tag{3.36}$$

上述公式没有对角化,这样在具体计算时会遇到一些困难,下面通过 Bogoliubov 变换[18]

$$a_q = u_q A_q + v_q B_q, \quad a_q^+ = u_q A_q^+ + v_q B_q^+$$
$$b_q = u_q B_q + v_q A_q, \quad b_q^+ = u_q B_q^+ + v_q A_q^+$$

对总哈密顿量进行对角化处理。新算符满足以下对易关系:

$$[A_q, A_{q'}^+] = \delta_{qq'}, \quad [B_q, B_{q'}^+] = \delta_{qq'}$$

可得到以下关系:

$$u_q^2 + v_q^2 = 1 \tag{3.37}$$

将 $a_q^+$、$a_q$、$b_q^+$ 和 $b_q$ 代入式(3.36),总哈密顿量可改写为

$$H = E_0 + \sum_q \frac{1}{2}\hbar\omega_q^{ph} + \sum_q \left[W_{q+K_n}^A A_q^+ A_q + W_{q+K_n}^B B_q^+ B_q + W_{q+K_n}^{AB}(A_q^+ B_q + B_q^+ A_q)\right] \tag{3.38a}$$

其中

$$W_{q+K_n}^A = \hbar\omega_q^{ph}u_q^2 + \hbar\omega_q^M v_q^2 + 2\sqrt{2S}M_{q+K_n}u_q v_q \tag{3.38b}$$

$$W_{q+K_n}^B = \hbar\omega_q^M u_q^2 + \hbar\omega_q^{ph}v_q^2 + 2\sqrt{2S}M_{q+K_n}u_q v_q \tag{3.38c}$$

$$W_{q+K_n}^{AB} = \sqrt{2S}M_{q+K_n}(u_q^2 + v_q^2) + (\hbar\omega_q^{ph} + \hbar\omega_q^M)u_q v_q \tag{3.38d}$$

为了对角化 $H$,需要假定

$$W_{q+K_n}^{AB} = 0 \tag{3.39}$$

基于以上条件可得到

$$u_q v_q = -\frac{\sqrt{2S}M_{q+K_n}}{\hbar\omega_q^{ph} + \hbar\omega_q^M} \tag{3.40}$$

联合方程(3.37)和方程(3.40),可得到 $u_q$ 和 $v_q$ 的关系式:

$$u_q^2 = \frac{1}{2}\left(1 + \sqrt{\frac{1}{4} - \zeta_0}\right) \tag{3.41a}$$

$$v_q^2 = \frac{1}{2}\left(1 - \sqrt{\frac{1}{4} - \zeta_0}\right) \tag{3.41b}$$

其中，$\zeta_0 = \dfrac{2S(M_{q+K_n})^2}{(\hbar\omega_q^{ph} + \hbar\omega_q^{M})^2}$。这样总的哈密顿量通过对角化处理后为

$$H = E_0 + \sum_q \frac{1}{2}\hbar\omega_q^{ph} + \sum_q \hbar\omega_q^{A} A_q^+ A_q + \hbar\omega_q^{B} B_q^+ B_q \tag{3.42}$$

其中

$$\hbar\omega_q^{A} = \frac{1}{2}(\hbar\omega_q^{ph} + \hbar\omega_q^{M}) + \frac{1}{2}(\hbar\omega_q^{ph} - \hbar\omega_q^{M})\sqrt{\frac{1}{4} - \frac{2S(M_{q+K_n})^2}{(\hbar\omega_q^{ph} + \hbar\omega_q^{M})^2} - \frac{4S(M_{q+K_n})^2}{\hbar\omega_q^{ph} + \hbar\omega_q^{M}}}$$

$$\hbar\omega_q^{B} = \frac{1}{2}(\hbar\omega_q^{ph} + \hbar\omega_q^{M}) - \frac{1}{2}(\hbar\omega_q^{ph} - \hbar\omega_q^{M})\sqrt{\frac{1}{4} - \frac{2S(M_{q+K_n})^2}{(\hbar\omega_q^{ph} + \hbar\omega_q^{M})^2} - \frac{4S(M_{q+K_n})^2}{\hbar\omega_q^{ph} + \hbar\omega_q^{M}}}$$

一个有趣的结果是

$$\hbar\omega_q^{A} + \hbar\omega_q^{B} = \hbar\omega_q^{ph} + \hbar\omega_q^{M} \tag{3.43}$$

满足能量守恒定律。

### 3.3.2　预相变的比热容[19]

对 $H$ 进行平均化处理，即可得到系统的内能 $U$ 如下：

$$U = \langle H \rangle = E_0 + \sum_q \frac{1}{2}\hbar\omega_q^{ph} + \sum_q \hbar\omega_q^{A}\langle A_q^+ A_q \rangle + \hbar\omega_q^{B}\langle B_q^+ B_q \rangle$$

$$= E_0 + \sum_q \frac{1}{2}\hbar\omega_q^{ph} + \sum_q \frac{\hbar\omega_q^{A}}{\exp\left(\dfrac{\hbar\omega_q^{A}}{k_B T}\right) - 1} + \frac{\hbar\omega_q^{B}}{\exp\left(\dfrac{\hbar\omega_q^{B}}{k_B T}\right) - 1} \tag{3.44}$$

而比热容是内能对温度的偏导数：$C_V = \partial U/\partial T$，结合上述公式可得到如下表示：

$$C_V = \frac{1}{k_B T^2}\sum_q \left\{ \frac{(\hbar\omega_q^{A})^2 \exp(\hbar\omega_q^{A}/(k_B T))}{[\exp(\hbar\omega_q^{A}/(k_B T)) - 1]^2} + \frac{(\hbar\omega_q^{B})^2 \exp(\hbar\omega_q^{B}/(k_B T))}{[\exp(\hbar\omega_q^{B}/(k_B T)) - 1]^2} \right\}$$

$$\tag{3.45}$$

其中，包含磁子、声子、磁-声相互作用对比热容的贡献，但要分别得到它们的贡献可能还有一定的困难。利用式(3.45)，计算 Ni-Mn-Ga Heusler 合金预相变过程中的比热容。计算参数包括[19]：点阵参数为 $5.822\text{Å}(1\text{Å} = 0.1\text{nm})$，磁子色散关系为 $\hbar\omega_q^{M} = c_M q^2 (T = 309\text{K}, c_M \approx (108\pm10)\text{meV} \cdot \text{Å}^2)$。实验测定预相变过程中声子模量软化，不具有线性的色散关系，但为了计算方便，假定它与声子波矢具有如下线性关系：$\hbar\omega_q^{ph} = c_{ph} q$。磁声耦合参数 $\lambda$ 近似表示为 $\lambda = 1 + \lambda_0 \text{sech}(T - T_0)$，$\lambda_0$ 是系统参数，$T_0$ 是预相变温度(260K)。图 3.4 给出了计算得到的在 $[0, 2T_0]$ 温度区间的比热容 $C_V$ 与相对温度 $T/T_0$ 的关系曲线。从图 3.4 可以看出，当 $T/T_0 = 1$ 时，会出现比热容异常，此时的磁声耦合参数也与相变温度相关联。耦合参数大小不会导致比热容异常，但会影响此特征温度下比热容的峰值，耦合作用越强，其比热

容曲线的峰值就越大。利用此模型计算得到的 $\Delta C_V$ 在 $T_0$ 温度大约为 0.06J/(mol·K)，比 Planes 等给出的 0.7J/(mol·K)要小[14]，马氏体预相变的潜热可表示为 $2(T_0 - T_M)\Delta C_V$，这里计算得到 Ni-Mn-Ga 中预相变的潜热为 4.8J/mol，这同 Planes 等[14]的结果(大约 9J/mol)比较接近。而马氏体相变的潜热要大很多，如 Ni-Mn-Ga 合金中马氏体相变潜热为 1617.2J/mol[23]，Cu-Zn-Al 合金的马氏体相变潜热为 416.2J/mol[24]，Cu-Al-Ni 合金中的马氏体相变潜热为 515.0J/mol[25]，这些均比马氏体预相变的潜热大 100 倍。

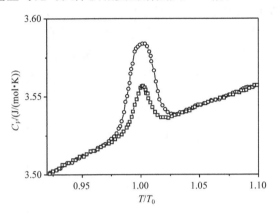

图 3.4　比热容与相对温度的关系曲线[19]

### 3.3.3　预相变的声子阻尼效应[20]

声子自能 $\left(\sum(q)\right)$ 的虚部通常被认为是声子的阻尼效应: $-\mathrm{Im}\sum(q) = \hbar/(2\tau)$。通过格林函数可以得到这个虚部，即声子的阻尼效应[26]。定义如下声子格林函数:

$$D(q) = \langle\langle A_q | A_{-q}\rangle\rangle \qquad (3.46)$$

其中，$A_q = a_q + a^{+}_{-q}$。考虑到磁-声相互作用 $H_{\mathrm{M\text{-}ph}}$ 与电-声相互作用比较相似，利用最低级别的扰动理论可以计算声子的激发态的阻尼效应，用 $\Gamma_q$ 表示为

$$
\begin{aligned}
\mathrm{Im}&\sum(q) = \Gamma_q \\
=&-\pi\sum_q |2SM_{q+K_n}J(k,q)|^2 \{(n_{\omega_q} - n_{\varepsilon_{k+q+K_n}})[\delta(\varepsilon_{k_n} + \hbar\omega_q - \varepsilon_{k+q+K_n}) \\
&-\delta(\varepsilon_{k_n} - \hbar\omega_q + \varepsilon_{k+q+K_n})] + (n_{\omega_q} + 1 - n_{\varepsilon_{k+q+K_n}})[\delta(\varepsilon_{k_n} - \hbar\omega_q - \varepsilon_{k+q+K_n}) \\
&-\delta(\varepsilon_{k_n} + \hbar\omega_q + \varepsilon_{k+q+K_n})]\}
\end{aligned}
\qquad (3.47)
$$

磁子和声子均为玻色子，在 $T$ 温度其占据数可表示为 $n_{\omega_q} = \dfrac{1}{e^{\hbar\omega_q/(k_B T)} - 1}$，$n_{\varepsilon_k} = \dfrac{1}{e^{\varepsilon_k/(k_B T)} - 1}$。Ni-Mn-Ga 合金的具体计算参数如下[20]：点阵常数为 5.822Å，磁子色

散关系为 $\hbar\omega_q^M = c_M q^2$（$T = 309K$, $c_M \approx (108 \pm 10)\text{meV} \cdot \text{Å}^2$），声子色散关系为 $(\hbar\omega_q^{ph})^2 = \Delta^2 + (c_{ph}q)^2$，$\Delta = 1\text{meV}$，$T_0 = 250K$，$V_{q+K_n} = \dfrac{4\pi e^2}{|\boldsymbol{q} + \boldsymbol{K}_n|^2}$。声子阻尼与波矢的关系如图 3.5 所示。从图 3.5 中可以看出，随着波矢幅度的增加，声子相对阻尼具有一个峰值，此峰值对应的波矢大约在 1/3[110] 位置，这与非弹性中子散射测定的实验结果一致，表明此声子与磁子的强相互作用对阻尼有较大的贡献。费米表面嵌套对预相变有重要影响，而嵌套的矢量与此声子矢量相同，由此认为自旋费米嵌套矢量也与此一致，促进了声子阻尼的异常变化。对于峰值对应的声子波矢，除了 Ni-Mn-Ga 合金，其他合金，如 Ni-Al 和 Ni-Ti 等都在此位置（$\zeta \approx 0.33$）有声子的软化现象，所以无论是电-声相互作用还是磁-声相互作用，此声子波矢都具有一定的共性。

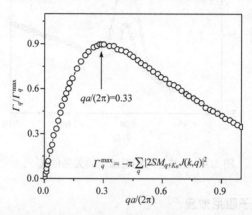

图 3.5　在临界温度 $T_0$ 下声子阻尼效应 $\Gamma_q/\Gamma_q^{max}$ 与沿 [110] 方向波矢 $qa/(2\pi)$ 的关系[20]

图 3.6 是相对声子阻尼与相对温度的关系曲线。从图中可以看出，当温度接近相变临界温度时，声子阻尼效应达到最大值。由于此刻声子软化最大，磁-声相互作用也最大，最终导致声子具有较大的阻尼效应。非弹性中子散射实验结果显

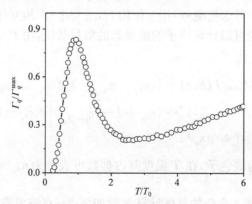

图 3.6　相对声子阻尼 $\Gamma_q/\Gamma_q^{max}$ 与相对温度 $T/T_0$ 的关系曲线[20]

示,声子软化的位置在升降温过程中的变化不大,但声子软化的程度与温度有密切关系,在一定的温度下,其软化最大,这个温度被定义为预相变的温度。此刻具有最大的磁弹效应,它可以诱发预相变的发生,这种磁弹作用力可作为预相变的驱动力,从而促使预相变在此温度发生。

### 3.3.4　预相变过程中的磁化率[21,22]

定义如下声子和磁子的格林函数:

$$
\begin{cases}
G_{lm}(t-t') = \langle\langle S_l^+ ; S_m^- \rangle\rangle \\
T_{lq}(t-t') = \langle\langle S_l^+ ; a_q^+ \rangle\rangle \\
T_{lq}^*(t-t') = \langle\langle S_l^- ; a_q^+ \rangle\rangle \\
B_{lq}(t-t') = \langle\langle S_l^- ; a_q \rangle\rangle \\
D_{pq}(t-t') = \langle\langle a_p ; a_q^+ \rangle\rangle
\end{cases}
\tag{3.48}
$$

根据算符的海森伯运动方程:

$$
\begin{aligned}
i\frac{d}{dt}G_{lm}(t-t') ={}& 2\delta(t-t')\langle S_l^z\rangle\delta_{lm} + g\mu_B B_0 G_{lm}(t-t') \\
& - 2J\sum_\delta \langle\langle (S_l^z S_{l+\delta}^+ - S_{l+\delta}^z S_l^+); S_m^- \rangle\rangle \\
& + \sum_q 2M_{q+K_n}(e^{i\mathbf{q}\cdot\mathbf{R}_l}\langle\langle a_q S_l^z ; S_m^- \rangle\rangle \\
& + e^{-i\mathbf{q}\cdot\mathbf{R}_l}\langle\langle a_q^+ S_l^z ; S_m^- \rangle\rangle)
\end{aligned}
\tag{3.49}
$$

将解耦近似:

$$
\begin{cases}
\langle\langle (S_l^z S_{l+\delta}^+ - S_{l+\delta}^z S_l^+); S_m^- \rangle\rangle \approx \langle S_l^z\rangle[G_{(l+\delta)m}(t-t') - G_{lm}(t-t')] \\
\langle\langle S_m^- ; a_q S_l^z \rangle\rangle \approx \langle S_l^z\rangle B_{mq}^*(t-t') \\
\langle\langle S_m^- ; a_q^+ S_l^z \rangle\rangle \approx \langle S_l^z\rangle T_{mq}^*(t-t')
\end{cases}
\tag{3.50}
$$

用于简化方程(3.49),可得

$$
\begin{aligned}
i\frac{d}{dt}G_{lm}(t-t') ={}& 2\delta(t-t')\langle S_l^z\rangle\delta_{lm} - 2J\langle S_l^z\rangle[G_{(l+\delta)m}(t-t') - G_{lm}(t-t')] \\
& + 2\langle S_l^z\rangle\sum_q M_{q+K_n}[e^{i\mathbf{q}\cdot\mathbf{R}_l}B_{mq}^*(t-t') + e^{-i\mathbf{q}\cdot\mathbf{R}_l}T_{mq}^*(t-t')]
\end{aligned}
\tag{3.51}
$$

通过傅里叶变换 $G_{lm}(t-t') = \int_{-\infty}^{+\infty}\frac{1}{2\pi}G_{lm}(E)e^{-iE(t-t')}dE$,得到如下函数表达式:

$$
\begin{cases}
EG_{bn}(E) = 2\langle S_l^z \rangle \delta_{bm} - 2J\langle S_l^z \rangle [G_{(l+\delta)m}(E) - G_{bm}(E)] \\
\qquad\qquad + 2\langle S_l^z \rangle \sum_q M_{q+K_n}[\mathrm{e}^{i q \cdot R_l} B_{mq}(E) + \mathrm{e}^{-i q \cdot R_l} T_{mq}^*(E)] \\
EB_{lq}(E) = 2J\langle S_l^z \rangle [B_{(l+\delta)q}(E) - B_{lq}(E)] - 2\langle S_l^z \rangle \sum_p M_{p+K_n} \mathrm{e}^{-i q \cdot R_l} D_{pq}(E) \\
ET_{lq}(E) = -2J\langle S_l^z \rangle [T_{(l+\delta)q}(E) - T_{lq}(E)] - 2\langle S_l^z \rangle \sum_p M_{p+K_n} \mathrm{e}^{i q \cdot R_l} D_{pq}(E) \\
ET_{lq}^*(E) = 2J\langle S_l^z \rangle [T_{(l+\delta)q}^*(E) - T_{lq}^*(E)] - 2\langle S_l^z \rangle \sum_p M_{p+K_n} \mathrm{e}^{i q \cdot R_l} D_{pq}(E) \\
ED_{pq}(E) = \delta_{pq} + \hbar\omega_p^{\mathrm{ph}} D_{pq}(E) + \sum_l M_{p+K_n} \mathrm{e}^{-i q \cdot R_l}[T_{lq}(E) + T_{lq}^*(E)]
\end{cases}
\tag{3.52}
$$

其中，$G_{bn}$ 与磁化相关。联合方程(3.48)～方程(3.52)，可得到 $G_{bn}$ 为

$$
G_{bn}(E) = \frac{1}{N}\sum_k g_k(E)\mathrm{e}^{-ik \cdot (R_l - R_m)}
\tag{3.53}
$$

其中

$$
g_k(E) = \frac{2\langle S_l^z \rangle}{E - E_0} - \sum_p \frac{4\,(M_{p+K_n})^2 \langle S_l^z \rangle^2}{(E - \hbar\omega_p^{\mathrm{ph}})(E^2 - E_0^2) + 4E\,(M_{p+K_n})^2 \langle S_l^z \rangle}
$$
$$
\tag{3.54a}
$$
$$
E_0 = -2\langle S_l^z \rangle [J(k) - J(0)]
\tag{3.54b}
$$
$$
J(k) = J\sum_\delta \mathrm{e}^{ik \cdot \delta}, \quad J(0) = J
\tag{3.54c}
$$

这里定义

$$
g_k^{\mathrm{M}}(E) = \frac{2\langle S_l^z \rangle}{E - E_0}
\tag{3.55a}
$$

$$
g_k^{\mathrm{M\text{-}ph}}(E) = -\sum_p \frac{4\,(M_{p+K_n})^2 \langle S_l^z \rangle^2}{(E - \hbar\omega_p^{\mathrm{ph}})(E^2 - E_0^2) + 4E(M_{p+K_n})^2 \langle S_l^z \rangle}
\tag{3.55b}
$$

方程(3.53)可重新写成

$$
G_{bn}(E) = G_{bn}^{\mathrm{M}}(E) + G_{bn}^{\mathrm{M\text{-}ph}}(E)
\tag{3.56}
$$

$$
G_{bn}^{\mathrm{M}}(E) = \frac{1}{N}\sum_k g_k^{\mathrm{M}}(E)\mathrm{e}^{-ik \cdot (R_l - R_m)}
\tag{3.57a}
$$

$$
G_{bn}^{\mathrm{M\text{-}ph}}(E) = \frac{1}{N}\sum_k g_k^{\mathrm{M\text{-}ph}}(E)\mathrm{e}^{-ik \cdot (R_l - R_m)}
\tag{3.57b}
$$

定义自旋关联函数 $F_{bn}$

$$
F_{bn} = \langle S_l^+ S_m^- \rangle
\tag{3.58}
$$

根据谱理论可以得到

$$
\langle S_l^+ S_m^- \rangle_{\mathrm{M}} = i\int_{-\infty}^{+\infty} \frac{1}{2\pi} \frac{G_{bn}^{\mathrm{M}}(\omega + i\varepsilon) - G_{bn}^{\mathrm{M}}(\omega - i\varepsilon)}{\mathrm{e}^{\beta\omega} - 1} \mathrm{e}^{-i\omega(t - t')} \mathrm{d}\omega
\tag{3.59a}
$$

$$\langle S_l^+ S_m^- \rangle_{\text{M-ph}} = i \int_{-\infty}^{+\infty} \frac{1}{2\pi} \frac{G_{lm}^{\text{M-ph}}(\omega + i\varepsilon) - G_{lm}^{\text{M-ph}}(\omega - i\varepsilon)}{e^{\beta\omega} - 1} e^{-i\omega(t-t')} d\omega \quad (3.59b)$$

假定 $m=l$ 和 $t=t'$，方程(3.59)可表示为

$$\langle S_l^+ S_l^- \rangle_{\text{M}} = \frac{2\langle S_l^z \rangle}{N} \sum_k \frac{1}{e^{\beta E_0} - 1} \quad (3.60)$$

其中，$g_k^{\text{M-ph}}(E)$ 含有三个解，满足

$$(E - \hbar\omega_p^{\text{ph}})(E^2 - E_0^2) + 4E(M_{p+K_n})^2 \langle S_l^z \rangle = 0 \quad (3.61)$$

解以上方程得到三个解 $E_i(k)(i=1,2,3)$。这样 $g_k^{\text{M-ph}}(E)$ 可表示为

$$g_k^{\text{M-ph}}(E) = -\sum_p \langle S_l^z \rangle^2 \left( \frac{A_1}{E - E_1(k)} + \frac{A_2}{E - E_2(k)} + \frac{A_3}{E - E_3(k)} \right) \quad (3.62)$$

其中，$A_i$ 为常量。如果 $E_i(k)(i=1,2,3)$ 均为实数，可得到如下关系式：

$$\langle S_l^+ S_l^- \rangle_{\text{M-ph}} = i \int_{-\infty}^{+\infty} \frac{1}{N\pi} \frac{d\omega}{e^{\beta\omega} - 1} \sum [g_k^{\text{M-ph}}(\omega + i\varepsilon) - g_k^{\text{M-ph}}(\omega - i\varepsilon)]$$

$$= -\frac{2\langle S_l^z \rangle^2}{N} \sum \sum_{i=1}^{3} \frac{A_i}{e^{\beta E_i(k)} - 1} \quad (3.63)$$

而且有

$$\langle S^z \rangle = \frac{1}{2} - \langle S_l^+ S_l^- \rangle = \frac{1}{2} + \frac{2\langle S_l^z \rangle^2}{N} \sum \sum_{i=1}^{3} \frac{A_i}{e^{\beta E_i(k)} - 1} + \frac{2\langle S_l^z \rangle}{N} \sum \frac{1}{e^{\beta E_0} - 1}$$

$$(3.64)$$

它的解是

$$\langle S^z \rangle = \frac{-\left( \dfrac{2}{N} \sum \dfrac{1}{e^{\beta E_0} - 1} - 1 \right) \pm \sqrt{\left( \dfrac{2}{N} \sum \dfrac{1}{e^{\beta E_0} - 1} - 1 \right)^2 - \dfrac{4}{N} \sum \sum_{i=1}^{3} \dfrac{A_i}{e^{\beta E_i(k)} - 1}}}{\dfrac{4}{N} \sum \sum_{i=1}^{3} \dfrac{A_i}{e^{\beta E_i(k)} - 1}}$$

$$(3.65)$$

系统的磁化强度就可以通过如下关系式得到：

$$M(T) = g\mu_B \langle S^z \rangle \quad (3.66)$$

其中，$g$ 和 $\mu_B$ 分别表示 Landé 因子和玻尔磁矩。下面具体计算 Ni-Mn-Ga 合金预相变过程中的磁化强度曲线。磁子的色散关系[21]为 $\hbar\omega_q^{\text{M}} = c_{\text{M}} q^2 (T = 309\text{K}, c_{\text{M}} \approx (108 \pm 10)\text{meV} \cdot \text{Å}^2)$。声子的色散关系为 $(\hbar\omega_q^{\text{ph}})^2 = \Delta^2 + (c_{\text{ph}} q)^2$。$V_{q+K_n}$ 是库仑势，满足 $V_{q+K_n} = \dfrac{4\pi e^2}{|q+K_n|^2}$。依据式(3.65)和式(3.66)计算了 260K(无声子异常)、260K、295K 和 320K 的磁化曲线，如图 3.7 所示。在 260K 时没有考虑声子异常的影响，这时得到的磁化曲线是一条直线(D)，而考虑了声子异常或磁-声相互作用后的磁化曲线则出现了明显的峰值，且随温度的升高，此峰值是逐渐降低

的,表明高温下其铁磁性会降低。另外,不同温度下磁化强度峰值对应的波矢大约在 0.33[110]位置,这与实验观察的结果是一致的。

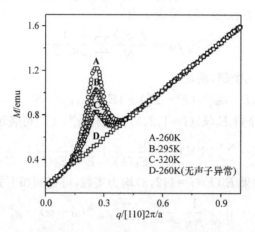

图 3.7　Ni-Mn-Ga 合金中磁化强度与[110]TA 声子波矢之间的关系曲线[21]

# 3.4　ω 相变的电-声机制[27]

### 3.4.1　ω 相变

在低温和高压下,一些金属(如 Zr、Ti、Hf)和合金(如 Cu-Zn-Al、Zr-Nb、Ti-Nb)会发生 BCC→ω 无扩散相变[28]。其相变机制是 2/3[111]LA 声子的软化导致(111)$_{BCC}$面的塌崩[29-34]。基于以上马氏体预相变的电-声机制和磁-声机制,从电-声相互作用的角度来分析 ω 相变的微观机制,只不过其软化声子是 LA 声子,而不是 TA 声子。下面基于电子-LA 声子相互作用,重点研究 BCC→ω 相变的微观机制、相变形核率以及相变中的非线性特征。

### 3.4.2　系统的哈密顿量

电子与 LA 声子的相互作用 $H_{el\text{-}ph}$ 可表示为

$$H_{el\text{-}ph} = \sum_{q,k} M_q (a_q + a_{-q}^+) c_{k+q}^+ c_k \tag{3.67}$$

其中,$M_q = -\mathrm{i} \sqrt{\dfrac{N\hbar}{2\omega_{LA}M_0}} \dfrac{4\pi e^2}{q^2} (e_q \cdot q)$;$c_k^+ (c_k)$ 和 $a_q^+ (a_q)$ 分别为电子和声子的产生(湮灭)算符;$\omega_{LA}$、$M_0$ 和 $N$ 分别是 LA 声子频率、离子质量和离子数;$e_q$ 是声子极化矢。考虑到 $c_k = \sum_l c_l \exp(-\mathrm{i}k \cdot R_l)$ 和 $c_{k+q}^+ = \sum_l c_l^+ \exp[\mathrm{i}(k+q) \cdot R_l]$,将 $H_{el\text{-}ph}$ 简化为如下表达式:

$$H_{\text{el-ph}} = \sum_{q,l} M_q \exp(\mathrm{i}\boldsymbol{q} \cdot \boldsymbol{R}_l)(a_q + a_{-q}^+)c_l^+ c_l \tag{3.68}$$

系统的哈密顿量可表示为

$$H = H_{\text{el}} + H_{\text{ph}} + H_{\text{el-ph}}$$

$$= \sum_l E_0 c_l^+ c_l + \sum_{q,l} M_q \exp(\mathrm{i}\boldsymbol{q} \cdot \boldsymbol{R}_l)(a_q^+ + a_{-q})c_l^+ c_l + \sum_q \hbar\omega_{\text{LA}}\left(a_q^+ a_q + \frac{1}{2}\right) \tag{3.69}$$

其中，$E_0$ 是电子的本征能级。

### 1. 电子自能修正

通过 Unitary 变换可将哈密顿量对角化，这种变换的格式为

$$\overline{H} = \exp(-S)H\exp(S) \tag{3.70}$$

其中

$$S = \sum_{q,l} \frac{M_q}{\hbar\omega_{\text{LA}}} \exp(\mathrm{i}\boldsymbol{q} \cdot \boldsymbol{R}_l)(a_q^+ + a_{-q})c_l^+ c_l \tag{3.71}$$

因此，相应的 $\overline{H}$ 可表示为如下格式：

$$\overline{H} = \sum_l (E_0 - \Delta E)c_l^+ c_l + \sum_q \hbar\omega_{\text{LA}}\left(a_q^+ a_q + \frac{1}{2}\right) \tag{3.72}$$

其中

$$\Delta E = \sum_q \frac{|M_q|^2}{\hbar\omega_{\text{LA}}} \tag{3.73}$$

$\Delta E$ 表示电子的自能修正，它是电子-LA 声子相互作用导致的。将 $M_q$ 代入式(3.73)中可以得到

$$\Delta E = \sum_q \frac{8\pi^2 e^4 N}{M_0 \omega_{\text{LA}}^2 \boldsymbol{q}^4}(\boldsymbol{e}_q \cdot \boldsymbol{q})^2 \tag{3.74}$$

### 2. 声子自能修正

一般认为晶格振动会导致离子实密度的扰动（定义此扰动为 $\rho_q^{\text{ion}}$），同样会引起电子密度的扰动（定义为 $\rho_q^{\text{el}}$），电子密度的扰动是对声子的响应。基于 LA 声子的极化，$\rho_q^{\text{ion}}$ 可表示为

$$\rho_q^{\text{ion}} = -\mathrm{i}\left(\frac{N}{M_0}\right)^{1/2}(\boldsymbol{e} \cdot \boldsymbol{q})Q_q \tag{3.75}$$

其中，$Q_q$ 是声子的正则坐标。$\rho_q^{\text{el}}$ 和 $\rho_q^{\text{ion}}$ 之间满足如下关系：

$$\rho_q^{\text{el}} = \frac{\varepsilon(\boldsymbol{q}) - 1}{\varepsilon(\boldsymbol{q})}\rho_q^{\text{ion}} \tag{3.76}$$

其中，$\varepsilon(\boldsymbol{q})$ 是波矢为 $\boldsymbol{q}$ 的 LA 声子的介电函数。如果 $\rho_q^{\mathrm{el}} = \sum_{k} c_{k+q}^{+} c_k$，那么 LA 声子的运动方程为

$$\ddot{Q}_q + \frac{\omega_q^2}{\varepsilon(\boldsymbol{q})} Q_q = 0 \tag{3.77}$$

基于 $\omega$ 相变中的电-声相互作用，LA 声子的频率（$\omega_{\mathrm{LA}}'$）可重整化为

$$\omega_{\mathrm{LA}}'^{2} = \omega_{\mathrm{LA}}^2 / \varepsilon(\boldsymbol{q}) \tag{3.78}$$

### 3.4.3　$\omega$ 相变的驱动力

$\omega$ 相变的驱动力到目前为止还难以在热力学的框架内进行计算。下面尝试基于电子-LA 声子相互作用机制来得到其驱动力（$\Delta G^{\mathrm{p} \to \omega}$），这种力的大小可认为是电-声相互作用能（$E_{\mathrm{int}}$）。这里 $E_{\mathrm{int}} = E_{\mathrm{el\text{-}ph}}$，而 $E_{\mathrm{el\text{-}ph}}$ 是交互作用算符 $H_{\mathrm{el\text{-}ph}}$ 的本征值，满足如下关系（Schrödinger 方程）：

$$H_{\mathrm{el\text{-}ph}} \psi = E_{\mathrm{el\text{-}ph}} \psi \tag{3.79}$$

其中，$\psi$ 是电-声相互作用系统的本征函数。要直接解出上述方程式很难。$\omega$ 相变会导致电子能级的变化，即将电子 $-\frac{2}{3}[111]_{\mathrm{LA}}$ 声子的相互作用导致的电子自能修正作为 $\omega$ 相变的驱动力。因此有

$$\Delta E(\boldsymbol{q}_0) = \frac{8\pi^2 e^4 N}{M_0 \omega_{q_0}'^{2} \boldsymbol{q}_0^4} (\boldsymbol{e}_{q_0} \cdot \boldsymbol{q}_0)^2 \tag{3.80a}$$

$$\Delta G^{\mathrm{p} \to \omega} = \frac{\Delta E(\boldsymbol{q}_0)}{N} = \frac{8\pi^2 e^4}{M_0 \omega_{q_0}'^{2} \boldsymbol{q}_0^4} (\boldsymbol{e}_{q_0} \cdot \boldsymbol{q}_0)^2 \tag{3.80b}$$

利用上述公式，计算了 Zr、Ti 金属和 Cu-Zn-Al 合金中 $\omega$ 相变的驱动力 $\Delta G^{\mathrm{p} \to \omega}$，如表 3.2 所示。计算结果显示，它们的临界相变驱动力分别约为 7.43meV/atom、2.92meV/atom、27.1meV/atom。相比于 BCC 相和 $\omega$ 相之间的能量差异（$\Delta E^{\mathrm{BCC} \to \omega}$），这个驱动力非常小。考虑到声子的波矢不随温度有较大变化，且满足 $\Delta E(\boldsymbol{q}_0) \propto 1/\omega_{q_0}^2$，当 LA 声子发生软化，就意味着电子与 LA 声子间就发生了强相互作用，从而提供更多的能量以促进 $\omega$ 相变的发生，如图 3.8 所示。

表 3.2　Zr、Ti 金属和 Cu-Zn-Al 合金中 $\omega$ 相变的临界驱动力[27]

| 金属及合金 | 温度/K | $\Delta \hbar \omega_q = \hbar \omega_q' - \hbar \omega_q$ /meV | $\Delta G^{\mathrm{p} \to \omega}$ /(meV/atom) | $\Delta E^{\mathrm{BCC} \to \omega}$ /(meV/atom) |
|---|---|---|---|---|
| Zr | 1423 | ~5[29] | ~7.43 | 38.2[35] |
| Ti | 1293 | ~10[31] | ~2.92 | 13.6[36] |
| Cu-Zn-Al | 290 | ~2.5[34] | ~27.1 | |

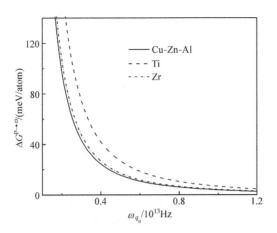

图 3.8　Zr、Ti 金属和 Cu-Zn-Al 合金中相变临界驱动力与声子频率之间的关系曲线[27]

### 3.4.4　$\omega$ 相变的形核率

根据相变经典热力学理论,相变形核率 $J^*$ 可以表示为 $J^* = J_0 \exp[-\Delta G^{P\rightarrow M}/(k_B T)]$,其中 $\Delta G^{P\rightarrow M}$ 是形核激活能。既然将电-声相互作用作为相变的微观机制,那下面从电子散射的角度来考虑这种形核率。假定 $\omega$ 相变过程与电-声系统的初态 $|i\rangle$ 和末态 $|f\rangle$ 相关,$J^*$ 与电子散射率 $W(i\rightarrow f)$ 相对应:

$$J^* = W(i\rightarrow f) = \frac{2\pi}{\hbar}|\langle f|H_{\text{el-ph}}|i\rangle|^2 \delta(E_f - E_i) \tag{3.81}$$

其中,$E_f - E_i = \varepsilon_k' - \varepsilon_k \mp \hbar\omega_{\pm q}$[18]。在 Zr、Ti 金属和 Cu-Zn-Al 合金中的 $\omega$ 相变过程中,电子假定被单一的 LA 声子散射 $\left(\boldsymbol{q}_0 = \frac{2}{3}[111]_{\text{LA}}\right)$,$J^*$ 可表示为

$$J^* = \frac{2\pi}{\hbar}M_{q_0}^2 \left[(n_{q_0}+1)\delta(\varepsilon_{k+q_0} - \varepsilon_k + \hbar\omega_{\text{LA}}) + n_{q_0}\delta(\varepsilon_{k+q_0} - \varepsilon_k - \hbar\omega_{\text{LA}})\right] \tag{3.82}$$

其中,$n_{q_0}$ 和 $\varepsilon$ 分别表示波矢为 $\boldsymbol{q}_0$ 的声子数和电子的能级。考虑到高温下 $n$ 很大,利用其平均值 $(\bar{n})$ 来代替:

$$\bar{n}_{q_0} = \frac{1}{\exp[\hbar\omega_{\text{LA}}/(k_B T)] - 1} \tag{3.83}$$

$J^*$ 写成如下的形式:

$$J^* = \frac{16\pi^3 e^4 N(\boldsymbol{e}_{q_0} \cdot \boldsymbol{q}_0)^2}{M_0 \omega_{\text{LA}}\boldsymbol{q}_0^4} \frac{1}{\exp[\hbar\omega_{\text{LA}}/(k_B T)] - 1} \tag{3.84}$$

图 3.9(a) 和 (b) 分别表示 $J^*$ 与声子频率和温度之间的相互关系,体系依旧为 Zr、Ti 金属和 Cu-Zn-Al 合金。从图中可以看出,$J^*$ 随温度的升高而增加,随声子频率的减小而降低,这与实验结果是一致的[29-34]。

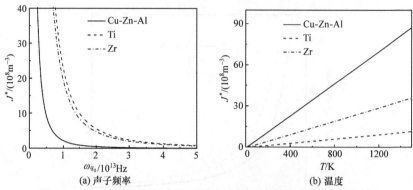

图 3.9　Zr、Ti 金属和 Cu-Zn-Al 合金中的相变形核率(临界温度)与
声子频率和温度的关系曲线[27]

### 3.4.5　电荷密度波

在 $\omega$ 相变中存在电荷密度波(CDW),但仍然需要深入研究。CDW 不稳定是声子软化的前驱效应,而这种软化是由费米表面嵌套决定的。所以非常有必要从电子-LA 声子相互作用的角度对 CDW 的本质进行分析。$\frac{2}{3}[111]_{LA}$ 声子导致的第 $l$ 原子位移 $\boldsymbol{u}_l$ 可表示为

$$\boldsymbol{u}_l = \boldsymbol{e}(\boldsymbol{q}_0) u_0 \sin(\boldsymbol{q}_0 \cdot \boldsymbol{r}) \tag{3.85}$$

离子密度扰动 $\rho^{\mathrm{ion}}(\boldsymbol{r})$ 为

$$\rho^{\mathrm{ion}}(\boldsymbol{r}) = -\frac{1}{e} \nabla \cdot (Ne\boldsymbol{u}_l) = -Nu_0[\boldsymbol{e}(\boldsymbol{q}_0) \cdot \boldsymbol{q}_0]\cos(\boldsymbol{q}_0 \cdot \boldsymbol{r}) \tag{3.86}$$

由于电子对离子扰动具有较快的响应,所以可得到相应的电子密度扰动 $\rho^{\mathrm{el}}(\boldsymbol{r})$:

$$\rho^{\mathrm{el}}(\boldsymbol{r}) = \sum_q \rho_q^{\mathrm{el}} \exp(\mathrm{i}\boldsymbol{q} \cdot \boldsymbol{r}) = \frac{\varepsilon(\boldsymbol{q})-1}{\varepsilon(\boldsymbol{q})} \sum_q \rho_q^{\mathrm{ion}} \exp(\mathrm{i}\boldsymbol{q} \cdot \boldsymbol{r}) = \frac{\varepsilon(\boldsymbol{q})-1}{\varepsilon(\boldsymbol{q})} \rho^{\mathrm{ion}}(\boldsymbol{r})$$

$$\tag{3.87}$$

联合方程(3.86)和方程(3.87),$\rho^{\mathrm{el}}(\boldsymbol{r})$ 具有如下形式:

$$\rho^{\mathrm{el}}(\boldsymbol{r}) = \frac{1-\varepsilon(\boldsymbol{q}_0)}{\varepsilon(\boldsymbol{q}_0)} Nu_0[\boldsymbol{e}(\boldsymbol{q}_0) \cdot \boldsymbol{q}_0]\cos(\boldsymbol{q}_0 \cdot \boldsymbol{r}) \tag{3.88}$$

这样真实系统中的电子密度 $\rho^{\mathrm{el}}$ 就是未扰动的平均电子密度 $\rho_0^{\mathrm{el}}$ 和扰动的电子密度 $\rho^{\mathrm{el}}(\boldsymbol{r})$ 之和:

$$\rho^{\mathrm{el}} = \rho_0^{\mathrm{el}} + \rho^{\mathrm{el}}(\boldsymbol{r}) = \rho_0^{\mathrm{el}} + A(\boldsymbol{q}_0)\cos(\boldsymbol{q}_0 \cdot \boldsymbol{r}) \tag{3.89}$$

其中,$A(\boldsymbol{q}_0) = \dfrac{1-\varepsilon(\boldsymbol{q}_0)}{\varepsilon(\boldsymbol{q}_0)} Nu_0[\boldsymbol{e}(\boldsymbol{q}_0) \cdot \boldsymbol{q}_0]$。方程(3.89)给出了 CDW 的幅度表达式,它与声子波矢和介电常数有关。这表明特定声子的冻结在形成 CDW 中具有

关键的作用,而且 CDW 的波矢也继承于此冻结声子的波矢,两者应当一致。

### 3.4.6　$\omega$ 相变的非线性特征

非线性物理将会给 $\omega$ 相变一个新的描述。Landau 模型尽管能给出相变过程中界面孤立子的特征,但作为平均场理论,它无法考虑电-声相互作用。若基于电子-LA 声子相互作用来研究 $\omega$ 相变中的非线性特征,就具有重要的科学意义。下面就尝试考虑这种相互作用的非线性特征。在方程(3.85)中,$\boldsymbol{q} \cdot \boldsymbol{r}_l + \Delta\theta_l = \vartheta_l$ 表示第 $l$ 原子的相角,是对原子面的调制。对于系统中不同的 $\boldsymbol{q}$,$\vartheta_l$ 可写成 $\vartheta_l = 2m\pi + \theta_l$ ($m$ 为整数)。这样,$u_l$ 可以简化为

$$u_l = u_0 \sin\theta_l \tag{3.90}$$

在临界点电子与单一声子存在强相互作用,其交互作用能($F_{\text{el-ph}}$)可近似表示为

$$F_{\text{el-ph}} = H'_{\text{el-ph}} = \sum_l u_l \cdot \left(\sum_j \Delta V_j\right) \approx A_1 \sum_l \sin\theta_l \tag{3.91}$$

其中,$V_j$ 是电子与离子之间的交互作用势。系统的自由能可写成如下形式:

$$F = \sum_l A_1 \sin\theta_l + A_2 [\sin\theta_l - \sin\theta_{l+1}]^2 + A_3 \left(\frac{\mathrm{d}\theta_l}{\mathrm{d}l}\right)^2 \tag{3.92}$$

其中,$A_1$、$A_2$、$A_3$ 是系统参数,与材料有关。等号右边第一项是电-声相互作用能,第二项是 LA 声子冻结导致的形变能,最后一项是基于原子相角变化导致的 $\omega$ 相/母相界面能。将自由能 $F$ 对 $\theta_l$ 求偏导,从而得到稳定的系统:

$$\frac{\partial F}{\partial \theta_l} = 0 \tag{3.93}$$

得到如下关系式:

$$\frac{\partial^2 \theta_l}{\partial l^2} + \frac{A_1}{2A_3}\cos\theta_l - \frac{A_2}{A_3}\sin(2\theta_l) = 0 \tag{3.94}$$

如果 $\theta_l$ 用 $\theta_l - 90°$ 来代替,方程(3.94)就可以表示为经典的双 Sine-Gordon 方程:

$$\frac{\partial^2 \theta_l}{\partial l^2} + C_1 \sin\theta_l + C_2 \sin(2\theta_l) = 0 \tag{3.95}$$

其中,$C_1 = A_1/(2A_3)$,$C_2 = -A_2/A_3$。方程(3.95)的解具有如下形式[37]:

$$\theta_l = 4\arctan[\lambda \cdot \exp(l - \gamma)] + 4\arctan[\lambda \cdot \exp(l + \gamma)] \tag{3.96}$$

其中,$\lambda$,$\gamma$ 是材料参数。结合方程(3.85)和方程(3.96),得到与 LA 波矢平行的 $\omega$ 相变的应变为

$$u_l = u_0 \sin\{4\arctan[\lambda \cdot \exp(l - \gamma)] + 4\arctan[\lambda \cdot \exp(l + \gamma)]\} \tag{3.97}$$

从图 3.10(a)中可看出,$\omega$ 相/母相界面具有孤立子的特征,这将有助于理解 LA 声子冻结导致具有相同波矢的 CDW 产生,而强的电-声相互作用则导致声子冻结,且条纹(tweed)结构的形成与此声子冻结有密切关系。图 3.10(b)是应变扰动的变化规律,与以前的实验结果相吻合[38-40]。

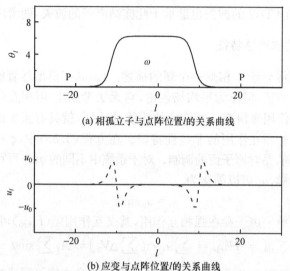

(a) 相孤立子与点阵位置$l$的关系曲线

(b) 应变与点阵位置$l$的关系曲线

图 3.10　$\omega$ 相变的相孤立子和应变与点阵位置相互关系曲线[27]

$$\gamma=10, \lambda=1$$

# 3.5　磁场下的马氏体预相变

## 3.5.1　磁场对预相变的影响

外场,如磁场、电场和应力场对结构相变有一定的影响。一些实验结果证实磁场提高了马氏体相变温度,其原因是磁弹效应[41]。对于预相变,基于磁化率测量结果发现磁场反而降低预相变的温度,预相变是由磁弹相互作用驱动的[14]。Zuo 等[42]的实验结果显示,在小磁场下磁场并不改变预相变温度,只有在较大的磁场下才会降低预相变温度;而 Wang 等[43]的实验结果显示,小磁场也能降低预相变的温度。磁场作用在马氏体相变和预相变不同的作用应当是 Zeeman 能和磁弹效应竞争的结果。这里基于磁-声相互作用,考虑磁场对磁弹效应的影响,计算不同磁场下的预相变驱动力;从驱动力的角度研究磁场下的磁弹效应对预相变的影响规律。

## 3.5.2　磁场下的系统哈密顿量

电子-TA 声子的相互作用哈密顿量($H_{\text{el-ph}}$)可表示为

$$H_{\text{el-ph}} = \sum_{q,k} M_{q+K_n} (a_q + a_{-q}^+) c_{k+q+K_n}^+ c_k \tag{3.98}$$

其中,$M_{q+K_n} = -\mathrm{i}\sqrt{\dfrac{N\hbar}{2\omega_{\text{TA}}M_0}} \dfrac{4\pi e^2}{|q+K_n|^2}(e_q \cdot K_n)$;$c_k^+(c_k)$、$a_q^+(a_q)$ 分别为电子和声子的产生(湮灭)算符;$\omega_{\text{TA}}$ 是 TA 声子的频率;$K_n$ 是倒易点阵矢;$M_0$ 是离子质量;$N$

是离子数;$e_q$ 是极化矢。电子坐标为

$$\rho(-\boldsymbol{q}-\boldsymbol{K}_n) = \sum_k c^+_{k+q+K_n} c_k \tag{3.99}$$

CDW 与预相变密切相关。此时 $\rho(-\boldsymbol{q}-\boldsymbol{K}_n)$ 可以写成如下格式:

$$\rho(-\boldsymbol{q}-\boldsymbol{K}_n) = \rho_0 + \rho_c \cos(qz+\theta_0) \tag{3.100}$$

其中,$\rho_0$ 和 $\rho_c$ 分别是平均电荷密度和扰动电荷密度;$z$ 是原子坐标;$\theta_0$ 是相角。包含磁场的总哈密顿量可表示为

$$H = \frac{1}{2m}\left(p_x - \frac{\lambda^2}{4}y\right)^2 + \frac{1}{2m}\left(p_y - \frac{\lambda^2}{4}x\right)^2 + \frac{p_z^2}{2m} + \sum_q \hbar\omega_{TA}a_q^+ a_q$$
$$+ \sum_q M_{q+K_n}[\rho_0 + \rho_c \cos(qz+\theta_0)](a_q + a^+_{-q}) \tag{3.101}$$

其中,$\lambda^2 = \dfrac{2e}{c}B_M$;$\boldsymbol{p} = (p_x, p_y, p_z)$ 是电子动量;$m$ 是电子的带质量;磁场强度 $\boldsymbol{B} = (0,0,B_M)$,沿 $z$ 方向。为了描述 Landau 能级,需要引入简谐振动算符:

$$A = \frac{1}{\sqrt{\hbar}\lambda}\left[\left(p_x - \frac{\lambda^2}{4}y\right) - i\left(p_y - \frac{\lambda^2}{4}x\right)\right] \tag{3.102}$$

$$B = A^+ - \frac{i\lambda}{2\sqrt{\hbar}}(x+iy) \tag{3.103}$$

满足对易关系 $[A,A^+]=[B,B^+]=1$ 和 $[A,B]=[A,B^+]=0$。这里 $A^+$ 降低量子数一个单元,而 $B^+$ 升高量子数。总哈密顿量可以表示为

$$H = H_0 + H_{e\text{-}TA} \tag{3.104}$$

$$H_0 = \frac{\hbar\lambda^2}{2m}\left(AA^+ + \frac{1}{2}\right) + \frac{p_z^2}{2m} + \sum_q \hbar\omega_{TA}a_q^+ a_q \tag{3.105}$$

$$H_{e\text{-}TA} = \sum_q M_{q+K_n}[\rho_0 + \rho_c \cos(qz+\theta_0)](L_q^{-1}M_q^{-1}a_q + L_q M_q a^+_{-q}) \tag{3.106}$$

其中

$$L_q = \exp\left[\frac{\sqrt{\hbar}}{\lambda}(q_x+iq_y)A - \frac{\sqrt{\hbar}}{\lambda}(q_x-iq_y)A^+\right] \tag{3.107a}$$

$$L_q^{-1} = \exp\left[\frac{\sqrt{\hbar}}{\lambda}(q_x-iq_y)A^+ - \frac{\sqrt{\hbar}}{\lambda}(q_x+iq_y)A\right] \tag{3.107b}$$

$$M_q = \exp\left[\frac{\sqrt{\hbar}}{\lambda}(q_x-iq_y)B - \frac{\sqrt{\hbar}}{\lambda}(q_x+iq_y)B^+\right] \tag{3.107c}$$

$$M_q^{-1} = \exp\left[\frac{\sqrt{\hbar}}{\lambda}(q_x+iq_y)B^+ - \frac{\sqrt{\hbar}}{\lambda}(q_x-iq_y)B\right] \tag{3.107d}$$

下面将 $H_0$ 和 $H_{e\text{-}TA}$ 处理为未扰动的哈密顿量和小扰动。算符 $A$ 和 $B$ 表示为

空态 $|0\rangle_A$ 和 $|0\rangle_B$。利用有效哈密顿量可得到系统的能量：

$$H_{\mathrm{eff}} = {}_A\langle 0|H|0\rangle_A = H_{\mathrm{eff}}^0 + H' \tag{3.108}$$

$$H_{\mathrm{eff}}^0 = \frac{1}{2}\hbar\omega_{\mathrm{c}} + \frac{p_z^2}{2m} + \sum_q \hbar\omega_{\mathrm{TA}}a_q^+ a_q \tag{3.109a}$$

$$H' = \sum_q M_{q+K_n} e^{-\hbar(q_x^2+q_y^2)/(2\lambda^2)}\left[\rho_0 + \rho_{\mathrm{c}}\cos(q_z z + \theta_0)\right](M_q^{-1}a_q + M_q a_{-q}^+) \tag{3.109b}$$

其中用到矩阵元 ${}_A\langle |L_q|\rangle_A = e^{-(q_x^2+q_x^2)/(2\lambda^2)}$，$\omega_{\mathrm{c}} = eB_{\mathrm{M}}/m_{\mathrm{c}}$ 是电子的回旋共振频率，$m_{\mathrm{c}}$ 是电子的有效质量。未扰动的电子本征态为

$$|\psi_0\rangle = \varphi(z)|M\rangle_B|n_q\rangle \tag{3.110}$$

其中，$\phi(z)$ 作为任意波函数的 $z$ 分量可表示为 $\phi(z) = \zeta z e^{-\zeta \cdot z}$，这里 $\zeta$ 是变分参数。$|n_q\rangle$ 是量子数表象中的声子本征态。$|M\rangle_B = (M!)^{-0.5}(B^+)^M|0\rangle_B$。因此磁场下系统的基态能为

$$E_g(\zeta) = E_0 + \Delta E \tag{3.111}$$

$$E_0 = \langle\psi_0|H_0|\psi_0\rangle = \frac{1}{2}\hbar\omega_{\mathrm{c}} + \frac{\hbar^2}{2m}\zeta^2 \tag{3.112}$$

$$\Delta E \approx \Delta E^{(2)} \tag{3.113}$$

其中，$E_0$ 是非扰动能；$\Delta E$ 是扰动基态能，可以利用 Wigner-Brillouin 扰动理论（WBPT）[44] 的二级修正 $\Delta E^{(2)}$ 来得到。

### 3.5.3　磁场下的驱动力关系式

这里主要考虑 Ni-Mn-Ga 合金中的电子与 $\frac{1}{3}[110]$TA 声子的相互作用，$\Delta E^{(2)}$ 可以简化为如下方程：

$$\Delta E^{(2)} = -\frac{8\pi^2 Ne^4(e_{q_0}\cdot K_n)^2}{M_0\omega_{\mathrm{TA}}|q_0+K_n|^3}\cdot\frac{\sqrt{\pi}\lambda\zeta^2}{8}\left[\frac{\rho_0^2+\frac{\rho_{\mathrm{c}}^2}{2}}{\zeta^3} + \frac{\rho_0\rho_{\mathrm{c}}q_0(q_0^2-12\zeta^2)-\rho_{\mathrm{c}}^2\zeta(3q_0^2-\zeta^2)}{(\zeta^2+q_0^2)^3}\right] \tag{3.114}$$

变分参数 $\zeta$ 通过对 $E_g$ 求极小值得到。方程的实数解定义为 $\zeta_0$：

$$\frac{\partial E_g(\zeta)}{\partial\zeta} = 0 \tag{3.115}$$

这样就可以得到磁场下系统的基态能：

$$E_g(\zeta_0) = \frac{1}{2}\hbar\omega_{\mathrm{c}} + \frac{\hbar^2}{2m}\zeta_0^2 - \frac{\pi^{5/2}Ne^4(e_{q_0}\cdot K_n)^2\cdot\lambda\zeta_0^2}{M_0\omega_{\mathrm{TA}}|q_0+K_n|^3}\left[\frac{\rho_0^2+\frac{\rho_{\mathrm{c}}^2}{2}}{\zeta_0^3}\right.$$

$$+\frac{\rho_0\rho_c\bm{q}_0(\bm{q}_0^2-12\zeta_0^2)-\rho_c^2\zeta_0(3\bm{q}_0^2-\zeta_0^2)}{(\zeta_0^2+\bm{q}_0^2)^3}\Bigg] \tag{3.116}$$

方程(3.116)等号右边的第一项表示磁场下电子的 Landau 能级,第二项是电子的动能,第三项是电子与磁场和声子的相互作用能。由于预相变是电-声相互作用驱动的,所以其驱动力 $\Delta G^{PT}$ 可以通过式(3.117)进行估算:

$$\Delta G^{PT}=\Delta E^{(2)}/N \tag{3.117}$$

$$\Delta G^{PT}=-\frac{\pi^{5/2}e^4(\bm{e}_{q_0}\cdot\bm{K}_n)^2\cdot\lambda\zeta_0^2}{M_0\omega_{TA}|\bm{q}_0+\bm{K}_n|^3}\Bigg[\frac{\rho_0^2+\dfrac{\rho_c^2}{2}}{\zeta_0^3}+\frac{\rho_0\rho_c\bm{q}_0(\bm{q}_0^2-12\zeta_0^2)-\rho_c^2\zeta_0(3\bm{q}_0^2-\zeta_0^2)}{(\zeta_0^2+\bm{q}_0^2)^3}\Bigg]$$

$$\tag{3.118}$$

### 3.5.4  计算结果与分析[45]

声子能量为 $\hbar\omega_{TA}=0.8$meV,预相变温度随着电子浓度的增加而增加($e/a<7.6$),电荷密度 $\rho_c\approx7.45$,$\rho_0\approx0.3$[11]。为了方便计算二级修正项,令 $\theta_0=0$。利用方程(3.118)数值计算得到预相变的驱动力与磁场的相互关系,如图 3.11(a)所示,发现驱动力随着磁场的增加而增加,而变分参数与磁场的关系如图 3.11(b)所示。在本章计算中无法直接得到磁场下的相互作用能,也无法得到磁场下的预相变温度,但磁场增加了驱动力,意味着需要降低预相变的温度才能得到等效的驱动

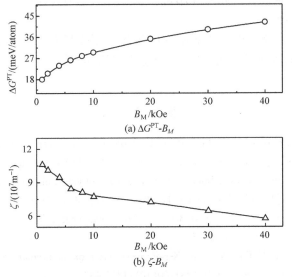

(a) $\Delta G^{PT}\text{-}B_M$

(b) $\zeta\text{-}B_M$

图 3.11  Ni-Mn-Ga 合金中预相变驱动力和
变分参数与磁场的关系曲线[45]

力大小,而且无论磁场大小均对预相变的驱动力都有影响,小磁场下对驱动力的影响可能要大于大磁场的作用。磁场可以提高系统的磁化强度,磁弹效应也应当发生变化,两者综合的结果应当是磁场减低预相变的温度。

## 3.6 小　结

(1) 马氏体预相变是由电子-TA 声子作用驱动的。基于电子-TA 声子相互作用,近似得到马氏体预相变的驱动力和形核率的关系式。考虑单一软模声子,近似得到 Ni-Ti-Fe、Ni-Al、Ni-Mn-Ga 合金的马氏体预相变驱动力为 100meV/atom 左右。考虑电-声作用和声子凝聚得到位相的双 Sine-Gordon 方程,对预相变的非线性行为进行了解释。

(2) 磁弹效应可以促使磁性形状记忆合金中马氏体预相变的发生;在一定温度下强磁-声相互作用是产生磁弹效应的内在机理;强磁-声相互作用会导致马氏体预相变的比热容异常、磁化强度异常,也会导致明显的声子阻尼效应;马氏体预相变的潜热比马氏体相变的潜热小很多,预相变只有相变的 1/100。

(3) 基于电子-LA 声子相互作用,$\omega$ 相变可由电子-LA 声子相互作用来驱动;基于电子自能修正,$\omega$ 相变的临界驱动力约为几 meV/atom;$\omega$ 相变的形核率可以从电子散射率上来加以分析,随着电声耦合作用的增强,形核率增加;$\omega$ 相变中的 CDW 源于 LA 声子冻结,强电-声相互作用促使此声子冻结,冻结声子波矢与 CDW 波矢一致;基于电-声相互作用得到 $\omega$ 相变的双 Sine-Gordon 方程,研究了 $\omega$ 相变的非线性特征。

(4) 利用电-声相互作用模型和 WBPT 研究了磁场对预相变临界驱动力的影响规律,发现随着磁场的增加,其驱动力也逐步增加;其基本原因是电子同声子场和磁场共同作用。

## 参 考 文 献

[1] Zheludev A,Shapiro S M,Wochner P,et al. Phonon anomaly,central peak,and microstructures in $Ni_2MnGa$[J]. Physical Review B,1995,51(17):11310-11314.

[2] Zheludev A,Shapiro S M,Wochner P,et al. Precursor effects and premartensitic transformation in $Ni_2MnGa$[J]. Physical Review B,1996,54(21):15045-15050.

[3] Satija S K,Shapiro S M,Salamon M B,et al. Phonon softening in $Ni_{46.8}Ti_{50}Fe_{3.2}$[J]. Physical Review B,1984,29(11):6031-6035.

[4] Shapiro S M,Noda Y,Fujii Y,et al. X-ray investigation of the premartensitic phase in $Ni_{46.8}Ti_{50}Fe_{3.2}$[J]. Physical Review B,1984,30(18):4314-4321.

[5] Shapiro S M,Yong B Y,Noda Y,et al. Neutron-scattering and electron-microscopy studies of the premartensitic phenomena in $Ni_xAl_{100-x}$ alloys[J]. Physical Review B,1991,44(17):

9301-9313.

[6] Khovailo V V, Takagi T, Bozhko A D, et al. Premartensitic transition in $Ni_{2+x}Mn_{1-x}Ga$ Heusler alloys[J]. Journal of Physics Condensed Matter, 2001, 13:9655.

[7] Chernenko V A, Segui C, Cesari E, et al. Sequence of martensitic transformations in Ni-Mn-Ga alloys[J]. Physical Review B, 1998, 57(5):2659-2662.

[8] Lee Y B, Rhee J Y, Harmon B N. Generalized susceptibility of the magnetic shape-memory alloy $Ni_2MnGa$[J]. Physical Review B, 2002, 66(5):054424.

[9] Zhao G L, Harmon B N. Phonon anomalies in $\beta$-phase $Ni_xAl_{1-x}$ alloys[J]. Physical Review B, 1992, 45(6):2818-2824.

[10] Zhao G L, Harmon B N. Electron-phonon interactions and the phonon anomaly in β-phase NiTi[J]. Physical Review B, 1993, 48(4):2031-2036.

[11] Chernenko V A, Pons J, Seguí C, et al. Premartensitic phenomena and other phase transformations in Ni-Mn-Ga alloys studied by dynamical mechanical analysis and electron diffraction[J]. Acta Materialia, 2002, 50(1):53-60.

[12] Zayak A T, Buchelnikov V D, Entel P. A Ginzburg-Landau theory for Ni-Mn-Ga[J]. Phase Transitions, 2002, 75(1-2):243-256.

[13] Castán T, Vives E, Lindgård P A. Modeling premartensitic effects in $Ni_2MnGa$: A mean-field and Monte Carlo simulation study[J]. Physical Review B, 1999, 60(10):7071-7084.

[14] Planes A, Obradó E, Comas A G, et al. Premartensitic transition driven by magnetoelastic interaction in bcc ferromagnetic $Ni_2MnGa$ [J]. Physical Review Letters, 1997, 79:3926-3929.

[15] Wan J F, Lei X L, Chen S P, et al. Electron transverse acoustic phonon interaction in martensitic alloys[J]. Physical Review B, 2004, 70(1):014303.

[16] Wan J F, Lei X L, Chen S P, et al. Electron-phonon coupling mechanism of premartensitic transformation in $Ni_2MnGa$ alloy[J]. Script Materialia, 2005, 52(2):123-127.

[17] 万见峰, 王健农, 陈锦松. 预相变的临界驱动力及非线性特征[J]. 金属学报, 2005, 41(6):573-576.

[18] 黄昆. 固体物理[M]. 北京:高等教育出版社, 2002.

[19] Wan J F, Lei X L, Chen S P, et al. Magnon-TA phonon interaction and the specific heat during the premartensitic transformation in ferromagnetic $Ni_2MnGa$[J]. Solid State Communications, 2005, 133(7):433-437.

[20] Wan J F, Lei X L, Chen S P, et al. Phonon damping effect during the premartensitic transformation in Heusler alloy $Ni_2MnGa$[J]. Physics Letters A, 2004, 327(2-3):216-220.

[21] Fei Y Q, Wan J F. Magnetic susceptibility anomaly associated with premartensitic transition in Heusler alloy[J]. Physica B:Condensed Matter, 2007, 389(2):288-291.

[22] Wan J F. Spontaneous magnetization and magnon-TA phonon interaction during the premartensitic transformation in $Ni_2MnGa$ alloy[J]. Chinese Physics Letter, 2012, 29(10):106301.

[23] Wang W H,Chen J L,Liu Z H,et al. Thermal hysteresis and friction of phase boundary motion in ferromagnetic $Ni_{52}Mn_{23}Ga_{25}$ single crystals[J]. Physical Review B,2001,65(1): 012416.

[24] Deng Y,Ansell G S. Investigation of thermoelastic martensitic transformation in a CuZnAl alloy[J]. Acta Metallurgica,1990,38(1):69-76.

[25] Salzbrenner R J,Cohen M. On the thermodynamics of thermoelastic martensitic transformation[J]. Acta Metallurgica,1979,27(5):739-748.

[26] Woods L M. Magnon-phonon effects in ferromagnetic manganites[J]. Physical Review B, 2001,65(1):014409.

[27] Wan J F,Lei X L,Chen S P,et al. Electron-phonon mechanism of $\omega$ phase transformation[J]. Materials Transactions,2004,45(3):953-957.

[28] Frost P,Parris W,Hirsch L,et al. Isothermal transformation of titanium-chromium alloys[J]. Transactions of the ASM,1954,46:231-256.

[29] Stassis C,Zarestky J,Wakabayashi N. Lattice dynamics of bcc zirconium[J]. Physical Review Letters,1978,41(25):1726-1729.

[30] Heiming A,Petry W,Trampenau J,et al. Phonon dispersion of the bcc phase of group-IV metals. II. bcc zirconium,a model case of dynamical precursors of martensitic transitions[J]. Physical Review B,1991,43(13):10948-10962.

[31] Petry W,Flottmann T,Heiming A,et al. Atomistic study of anomalous self-diffusion in bcc $\beta$-titanium[J]. Physical Review Letters,1988,61(6):722-725.

[32] Petry W,Heiming A,Trampenau J,et al. Phonon dispersion of the bcc phase of group-IV metals. I. bcc titanium[J]. Physical Review B,1991,43(13):10933-10947.

[33] Trampenau J,Heiming A,Petry W,et al. Phonon dispersion of the bcc phase of group-IV metals. III. bcc hafnium[J]. Physical Review B,1991,43(13):10963-10969.

[34] Guénin G,Jara D R,Morin M,et al. New neutron scattering measurements of premartensitic state of Cu-Zn-Al[J]. Journal de Physique Colloques,1982,43(NC-4):597-601.

[35] Garcés J E,Grad G B,Guillermet A F,et al. Theoretical study of the structural properties and thermodynamic stability of the omega phase in the 4d-transition series[J]. Journal of Alloys and Compounds,1999,289(1-2):1-10.

[36] Joshi K D,Jyoti G,Gupta S C,et al. Stability of $\gamma$ and $\delta$ phases in Ti at high pressures[J]. Physical Review B,2002,65(5):052106.

[37] Dodd R K,Eilbeck J C,Gibbon J D,et al. Solitons and Nonlinear Wave Equations[M]. London:Academic Press,1984.

[38] Kuan T S,Sass S L. The direct imaging of a linear defect using diffuse scattering in Zr-Nb B.C.C. solid solutions[J]. Philosophical Magazine,1977,36(6):1473-1498.

[39] Spalt H,Lin W,Batterman B W. Study of the $\omega$ phase in Zr-Nb alloys by Mossbauer and X-ray diffuse scattering[J]. Physical Review B,1975,8(2):140.

[40] Fatemi M. On deducing a unified growth model for the $\omega$ phase in $\beta$-III Ti from small-angle

neutron scattering[J]. Philosophical Magazine A—Physics of Condensed Matter Defects and Mechanical Properties, 1984, 50(6): 711-732.

[41] Koch C C. Experimental evidence for magnetic or electric field effects on phase transformations[J]. Materials Science and Engineering A, 2000, 287(2): 213-218.

[42] Zuo F, Su X, Wu K H. Magnetic properties of the premartensitic transition in $Ni_2MnGa$ alloys[J]. Physical Review B, 1998, 58(17): 11127-11130.

[43] Wang W H, Chen J L, Gao S X, et al. Effect of low dc magnetic field on the premartensitic phase transition temperature of ferromagnetic $Ni_2MnGa$ single crystals[J]. Journal of Physics: Condensed Matter, 2001, 13(11): 2607-2613.

[44] Larsen D M. Perturbation theory for the two-dimensional polaron in a magnetic field[J]. Physical Review B, 1986, 33(33): 799-806.

[45] Wan J F, Wang J N. The magnetic-field-dependence driving force for premartensitic transformation in heusler alloy $Ni_2MnGa$[J]. Materials Science and Engineering A, 2006, 438-440(15): 1007-1010.

# 第4章 母相和马氏体的电子结构及稳定性

## 4.1 引　言

智能材料 Fe-Mn-Si 基合金的形状记忆效应来源于应力诱发的马氏体相变及其逆相变 $\gamma$(FCC)$\leftrightarrow\varepsilon$(HCP);这类低层错能合金的马氏体相变主要是层错机制[1,2]。马氏体相变属于晶体结构相变,它与体系的电子结构变化密切相关。智能材料 Ti 基形状记忆合金中马氏体相变温度 $M_s$ 和电子结构之间存在唯象的定量关系,而且二元 Ti 基合金 $B_2$ 相的结构稳定性存在一定的规律[3,4]。智能材料 Ni-Ti 合金的形状记忆效应可以从电子结构加以解释:热声子或晶格振动使得变形 s 电子云恢复球状原形,费米表面存在嵌套(nesting)特征对相变有直接的影响[5]。一些金属间化合物的研究表明,电子浓度的大小与结构类型间存在对应关系,即电子浓度控制结构相变[6]。高压可诱发金属和合金发生结构相变,其内在机理是体积压缩直接导致电子结构的变化,从而诱发晶体结构的变化。基于这些研究结果,可认为结构相稳定性与电子结构之间的确存在紧密的联系。压力可改变钢中马氏体相变温度($M_s$),同时会影响马氏体的形态;在 $M_s$ 温度以上施加一定的应力,可应力诱发马氏体相变[7]。合金元素是影响 $M_s$ 的主要因素,其他因素,如应力场、应变场、磁场、电场等都会对 $M_s$ 产生一定的影响,同时会在一定程度上改变体系的电子结构。

## 4.2 Fe 基合金相的结构稳定性

下面利用基于第一性原理的离散变分法(FP-DVM)[8,9]计算智能材料 Fe-Mn-Si 合金的电子结构,同时考虑 Mn、Si 元素及应力对电子结构的影响,从电子密度、态密度及结合能的角度对智能合金的相稳定性进行研究。

### 4.2.1 原子团的构造[10]

智能材料 Fe-Mn-Si 合金母相是成分无序的 FCC 结构。构造以下两种原子团,一种是只包含最近邻原子的原子团(包含 13 个原子),另一种是包含最近邻和次近邻原子的原子团(包含 19 个原子),如图 4.1 所示。

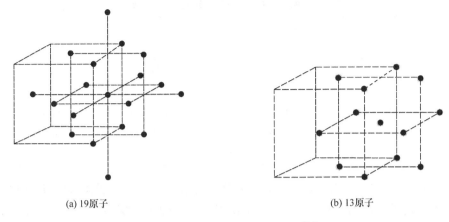

(a) 19原子　　　　　　　　　　　　　　　　(b) 13原子

图 4.1　面心立方结构的原子团[10]

从原子团(图 4.1(a))可分析中心原子 Fe 周围的 Mn/Si 原子对其影响规律,以及点阵畸变对电子结构的影响。在 Fe-Mn-Si 基智能材料中,合金元素 Si、Mn含量分别小于 6wt% 和 35wt%,所以在构造原子团时,将 2 个 Si 原子放到中心原子的次近邻,通过和无 Si 原子团电子结构对比来研究 Si 的影响,而 Mn 原子在团簇中的个数可在最近邻和次近邻内变化。构造原子团(图 4.1(b))的目的是得到各原子键的平衡键能。

### 4.2.2　计算结果和讨论[10]

#### 1. Mn 和 Si 对中心原子的影响

相比贵金属,过渡金属的 3d 轨道未充满,导致计算它的价电子数要复杂得多。$FeAl_6$、$MnAl_6$ 等包含有 Mn、Fe 等过渡金属元素,这样 Al 的价电子会填入 Mn 或 Fe 的 3d 带中,导致 3d 带的空穴数减少,由此确定 Mn、Fe 元素具有负的价数。在智能材料 Fe-Mn-Si 合金中合金元素 Mn、Si 对体系价电子数的影响,可通过对原子团的电子结构进行自洽计算分析。表 4.1 给出了不同原子团中心原子 Fe 的 3d电子占据数。编号 1~5 号原子团包含 Si 原子,而 01~05 号原子团没有 Si 原子。从表 4.1 中可以看出,01 号原子团中心原子 Fe 的 3d 带上的占据数要小于 1 号上的,表明加入 Si 后给体系提供了更多的自由电子,从而降低了中心原子 Fe 的 d 带空穴数。相比而言,Mn 原子对中心 Fe 原子的影响要复杂得多,在原子团 1 号、2号和 3 号中降低 d 带空穴数,4 号和 5 号却增加 d 带空穴数,这种规律同时出现在原子团 01~05 号中。通过对比表 4.1,发现在次近邻位置的 Si 所对中心 Fe 原子的电子结构产生的影响比最近邻 Mn 的影响要大得多。

表 4.1　原子团中心原子的 3d 电子占据数[10]

| 编号 | 原子团 | 中心原子 3d | 编号 | 原子团 | 中心原子 3d |
|---|---|---|---|---|---|
| 1 | $FeFe_{12}Fe_4Si_2$ | 6.6409 | 01 | $FeFe_{12}Fe_6$ | 6.5770 |
| 2 | $FeFe_8Mn_4Fe_4Si_2$ | 6.6416 | 02 | $FeFe_8Mn_4Fe_6$ | 6.5790 |
| 3 | $FeFe_4Mn_8Fe_4Si_2$ | 6.6526 | 03 | $FeFe_4Mn_8Fe_6$ | 6.5800 |
| 4 | $FeMn_{12}Fe_4Si_2$ | 6.6298 | 04 | $FeMn_{12}Fe_6$ | 6.5653 |
| 5 | $FeMn_{12}Fe_2Mn_2Si_2$ | 6.6221 | 05 | $FeMn_{12}Fe_4Mn_2$ | 6.5600 |

　　以前在分析层错能时，将其与电子浓度联系在一起。对于过渡金属，计算电子浓度有一定的困难，若以空穴数作为价数，则可分析智能材料 Fe-Mn-Si 中 Mn 和 Si 元素对电子浓度及层错能的影响规律。智能材料 Fe-Mn-Si 合金的临界相变驱动力可表示为层错能的函数[1]，而且层错能越小，FCC-HCP 马氏体相变所需的临界驱动力也越小。对于包含原子密排面的结构体系，面缺陷层错主要会改变原子的次近邻关系，层错的引入会导致非常微小的结构畸变，所以层错能的主要组成部分是电子能[11]。贵金属合金的层错能随电子浓度的增加而减小，它与电子浓度之间满足以下关系[12]：

$$\gamma = \gamma_0 \exp\left\{-k\left[\left(\frac{e}{a}\right) - \left(\frac{e}{a}\right)_0\right]\right\} \tag{4.1}$$

其中，$\gamma$ 和 $\gamma_0$ 分别为新体系和标准体系的层错能；$\frac{e}{a}$、$\left(\frac{e}{a}\right)_0$ 分别为新体系和标准体系的电子浓度；$k$ 为常数。智能材料 Fe-Mn-Si 合金的层错能较小（$<10mJ/m^2$），Si 减小层错能，而 Mn 的作用相反，在 Fe-Mn 合金中，Mn 使合金的层错能先减小后增大[13]。从表 4.1 中可以看出，Si 增大电子浓度，Mn 使电子浓度先减小后增大，所以根据式（4.1）可定性得到上述影响规律。Fe 基合金的层错能 $\gamma_0 = \gamma_{Fe} = (140\pm40)mJ/m^2$[14]，根据参考文献[12]取参数 $k=6.5$，则可得到层错能与电子浓度之间的变化关系：

$$\gamma = (140\pm40)\exp\left[-6.5\left(\frac{e}{a} - 2.660\right)\right]$$

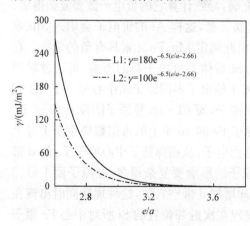

图 4.2　Fe 基合金层错能随合
金电子浓度的变化关系[10]

图 4.2 给出了 Fe 基合金层错能 $\gamma$ 随合金电子浓度 $e/a$ 的变化关系曲线，其中实线和虚线之间的区域是层错能的变

化区间。基于式(4.1)得到的层错能是粗糙的,在层错能与电子浓度之间存在某种约束关系。

### 2. 应力效应

#### 1) 不同方向的差异

智能材料 Fe-Mn-Si 合金同时存在热诱发和应力/应变诱发 $\gamma \rightarrow \varepsilon$ 马氏体相变,在一定的温度范围内施加一定的应力或应变将提高马氏体相变温度($M_s$)。实验结果显示:单向拉伸 Fe-Ni 合金和 Fe-Ni-C 合金,其 $M_s$ 升高;对 Fe-29Ni 合金,在合金的 $M_s$ 以上压缩 40%,其 $M_s$ 提高 75K;热弹性合金中应力或应变对马氏体相变都有重要影响[7],其主要原因是应力提供了一部分相变驱动力。而高压相变中,压缩体系导致原子点阵间距缩小,最终导致电子结构变化,从而诱发相转变。施加应力的方向不同,智能材料的电子结构会有不同的变化,这比各向同性压缩要复杂。下面针对 $FeFe_8Mn_4Fe_4Si_2$、$FeFe_4Mn_8Fe_4Si_2$ 和 $FeMn_{12}Fe_4Si_2$ 三种原子团,分别在 $x$ 方向、$x+y$ 方向、$x+y+z$ 方向分别拉伸 10%,然后比较这些体系的电子结构。图 4.3 是以上 9 种状态下的总态密度(total density of state,TDOS)图。

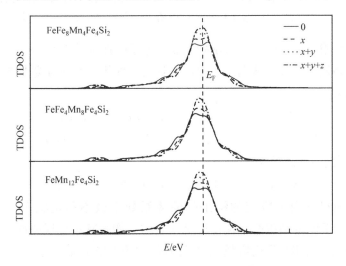

图 4.3　原子团的总态密度图[10]

Ti 基合金中的马氏体相变与费米能级处的电子态有密切关系[15]:当 Ti-Fe 合金的费米能级处于 TDOS 曲线的谷底时,体系最稳定(具有最低的 $M_s$);当 Ti-Au/Ti-Ag 合金的费米能级靠近 TDOS 曲线的峰值时,体系最不稳定(具有较高的 $M_s$);而 Ti-Co 合金和 Ti-Ni 合金则位于它们中间,其相变温度也在两者之间。图 4.3 中将费米能级确定为 0eV,这样可以从此能级的态密度的变化来考虑结构的稳定性。从图中可以看出,随点阵畸变的增加,费米能级处的总态密度均增加,而且在三个方向上同时畸变时的 TDOS 最大,这表明通过这种方式可以使马氏体相变在较高的温度下进行。结合 TDOS,图 4.4 给出了 $FeMn_{12}Fe_4Si_2$ 原子团在费米能级附近的部分能谱。其中 N 表示标准态的能谱,同时比较了在 $x$、$x+y$、$x+y+z$ 三个方向上分别拉伸应变 10%后的能谱图。

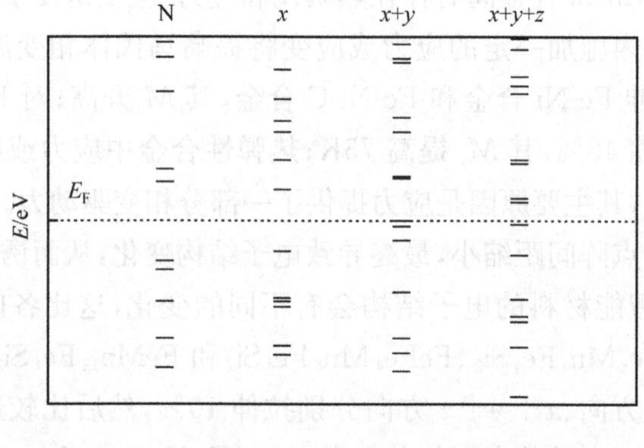

图 4.4　不同方向单轴应变时原子团 $FeMn_{12}Fe_4Si_2$ 在费米能级附近的部分能谱[10]
N 代表无应变;$x$、$x+y$、$x+y+z$ 方向上有 10%拉伸应变;$E_F$ 表示费米能级

费米能级附近的能隙大小表示费米表面电子跃迁难易程度,这个能隙越小,表示电子越容易发生跃迁。从图 4.4 中可得到这四种状态下的与费米能级相邻的两能级的能隙 $E_g$:

$$E_g(N)=0.1116eV, \quad E_g(x)=0.0925eV$$
$$E_g(x+y)=0.0708eV, \quad E_g(x+y+z)=0.0327eV$$

它们之间的大小关系满足:

$$E_g(N)>E_g(x)>E_g(x+y)>E_g(x+y+z)$$

这表明在 $[xyz]$ 方向上应变的结果是使体系处于最不稳定状态,这与此时的 TDOS 最大所反映的结构稳定性特征是一致的。能隙减小也说明能级取向简并,各能级上的电子间相互作用增强,也会导致结构的不稳定性提高。

2) 单一方向下的应力效应

(1) 电子占据数。事实上,无论单晶还是多晶,外应力的作用并不能保证原子间距各向同性地变化,即各方向上的原子间距变化会有差异。下面只考虑对原子团 $FeFe_8Mn_4Fe_4Si_2$ 在一个方向上施加应变(这里选取 $x$ 方向),应变大小分别为 6%、12%、18%、24%,然后进行自洽计算,表 4.2 给出了中心原子 Fe 的电子占据数。从表中可以看出,随着 $x$ 方向上点阵畸变(应变)的增加,中心原子 Fe 的 3d 轨道和 4s 轨道上的电子数都有所减小。过渡金属的 3d 电子同时具有局域态和共价态的特征,前者主要突出金属的磁性特征,后者主要体现金属的成键特性,目前还难以严格区分两者所占的比例关系,但可以定性分析。对于 3d 轨道电子的局域性,通过原子的局域磁矩可以分析;对于 3d 轨道电子的成键特性,可以从过渡金属的结合能上加以比较,过渡金属的结合能要高于贵金属的结合能,结合能越大,智能材料体系越稳定。

表 4.2　单一方向应变时原子团中心原子的电子占据数[10]

| 原子团 | 应变量<br>($x$ 方向) | 中心原子 | | |
|---|---|---|---|---|
| | | 3d | 4s | 3d+4s |
| FeFe$_8$Mn$_4$Fe$_4$Si$_2$ | 6% | 6.6551 | 1.4348 | 8.0899 |
| | 12% | 6.6534 | 1.4211 | 8.0745 |
| | 18% | 6.6492 | 1.4035 | 8.0527 |
| | 24% | 6.6452 | 1.3885 | 8.0337 |

（2）局域态密度。除了体系的总态密度,还可以分析中心原子 Fe 的局域态密度（PDOS）与应力或应变之间的关系,如图 4.5 所示,分别给出了不同应变下中心 Fe 原子的 3d 轨道（实线）和 4s 轨道（虚线）的局域态密度。从图中可以看出,$x$ 方向上的应变即便增加到 24%,4s 波函数并没有太大的变化,而 3d 轨道的带宽逐步减小,在费米能级处的 PDOS 却在同步增加,表明 3d 电子处于高能态的数目增加,电子的运动能力增加。而且对过渡金属的电子结构研究表明,费米能级处于 3d 带中,所以 3d 电子对费米表面有重要贡献,特别是对形成费米表面的嵌套有积极意义。这里无法给出不同应变下费米表面的变化情况,但依旧可以发现:随

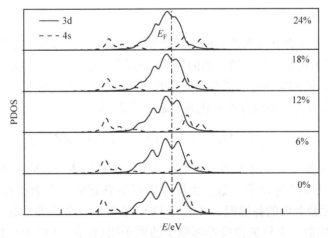

图 4.5　不同应变下中心原子的 3d、4s 局域态密度图[10]

$x$ 方向上的应变增加,费米表面的非对称畸变程度加大,费米表面电子变得更加不稳定,这是外场下结构不稳定性增加的内在原因。

(3) 晶面电荷密度分布。晶面电荷密度分布可直接描述电子结构状态。当沿 [100] 方向施加应变时,以无应变晶面电荷密度为基准,可得到 (001) 晶面的差分电荷密度图,如图 4.6 所示。从图中可以看出,中心原子 Fe 的差分电荷密度沿 [100] 方向出现了明显的方向性键,随应变增加此方向性键略有收缩,但沿 [100] 方向的趋向更强,而在 [010] 方向出现了与之反向成键特性的定向轨道(类似于共价键)。当应变为 6% 时,还没有观察到此定向轨道(图 4.6(a));当应变增大至 12% 时,观察到反向轨道;随应变增加,此反向轨道明显增强。这说明应变下,中心原子 Fe 沿 [010] 方向的不稳定性增强。应变对 [100] 方向和 [010] 方向上次近邻原子间的金属键合作用并不产生较大的影响。综上认为,在应变作用下,中心原子 Fe 的不稳定性将作为主要因素导致结构失稳。

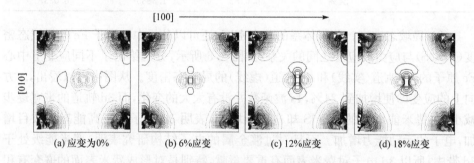

图 4.6　(001) 晶面的差分电荷密度图[10]

### 3. 合金结合能的计算

可根据体系结合能来判断智能材料的结构稳定性。目前第一性原理计算,大多考虑合金元素种类对体系结合能的影响,若要得到合金浓度对能量的影响还具有一定的难度,特别是当合金成分为无序时,还需要完善相应的理论计算方法。已知 A-B 二元合金内能随成分的变化满足如下关系(0K)[16]:

$$U_0 = \frac{ZN}{2}[x^2 U_{\text{AA}} + (1-x)^2 U_{\text{BB}} + 2x(1-x)U_{\text{AB}}] \tag{4.2}$$

其中,$U_{\text{AA}}$、$U_{\text{BB}}$ 和 $U_{\text{AB}}$ 分别为 AA、BB 和 AB 原子对的内能(等价于原子间的键能);$Z$ 为配位数;$N$ 为原子个数。关键是要得到各键能。下面要得到智能材料 Fe-Mn-Si 三元合金中的各键能。考虑到 FCC 结构中一个原子共有 12 个最近邻原子,这样可构造一个只包含最近邻原子的原子团(包含 13 原子),包含 12 个强键,将中心原子与次近邻原子间的结合能等效平均加到这 12 个键上,这样中心原子与最近邻原子间的平均键能等于总结合能的 1/12;并将这一假设扩展到三元体

系,总结合能满足如下关系式:

$$E_B = x_1^2 E_B^{1\text{-}1} + x_2^2 E_B^{2\text{-}2} + x_3^2 E_B^{3\text{-}3} + 2x_1 x_2 E_B^{1\text{-}2} + 2x_1 x_3 E_B^{1\text{-}3} + 2x_2 x_3 E_B^{2\text{-}3} \qquad (4.3)$$

其中,$x_i$ 为元素 $i(i=1,2,3)$ 的原子分数。对于 $E_B^{i\text{-}j}$,有两种可能性:①原子 $i$ 位于中心、原子 $j$ 位于最近邻;②原子 $j$ 位于中心,原子 $i$ 位于最近邻。这两种情况下计算得到的键能可能会不相同,但这不符合对称性原理(应当满足 $E_B^{i\text{-}j}=E_B^{j\text{-}i}$),具体处理方式如下。计算结果如图 4.7 所示,发现 $SiFe_{12}$、$SiMn_{12}$ 原子团与 $FeSi_{12}$、$MnSi_{12}$ 原子团之间的结合能差别较大,且对应的平衡间距也存在较大的差异;相比而言,$FeMn_{12}/MnFe_{12}$ 和 $SiFe_{12}/SiMn_{12}$ 原子团的平衡间距基本一致。考虑到智能材料 Fe-Mn-Si 合金只在一定成分范围(Mn 为 20wt%～30wt%、Si 为 0～6wt%)内才具有良好的形状记忆效应,所以下面的计算主要针对低 Si 含量的智能材料体系。体系中 Si 含量比较少,这样一个 Fe 原子或一个 Mn 原子的最近邻全部被 Si 原子占据的可能性极小。因此 Si-Mn 键能、Si-Fe 键能可直接从 $SiFe_{12}$ 原子团和 $SiMn_{12}$ 原子团中得到,而 Fe-Mn 键能则取 $MnFe_{12}$ 和 $FeMn_{12}$ 两种原子团的平均。Fe-Mn-Si 三元合金中各键能最终的平衡值分别为:$E_B^{Fe\text{-}Fe}=5.387eV$、$E_B^{Mn\text{-}Mn}=6.503eV$、$E_B^{Si\text{-}Si}=3.406eV$、$E_B^{Fe\text{-}Mn}=5.949eV$、$E_B^{Fe\text{-}Si}=5.225eV$、$E_B^{Mn\text{-}Si}=6.121eV$。将它们代入式(4.3)可得到智能材料 Fe-Mn-Si 合金的结合能与合金元素之间的相互关系曲线,如图 4.8 所示。在这个合金成分范围内,Fe-Mn-Si 合金结合能随 Mn 含量的增加而增加,随 Si 含量的增加而减小。这表明在一定的浓度范围内,Mn 降低 $\gamma \rightarrow \varepsilon$ 的相变温度,而 Si 的效果则相反。这与实验结果[17,18]一致。

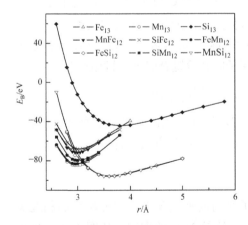

图 4.7　由一元原子团和二元原子团
　　　　计算的结合能[10]

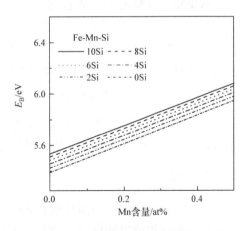

图 4.8　三元合金的结合能[10]

# 4.3　间隙原子(N)在 Fe 基合金中的作用

智能材料 Fe-Mn-Si 基合金中加入氮(N)可有效提高形状记忆效应。当体系含有间隙原子 N 时,可认为基体是由包含间隙原子和不包含间隙原子的两种原胞所构成。而 N 对合金性能起作用的主要是含 N 的原胞。对于多元无序合金,这种原胞相当复杂,为了弄清它的作用机理,先从二元 Fe-N 合金开始。Mössbauer 谱实验表明,在 FCC 合金相中,间隙原子(C 或 N)位于八面体间隙位置的概率比四面体的大。在间隙原子含量较低时,间隙原子间的交互作用可以忽略,所以它对体系的作用主要体现在与周围置换原子的交互作用上。不过仍然对 N-N 交互作用进行理论计算和分析。为了明确 N 的作用,一个重要的问题是 N 的作用范围,按道理 N 与第二近邻、第三近邻置换原子之间均存在交互作用,尽管这种相互作用比较弱。Fe 基智能材料是应用广泛的材料,间隙原子合金化可有效改善力学性能,其中固溶强化与这种交互作用密切相关,因此可以 Fe 为基本元素,考虑 N 与它的作用,这将是认识其他多元合金体系的基础。所以有必要对 FCC 结构的 Fe-N 合金中 N-Fe 的交互作用进行探讨。

## 4.3.1　Fe-N 交互作用[19]

### 1. 原子团的构造

这里用于计算的原子簇包含 45 个原子($NFe_6^{(1)} Fe_8^{(2)} Fe_{24}^{(3)} Fe_6^{(4)}$),其中心为 N(八面体间隙位置),周围包含 4 层 Fe 原子,分别是最近邻(6 个)、次近邻(8 个)、第三近邻(24 个)和第四近邻(6 个)。基于 Müllicken 集居数分析,可计算任意原子间的电子重叠集居数,从而计算得到表征原子间共价键合强度的键级(BO):

$$BO(A\text{-}B) = \sum \sum N_i C_{il}^A C_{il}^B \int \varphi_{iA}^* \varphi_{iB} d\tau \tag{4.4}$$

其中,BO(A-B)是原子 A-B 之间的总键级;$N_i$ 是分子轨道 $i$ 的占据数;$C_{il}$ 是分子轨道 $i$ 按对称轨道展开时的系数。积分采用加权求和的方式进行。

### 2. 键级

图 4.9 是间隙原子与四种近邻 Fe 原子之间的平均键级与点阵畸变的相互关系曲线。在这里给出两种团簇:$NFe_{44}$、$CFe_{44}$,比较 N、C 的作用。从图 4.9(a)中可看出,$BO_{N\text{-}Fe(1)}$ 远远大于 $BO_{N\text{-}Fe(2)/N\text{-}Fe(3)/N\text{-}Fe(4)}$,表明 N 与最近邻原子(N-Fe(1))的相互作用明显强于其他近邻(N-Fe(2)、N-Fe(3)和 N-Fe(4))。随点阵畸变($=a/a_0$)的增加,$BO_{N\text{-}Fe(2)/N\text{-}Fe(3)/N\text{-}Fe(4)} \rightarrow 0$,而 $BO_{N\text{-}Fe(1)}$ 则是先增加后降低,在 $a/a_0 = 1.2$ 时达

到最大值（＞0.25），在 $a/a_0=1.6$ 时 $BO_{N-Fe(1)}$ 依旧保持在 0.2 左右，表明维持体系的稳定主要是最近邻原子间的相互作用。图 4.9(b)是间隙原子 C 与其四种近邻原子 Fe 之间的交互作用，它与点阵畸变的变化规律与 N 相似。比较 C 和 N 发现，$BO_{C-Fe(1)}>BO_{N-Fe(1)}$，表明 N 与 Fe 之间的结合强度要小于 C。这可以从热力学数据得到佐证，FCC 结构中的 C-Fe 的交互作用能为 34671J/mol，而 N-Fe 的交互作用能是 26150J/mol，这表明 C-Fe 键熵要比 Fe-N 键熵大，因此 C-Fe 键级和 N-Fe 键级的强弱与热力学结果是一致的。

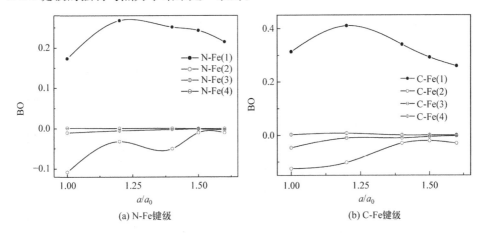

图 4.9　N-Fe 键级 BO 和 C-Fe 键级 BO 随 $a/a_0$ 的变化[19]

### 3. 电子态密度

图 4.10 是 N、Fe(1)、Fe(2)、Fe(3)、Fe(4)各原子的局域态密度（PDOS）以及所构造的团簇的总态密度（TDOS）。图 4.10(a)~(d)分别是 Fe(1)~Fe(4)的 3d-PDOS 在不同点阵畸变（$a/a_0=1.0,1.2,1.4$）时的情况。从图中可以看出，当 $a/a_0$ 变化时，四种 Fe 原子的 3d 带的 PDOS 峰并没有偏离费米能级，说明过渡金属的 3d 轨道具有很强的局域性。同时 3d 带的宽度随 $a/a_0$ 的增加逐渐减小，且在费米能级处的峰值增加。这表明 3d 带中的局域态有所增强，而扩展态被削弱，即 Fe 原子 3d 轨道中参加成键的电子数目减少。图 4.10(e)是间隙原子 N 的 2p 轨道的 PDOS。从图中可以看出，随点阵畸变（$a/a_0$）的增加，2p 轨道在费米能级下的 PDOS 峰位有明显变化，这说明 N 的 2p 轨道与 Fe 的 3d 轨道之间的交互作用对成键有重要的影响，包括 N-Fe 的键级变化。图 4.10(f)是计算体系的 TDOS，可看出随点阵畸变的增加，体系的 TDOS 宽度减小，表明整个原子簇的电子轨道局域性有所提高；在费米能级处的 TDOS 峰值变大，表明点阵畸变后的团簇结构稳定性降低。

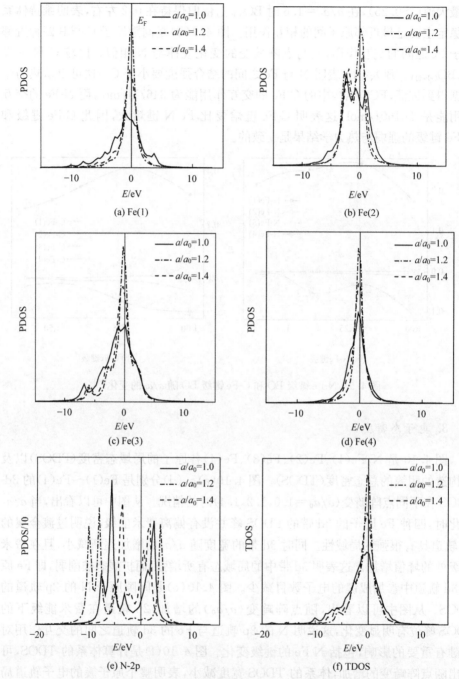

图 4.10　Fe(1)-3d、Fe(2)-3d、Fe(3)-3d、Fe(4)-3d、N-2p 的局域态密度和
团簇的总态密度[19]

## 4. 轨道占据数

表 4.3 给出了计算体系中各原子价轨的电子占据数。从表中可以看出，4 种 Fe 原子的 4s 轨道有部分电子转移到 3d 轨道中，这体现了过渡金属未充满 3d 轨道的空穴特性。对于中心原子 N，其 2s 轨道上有少量的电子被激发到 2p 轨道上。处于最近邻的 Fe(1) 原子 3d 价轨的电子占据数随 $a/a_0$ 的增加先增加后减小，在 $a/a_0 = 1.2$ 时最大（$= 6.5507$），对应 N-Fe(1) 的键级也最强（图 4.9）。Fe(2)/Fe(3)/Fe(4) 原子的 3d 价轨和 N 原子 2p 价轨上的电子占据数随点阵畸变（$a/a_0$）的增加而减小，而 Fe 原子 4s 轨道和 N 原子 2s 轨道上的电子占据数反而增加，表明原子间距增加后各原子的部分电子从外层轨道向内层转移，参加成键的电子数目将减小。Fe(1) 各轨道的电子占据数随 $a/a_0$ 的变化相对较慢（小于 0.06），而其他原子电子占据数变化的绝对值最大可达到 0.18，这是 N-Fe(1) 键级最终并不趋于 0 的重要原因。为了比较，计算了无间隙原子的情形，其结果也放入表 4.3 中。$NFe_{44}$ 原子簇与 $Fe_{44}$ 原子簇相比，主要差别是 Fe(1) 原子 3d 价轨的电子占据数相差 0.1909 个电子，而其他近邻的 Fe 原子相差不大。这表明加入间隙原子 N 后，整个体系的电子密度有所增加，结果是部分电子进入最近邻 Fe 原子的 3d 轨道，降低了其空穴特性。

**表 4.3　价轨的电子占据数**[19]

| 团簇 | | $Fe_{44}$ | | | $NFe_{44}$ | | |
| --- | --- | --- | --- | --- | --- | --- | --- |
| | | $a/a_0$ | | | $a/a_0$ | | |
| | | 1.0 | 1.0 | 1.2 | 1.4 | 1.5 | 1.6 |
| Fe(1) | 3d | 6.3466 | 6.5375 | 6.5507 | 6.5337 | 6.5299 | 6.5091 |
| | 4s | 1.5437 | 1.3558 | 1.3010 | 1.3282 | 1.3225 | 1.3377 |
| Fe(2) | 3d | 6.5955 | 6.6310 | 6.5364 | 6.5072 | 6.4822 | 6.4375 |
| | 4s | 1.4215 | 1.3971 | 1.4697 | 1.4725 | 1.4782 | 1.5349 |
| Fe(3) | 3d | 6.6011 | 6.5784 | 6.5254 | 6.4906 | 6.4582 | 6.4256 |
| | 4s | 1.3343 | 1.3415 | 1.4469 | 1.4962 | 1.5364 | 1.5816 |
| Fe(4) | 3d | 6.4297 | 6.4232 | 6.4331 | 6.4054 | 6.3607 | 6.3596 |
| | 4s | 1.8036 | 1.8361 | 1.7168 | 1.7222 | 1.7755 | 1.7243 |
| N | 2s | | 1.8381 | 1.8539 | 1.9395 | 1.9790 | 1.9916 |
| | 2p | | 3.9440 | 3.7517 | 3.6030 | 3.5360 | 3.4736 |

## 5. 电子密度

图 4.11 是团簇 (110) 面的差分电荷密度图，可以进一步了解间隙原子 N 与紧

邻原子 Fe 之间的相互作用,其中有 $\Delta\rho(1.2)=\rho(1.2)-\rho(1.0)$ 和 $\Delta\rho(1.4)=\rho(1.4)-\rho(1.0)$。计算得到的(110)面中包含中心原子 N 和最近邻、次近邻和第 4 近邻 Fe 原子。从图 4.11 中可看出,Fe(1)与中心原子 N 之间有较强的相互作用,即使当 $a/a_0$ 由 1.2 增加到 1.4 时,这种成键趋势也没有发生大的改变。可以看到,N 和 Fe(1)、Fe(4)可位于一条直线上,所以 N 不会越过 Fe(1)而与 Fe(4)发生强相互作用。各类近邻原子 Fe 周围的电子密度在点阵畸变过程中有明显的变化,其电子密度分布(或电子混合轨道)方向性增强,如 Fe(1)-Fe(4)原子对在[001]方向的电子密度方向性(可产生极化)有较大变化,可提高 Fe(1)-Fe(4)原子间的相互作用,并减弱 Fe(2)-Fe(4)原子间的相互作用。

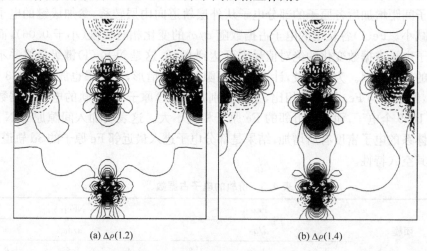

(a) $\Delta\rho(1.2)$　　　　　　　　　(b) $\Delta\rho(1.4)$

图 4.11　(110)面的差分电荷密度图[19]

### 4.3.2　N-N 交互作用[20]

#### 1. 原子团构型的选择

基于 Fe-N 相图,随 N 含量的变化,稳定相按照 BCC→γ→γ′→ε 的顺序转变(>600℃);相似的规律也出现在 Fe-C 合金中。这与 Fe-N、N-N(或 C-C)的交互作用有密切的关系,特别是在 N 含量比较高时,不可忽略这种间隙原子的交互作用。受现有实验检测技术的限制,无法准确地确定间隙原子在合金中的位置,虽然 Fe-N 的交互作用热力学中已有较多研究,但对 FCC 相中 N-N 的交互作用尚缺乏清晰的认识。这里重点分析在 FCC-Fe 中处于两相邻八面体间隙位置以及分别处于八面体间隙与四面体间隙位置的 N-N 之间的相互作用。构造了 3 种原子团,即 N(O)Fe$_6$Fe$_8$N$_{12}$(O)、N(O)Fe$_6$Fe$_8$N$_8$(T)、N(O)Fe$_6$Fe$_8$,如图 4.12 所示。大球表示置换原子 Fe,小球表示间隙原子 N,其中实心的表示八面体 N,空心的是四面体 N。

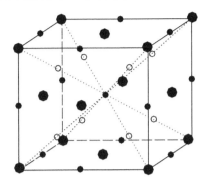

图 4.12　原子团模型

2. 结果与讨论

图 4.13(a)、(b)、(c)是原子团中心原子 N 同其最近邻 Fe、次近邻 Fe 以及 N 的键级随 $a/a_0$ 的变化规律;图 4.13(d)是原子团的结合能的变化情形。可以明显看出,N 同最近邻置换原子 Fe 之间的 $BO_{N-Fe(1)}$ 最大,且随 $a/a_0$ 的增大而趋近于 0.2,而 N 同次近邻 Fe 的 $BO_{N-Fe(2)}$ 和同在八面体间隙位置的 N 的 $BO_{N-N}$ 随 $a/a_0$ 的增大趋近于 0;在 $a/a_0=1.2$,两者相差达 15 倍。三种原子团的 $BO_{N-Fe(1)}$ 均在 $a/a_0=1.2$ 时达到最大值,表明存在间隙原子的膨胀效应。间隙原子间的交互作用比较小,八面体位的 N(O) 同四面体位的 N(T) 的作用比 N(O) 之间的作用大,这主要是由位置的不同造成的。图 4.14 是(011)面的差分电荷密度图,从中可得到这种交互作用的直观信息。距离越近,两原子间的排斥作用越大,间隙原子以这种位置分布的可能性就越小。

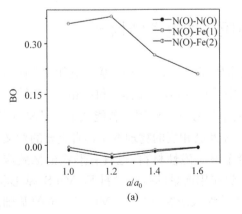

(a)

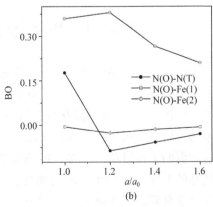

(b)

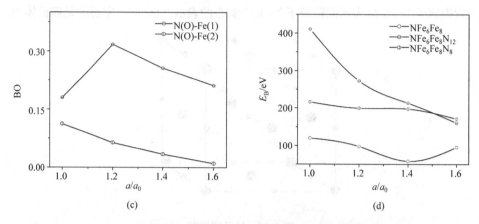

图 4.13　FCC　Fe-N 合金中各键级和结合能与
点阵常数相对变化之间的关系曲线[20]

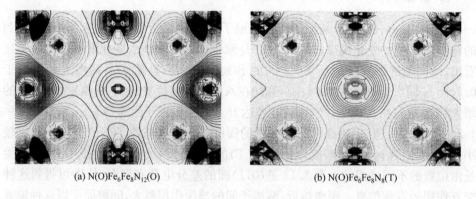

(a) N(O)Fe$_6$Fe$_8$N$_{12}$(O)　　　　　　　　　(b) N(O)Fe$_6$Fe$_8$N$_8$(T)

图 4.14　N(O)Fe$_6$Fe$_8$N$_{12}$(O)团簇和 N(O)Fe$_6$Fe$_8$N$_8$(T)团簇的(011)面的差分电荷密度[20]

## 4.4　Fe 基合金马氏体的电子结构[21]

　　马氏体的电子结构是可以通过实验来研究的。Zakharov 等[22]利用 X 射线光电子能谱(XPS)研究比较了 Fe-Ni 合金中马氏体(BCC 结构)和母相(FCC 结构)的电子结构,认为 e$_g$ 电子波在马氏体相变中具有重要作用。若能从电子结构的角度来深入研究马氏体相变,对于认识马氏体及其相变的物理本质具有重要的意义,而这方面的工作目前并不多。Fe-Mn 合金既是磁性材料,也具有形状记忆效应。在其基础上加入约 5wt% Si 得到具有广泛应用前景的智能材料 Fe-Mn-Si 基形状记忆合金系列。下面研究的 Fe-Mn 合金是深入研究其他 Fe-Mn 基合金的基础。目前研究 Fe-Mn 合金马氏体的电子结构(包括磁性)的工作非常有限。文献[23]

利用能带理论计算了 $Fe_{0.6}Mn_{0.4}$ 合金 ε-马氏体的电子结构,但与实验[22]不符合,也没有研究马氏体的磁性。下面利用基于第一性原理的离散变分 Xα 法(DV-Xα)和原子团模型,对 Fe-Mn 合金 ε-马氏体的电子结构和磁性进行计算,并和实验结果[23,24]进行比较。

### 4.4.1 结构模型与计算方法

在原子团模型的建立过程中,应当充分考虑体系晶体结构的对称性和体系中各合金元素的原子分数。当 Mn 含量在 25at%～55at%范围时,Fe-Mn 合金在室温下是 FCC 结构。智能材料 γ-Fe-Mn 合金可以热诱发或应力、应变诱发 $\gamma \rightarrow \varepsilon$ 马氏体相变,生成具有 HCP 结构的马氏体。在具体的实验观察中发现在 ε-马氏体的交截处由于多种切变生成了其他类型的马氏体(如 α′马氏体),但体系中主要还是 ε-马氏体,所以这里以 ε-马氏体为研究对象。马氏体相变是一种无扩散的切变型相变,在相变过程中,若母相是有序结构,则形成的马氏体相可完全继承母相的有序性。中子散射和 Mössbaur 实验[25]表明,Fe-Mn 合金的母相具有短程有序结构,所以可认为 ε-马氏体也将继承这种短程有序结构。同时 Fe-Mn 合金是一种磁性合金,当温度降到 $T_N$ 时会发生顺磁→反铁磁二级相变。所以在 0K 下,无论是残余的母相还是马氏体相,都呈反铁磁态。反铁磁性作为一种磁有序结构(磁晶格),通常由具有反向平行磁矩的磁性原子面交错堆垛而成。基于这些分析与考虑,分别构造了以 Fe 和 Mn 为中心的原子团(包含 19 个原子,点群对称性均为 $D_{3h}$):以 Fe 为中心的原子团(包含 6 个 Mn 原子)——$FeFe_6Mn_6Fe_6$、$FeMn_6Fe_6Fe_6$、$FeFe_{12}Mn_6$;以 Mn 为中心的原子团(包含 7 个 Mn 原子)——$MnFe_6Mn_6Fe_6$、$MnMn_6Fe_6Fe_6$、$MnFe_{12}Mn_6$。整个原子团分为三层结构(表示为 ABA),其中 A 或 B 相当于 HCP 马氏体相的(0001)原子密排面,而且其磁晶格也具有一定的对称性。图 4.15 为 HCP 结构平面示意图。表 4.4 给出了六种原子团。HCP 马氏体的点阵常数取自文献[26],$a=4.8105a.u.$,$c=7.8083a.u.$,$c/a=1.62318$。将这个原子团嵌入晶体场中,使其更接近大块晶体的性质。

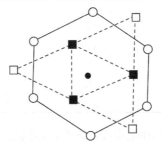

○A层原子; □B1层原子; ■B2层原子

图 4.15 HCP 结构平面示意图

**表 4.4　六种原子团**

| O | B | A | C | 原子团 |
|---|---|---|---|---|
| Fe | Fe | Mn | Fe | $FeFe_6Mn_6Fe_5$ |
| Fe | Mn | Fe | Fe | $FeMn_6Fe_6Fe_5$ |
| Fe | Fe | Fe | Mn | $FeFe_{12}Mn_6$ |
| Mn | Fe | Mn | Fe | $MnFe_6Mn_6Fe_5$ |
| Mn | Mn | Mn | Fe | $MnMn_6Fe_6Fe_5$ |
| Mn | Fe | Fe | Mn | $MnFe_{12}Mn_6$ |

　　具体计算采用自洽场的离散变分 $X\alpha$ 法（SCC-DV-$X\alpha$）[8,9]，对原子团进行自旋极化计算，这样可以考虑马氏体的磁性特征。这种方法的特点是利用多维数值积分来处理多中心积分，直接求解久期方程 $H_{ij}$（能量矩阵元）和 $S_{ij}$（重叠矩阵元），从而得到电荷密度，然后反复进行迭代运算直到达到所要求的精度。考虑到 Fe 和 Mn 这两种过渡金属的 3d 电子局域化特征，且其常规性质（如导电性、磁性、化学特性）只与 3d 和 4s 轨道有关，内层电子并不参与原子间的成键作用，也与磁性等没有直接的关系，所以 Mn、Fe 自由原子的基函数采用了冻结芯近似（只考虑外层价轨），即对 Fe 和 Mn 原子均取 3d 和 4s 为价轨，参与电荷的自洽计算。具体计算中，考虑到在多重散射 $X\alpha$ 方法计算中将原子势阱半径选为 1.25 倍原子间距时得到的理论计算结果与实验相符合[27]，所以此处的计算将原子势阱半径、势阱外限、阱深分别定为 1.25a.u.、10.0a.u.、−2.0a.u.。

### 4.4.2　自旋磁矩[21]

　　利用以上计算方法和原子结构模型，计算以下 6 种原子团的价轨集居数和自旋磁矩（表 4.5）。原子团中心原子的局域环境最为完整，和晶体的实际情形最符合，所以下面集中讨论中心原子的计算结果。

**表 4.5　各原子团中心原子的价轨集居数和自旋磁矩[21]**

| 原子团 | 点群 | 中心原子 | 集居数 | 自旋磁矩/emu |
|---|---|---|---|---|
| $FeFe_6Mn_6Fe_5$ | | Fe | 7.554 | 0.237 |
| $FeMn_6Fe_6Fe_5$ | | Fe | 8.441 | −1.892 |
| $FeFe_{12}Mn_6$ | $D_{3h}$ | Fe | 7.451 | 0.374 |
| $MnFe_6Mn_6Fe_5$ | | Mn | 6.718 | 0.071 |
| $MnMn_6Fe_6Fe_5$ | | Mn | 6.533 | 0.256 |
| $MnFe_{12}Mn_6$ | | Mn | 7.234 | −0.106 |

　　对于 $FeFe_{12}Mn_6$ 原子团，中心是 Fe 原子，最近邻为 12 个 Fe 原子，Mn 原子位于第二近邻，所以最近邻 12 个 Fe 原子有可能会屏蔽次近邻 Mn 原子对中心原子的影响。此时中心原子 Fe 更接近 HCP-Fe 中的原子环境，计算得到的自旋磁矩为

0.374,在所构造的 6 种原子团中最大,但与纯 HCP-Fe 的自旋磁矩为 0.29emu 有差异,这说明次近邻原子还是对中心原子的磁性有一定的影响。在 $FeMn_6Fe_6Fe_6$ 原子团中,中心原子 Fe 的自旋磁矩为负值,主要是外层原子中部分电子转移到中心原子,增强了价轨交叠,从而减小了中心原子 Fe 的自旋磁矩。$FeFe_6Mn_6Fe_6$ 原子团的计算自旋磁矩和实验值比较接近,其结构是 Mn 对称地分布于中心原子的上下两层,符合一般固溶体的形成规律。Mn 元素和 Fe 元素在元素周期表中原子序只相差 1,但形成的晶体结构有很大的差异:FCC 结构的 Fe 单胞包含 4 个原子,而 FCC 结构的 Mn 高达 43 个原子。Mn 的结合能比 Fe 略大,所以当 Fe 和 Mn 相互融合在一起可能会形成短程有序结构。

对于中心原子为 Mn 的三种原子团,其中 $MnFe_{12}Mn_6$ 中心原子的自旋磁矩却为 $-0.106$emu,相比其他三种原子团,其价轨的集居数最大($=7.234$ 电子),表明有外层异向自旋电子向中心原子 Mn 的 3d 轨道转移,从而导致 Mn 自旋磁矩的减小。相比而言,$MnMn_6Fe_6Fe_6$ 的中心原子的自旋磁矩与实验值最为接近,此时原子团中有 7 个 Mn 原子位于中间平面,上下两层原子都为 Fe 原子,这种结构如同将晶体看成由 Fe 原子密排面和 Mn 原子密排面以 ABAB 方式堆垛而成,这种结构可通过分子外延技术或磁控溅射方法来实现,有待于实验的进一步验证。

点阵畸变(主要是原子间距离的变化)必定影响智能材料的电子结构,此时体系的结合能也会随点阵畸变而发生变化。对金属或合金而言,一定范围内的点阵畸变,可以使得原子间的金属键或键合作用有一个先增大后减小的变化过程。下面主要研究点阵常数变化对 Fe-Mn 合金中的马氏体相电子结构的影响。研究的马氏体相属于 HCP 结构,由于各向异性,点阵间距变化会存在方向上的差异,这里以上面计算所采用的点阵参数按照 $c/a=1.62318$ 的固定比同时对参数 $a$ 和 $c$ 进行增大和减小,从而避免点阵畸变的不均匀性对计算结果产生系统误差;原子间距的膨胀量和压缩量均不超过 $10\%$,每一种点阵畸变下的计算结果对应一种状态。根据表 4.5 中各团簇的磁矩计算结果,选取最能代表真实马氏体结构的原子团 $FeFe_6Mn_6Fe_6$,计算结果列入表 4.6 中,共有 9 种不同状态。

**表 4.6 不同点阵常数下中心原子的密立根占据数[21]**

| 原子团状态 | 集居数 | 自旋磁矩/emu | 费米能级/eV |
|---|---|---|---|
| 1 | 8.210 | 0.011 | $-2.5$ |
| 2 | 7.622 | 0.024 | $-1.98$ |
| 3 | 7.538 | 0.175 | $-1.71$ |
| 4 | 7.500 | 0.206 | $-1.40$ |
| 5 | 7.534 | 0.236 | $-1.29$ |
| 6 | 7.451 | 0.297 | $-0.96$ |
| 7 | 7.606 | 0.325 | $-0.54$ |
| 8 | 7.550 | 0.163 | $-0.76$ |
| 9 | 7.434 | 0.055 | $-1.77$ |

图 4.16 是自旋磁矩 $\mu_B$ 与点阵常数 $a$ 之间的关系图,发现自旋磁矩先升高然后降低,这同反铁磁相的磁化率($M/M_0$)与温度的变化规律相似。与 HCP-Fe 不同的是,对应平衡点阵常数的自旋磁矩并不是最大值,而是位于磁矩的上升阶段,这种差异最可能是由 Mn 的合金化导致的。依据电磁耦合理论,过渡金属合金电子轨道存在两种耦合效应:一种是原子间的交换耦合,另一种是原子自身的 3d 轨道耦合。当点阵常数很小时,原子之间的交换耦合作用占主导,这种交换耦合效应会随着点阵常数增加而减弱,所以自旋磁矩增加。当点阵畸变增加到一定值后,过渡金属原子自身的 3d 轨道反铁磁耦合起主要作用,所以随点阵畸变的增加,原子内部的反铁磁耦合增强,从而减小了马氏体的自旋磁矩,如图 4.16 所示。

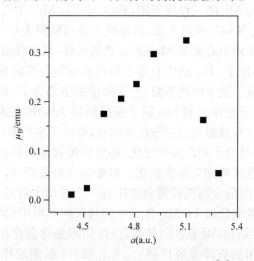

图 4.16　不同点阵常数下的自旋磁矩[21]

### 4.4.3　态密度

从前面构造的六种原子团中选取以 Fe 为中心的 $FeFe_6Mn_6Fe_6$ 原子团和以 Mn 为中心的原子团 $MnMn_6Fe_6Fe_6$,研究晶体中 Fe 原子和 Mn 原子的局域电子结构。从图 4.17 中可以看出,中心原子 Fe 的 3d 轨道最靠近费米能级的自旋 DOS 具有明显的反铁磁性。Fe 原子 3d 轨道的局域态密度中自旋向上部分和自旋向下部分都位于费米能级附近,从态密度图中具有较小的能级交换劈裂,这表明马氏体结构具有较小的自旋磁矩。交换劈裂是引起 $\alpha$-Fe 原子磁矩大($\approx 2.2\mu_B$)的重要原因之一。$\gamma$-Mn 的原子磁矩为 $2.35\mu_B$,其 PDOS 中可明显区分自旋向上/向下能级分别位于费米能级($E_F$)的两侧;$\gamma$-Fe 的原子磁矩小于 $1\mu_B$,PDOS 中自旋向上和自旋向下差别较小,所对应的 PDOS 峰值相对费米能级几乎没有能量偏移;由此认为 Fe 属于能带型($E_F$ 处无能隙),Mn 属于能隙型($E_F$ 处有能隙)[16]。计算得到 HCP-Fe 的理论磁矩为 0.29emu,其 PDOS 图反映了同样的特征。对于 4s 轨道对磁性的贡献,可以从 Fe 原子和 Mn 原子的 4s 分态密度图(图 4.17 和图 4.18)看出,两种原子在费米能级附近的 4s 轨道的 PDS 都很小,所以可以忽略它们对体系反铁磁性的贡献。

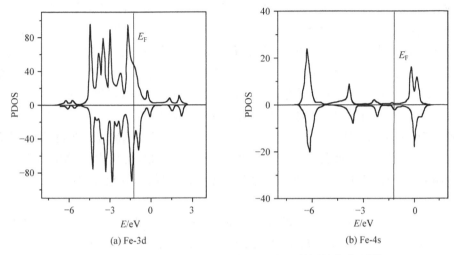

图 4.17　FeFe$_6$Mn$_6$Fe$_6$ 原子团中心原子 Fe 的局域态密度[21]

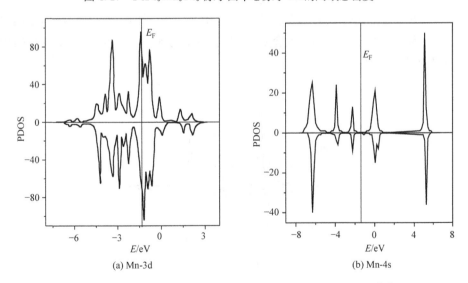

图 4.18　MnMn$_6$Fe$_6$Fe$_6$ 原子团中心原子 Mn 的局域态密度[21]

　　X 射线光电子能谱(XPS)[22]证明,Fe-Ni 合金中母相(FCC)和马氏体相(BCC)的费米能级都位于 3d 能带附近,而 3d 带宽的理论计算值约为 3eV,3d 能带的峰位与费米能级相差小于 0.5eV,计算结果与 XPS 实验结果一致。在对 Fe-

40Mn 合金马氏体相（HCP）进行 XPS 研究发现，其 Fe/Mn 原子的 3d 轨道也都处于费米能级附近[23]，这与 Fe-Ni 合金非常相似；相应的自旋极化的能带理论计算却与实验值存在较大的差异，主要体现在：①计算得到的 3d 带较宽；②计算得到的 Fe/Mn 原子在费米能级以上约 1eV 和以下约 7eV 各有一个最强峰。计算中导致这种差异的主要原因包括：①计算采用的线性 Muffin-tin 轨道近似是通过对 I、III 区电荷密度进行球形平均、对 II 区电荷密度作体积平均来设置电子波函数，从而导致单电子具有球形对称势，而过渡金属 Fe-Mn 合金及其马氏体中 3d 轨道占较大比重，其极化特征无法用球形势来进行拟合计算；②计算中采用了 NiAs 有序结构，而 ε-马氏体可能具有短程有序结构，但不一定就是 NiAs 的结构，这会导致计算结果出现很大的差异。晶体电子结构计算中常涉及成分无序、掺杂、晶体缺陷、非晶（结构无序）等，这对于第一性原理理论计算提出了新的研究课题，特别是计算方法及计算精度都要重点关注。对比两种理论计算结果，可认为 Fe-Mn 合金中马氏体相（HCP）各离子实外的价轨道存在极化和各向异性，导致外层电子云的非球形对称。

　　点阵畸变会影响中心原子的局域态密度，如图 4.19 所示，在点阵畸变最大时中心原子 Fe 的 PDOS 图。从图中可以看出，在 $E_F$ 附近的 PDOS 与图 4.17 有较大的区别，甚至呈现出顺磁特征，而此时的理论计算磁矩为 0.011emu。所以可以推测在高压下会发生磁性二级相变。基于以上分析，当原子间距变化时（晶体结构类型不变），内部的电子结构必定也会变化，电子态变化到一定程度，就会诱发结构相变（晶体结构类型改变）。

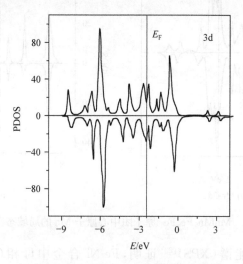

图 4.19　压缩后的 3d 局域态密度图[21]

### 4.4.4　点阵常数对费米能级的影响

从表 4.5 可以看出,点阵畸变会导致原子团内电子的转移,包括原子间电子的流动和原子内部电子的跃迁。所以点阵常数变化后原子间电荷会重新分布,使得原子团的费米能级($E_F$)和费米表面形状发生相应的变化,如图 4.20 所示。从图中可以看出,合金的 $E_F$ 随点阵畸变的增加先增加后降低,点阵常数在[5.2,5.3]区间存在一个最大值,$E_F$ 这种变化规律点和图 4.16 中磁矩的变化规律一致。这说明对 Fe-Mn 马氏体结构,甚至包括母相结构,其电子自旋取向的变化同样会影响费米能级和费米表面形状,特别是费米表面的嵌套结构。

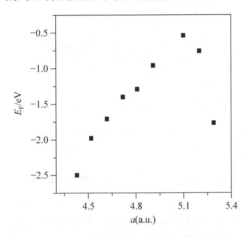

图 4.20　点阵常数对费米能级的影响[21]

## 4.5　Ni-Mn-Ga 合金的电子结构[28]

Ni-Mn-Ga 合金作为磁性形状记忆合金得到了广泛的关注。磁弹效应对其马氏体相变及其预相变具有重要的作用。这种磁弹性效应与体系的电子结构有关。Ni-Mn-Ga 合金相变中的四方畸变对合金的电子结构、费米表面嵌套、磁矩、磁各项异性能等有直接的影响。下面利用基于第一性原理的离散变分方法从原子间的相互作用的角度来分析 Ni-Mn-Ga 合金的电子结构及磁性特征。Ni-Mn-Ga 合金 $L2_1$ 单胞的原子结构如图 4.21 所示。

### 4.5.1　结合能

为了研究磁弹效应,计算了非铁磁态(NM)和铁磁态(FM)的结合能($E_b$)与晶格畸变($c/a$)的相互关系,如图 4.22 所示。从图 4.22(a)中可以看出,非磁性态的

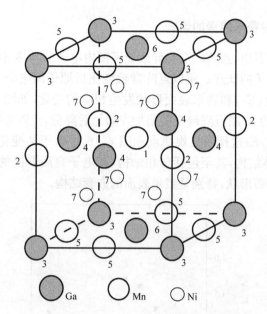

图 4.21　Ni-Mn-Ga 合金 L2₁ 单胞的原子结构示意图

第 1、2、5 号原子为 Mn 原子；第 3、4、6 号原子为 Ga 原子；第 7 号原子为 Ni 原子

结合能随着晶格畸变的增加呈现单调变化的趋势（逐渐减小），而计入磁性后的结合能则有三个最小值：7.6eV/atom（$c/a = 0.93$），5.8eV/atom（$c/a = 1.14$），5.5eV/atom（$c/a = 1.28$）。比较 Ni-Mn-Ga 合金中的马氏体结构和母相结构，其实就是一个四方畸变，点阵常数的差异主要体现在 $c/a$ 上。马氏体结构对应 $c/a \neq 1$，这三个最小值分别对应着可能形成的马氏体结构，在 Ni-Mn-Ga 合金中存在过渡相，也存在马氏体预相变，预相变过程中会存在晶体结构上的微小差异，以及微

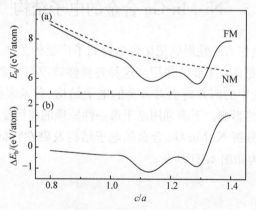

图 4.22　不同 $c/a$ 下的结合能(a)及其差值(b)[28]

FM 代表铁磁态；NM 代表非铁磁态

观组织会呈现花呢状。从图 4.22(b)中可以看出,磁性结合能与非磁性结合能的差异存在三个最小值,分别为 0.09eV/atom、0.11eV/atom、0.09eV/atom。磁弹效应是晶格畸变与磁矩的相互作用,这种结合能的差异可以用来表征磁弹效应的大小;由于磁弹效应对驱动马氏体相变有重要作用,所以稳定的马氏体结构可能是 0.09eV/atom 对应的 $c/a$,在这里存在两个值,另外一个对应的可能是一种过渡相。

### 4.5.2　费米能级

费米表面对马氏体预相变和马氏体相变有着深刻的意义,特别是费米表面上的自旋电子从一个态跃迁到另外一个态会影响母相结构的稳定性。图 4.23(a)给出了在铁磁态和非铁磁态下的费米能级与晶格畸变之间的相互关系,发现两者均随晶格畸变的增加而减小;两种状态下的费米能级差如图 4.23(b)所示,这个差值并不是随晶格畸变单调变化的。当 $c/a<0.9$ 时,非铁磁态的费米能级要低于铁磁态的费米能级;当 $c/a>0.9$ 时,铁磁态的费米能级要低于非铁磁态的费米能级。费米能级的高低反映了自旋电子在费米表面实现跃迁的难易程度,能级越低越容易实现跃迁,电子结构的变化会诱发晶体结构的变化,也反映磁性相变的同时会出现晶格畸变。

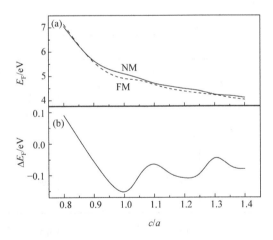

图 4.23　不同 $c/a$ 下的费米能级(a)及其差值(b)[28]

FM 代表铁磁态;NM 代表非铁磁态

### 4.5.3　原子间的交互作用能

可以通过分析铁磁态和非铁磁态下原子相互作用能来研究磁各向异性。对于 $L2_1$ 晶体结构,不同的原子对很多,为了清晰地说明原子之间的相互作用,以中心原子 Mn 为基点原子,重点考虑其他原子与此 Mn 原子的相互作用,同时考虑其方向性。不同原子间的相互作用就代表不同的方向,共有 6 种,如表 4.7 所示。6 种原子间的相互作用能如图 4.24 所示。从图中可以看出,这 6 种相互作用是完全不同的,表示晶体结构具有方向性;对于原子相互作用能的正负,表示原子间的相互是排除还是吸引,所以作用力的类型也有差异。图 4.24 给出了在铁磁态与非铁磁态下的原子间的相互作用能及其差值与晶格畸变的相互关系,由图可看出其呈现复杂变化的趋势,重要的是这种能量差异直接说明了磁各向异性。比较各原子间相互作用的大小发现,[110]方向是原子间相互作用力最大的方向,但磁各向异性最大的方向是[010]方向和[111]方向。由于理论计算是在 0K 下进行的,而实验测量是在室温下完成的,所以理论值与实验值可能会有一定的差异。

**表 4.7　不同方向上的原子对**

| 原子对 | 方向 |
| --- | --- |
| 1-2 | [110] |
| 1-3 | [111] |
| 1-4 | [010] |
| 1-5 | [011] |
| 1-6 | [001] |
| 1-7 | [111] |

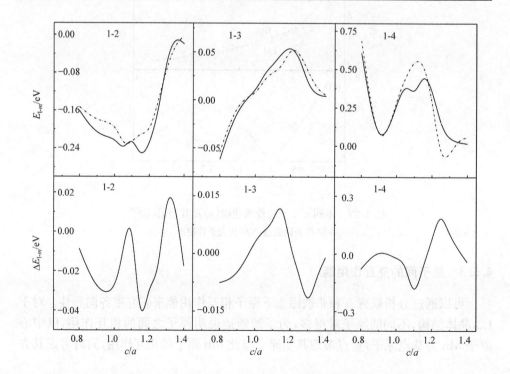

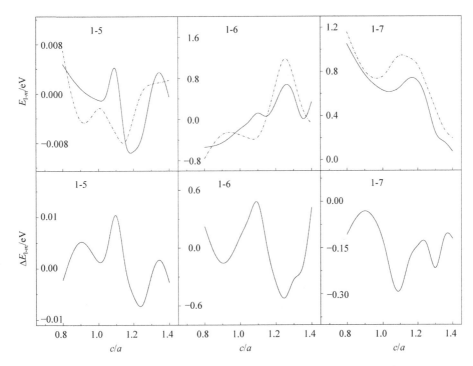

图 4.24　不同 $c/a$ 下的不同原子对间的交互作用能及铁磁态(实线)和
非铁磁态(点划线)之间的能量差[28]

### 4.5.4　键级

原子间的结合强度还可以通过原子间的键级(BO)大小来体现,如图 4.25
所示,这里同样比较铁磁态与非铁磁态之间的差异。由图可以看出,原子间的键
级与晶格畸变或原子间距是直接对应的,而且此键级直接表示的是金属原子间
的共价键特性。键级为正表示原子间是成键轨道,键级为负表示原子间是反键
轨道。BO1-2 和 BO1-5 是 Mn 原子间 3d4s 轨道之间的相互作用,BO1-3、BO1-4、
BO1-6 是 Mn 原子和 Ga 原子 4s4P 轨道间的相互作用,BO1-7 是 Mn 原子与 Ni
原子 3d4s 轨道之间的相互作用。当 $c/a=1.0$ 时,无论铁磁态还是非铁磁态下,
均有 BO1-7<BO1-4<BO1-3<0<BO1-5<BO1-2<BO1-6。两种磁性态下的键
级差体现了原子间轨道磁矩的差异,这种差异与磁各向异性紧密相关。如在
$c/a=1.0$ 时,ΔBO1-7>ΔBO14>ΔBO1-2>0>ΔBO1-5>ΔBO1-3>ΔBO1-6。结
合键级和原子间的相互作用能可以看出,两者均体现了 Ni-Mn-Ga 合金的磁各
向异性。

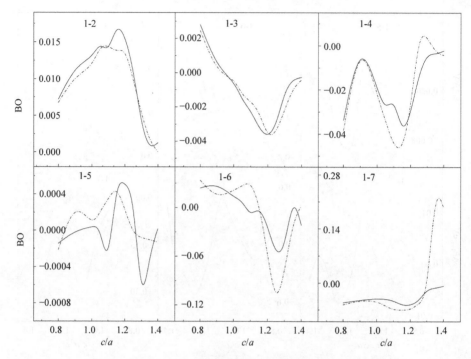

图 4.25　不同 $c/a$ 下的不同原子间的键级及铁磁态(实线)和
非铁磁态(点划线)之间的键级[28]

### 4.5.5　总态密度

Ni-Mn-Ga 合金处于铁磁态和非铁磁态下的总态密度如图 4.26 和图 4.27 所示。图中对两种晶格畸变下的总态密度进行了比较,其中 $c/a=0.8<1$ 表示压缩体系,$c/a=1.2>1$ 表示体系的膨胀效应。从图 4.26 中可以看出,随着 $c/a$ 的增加,在 $E=0$ 能级(作为费米能级)处的总态密度逐步增加,表示处于费米能级的电子态数较多,此刻体系电子发生跃迁的概率较大,电子结构的不稳定性会导致晶体结构的不稳定性,而且这个峰值正好对应着费米能级。对于铁磁态,电子会出现自旋劈裂,自旋向上的电子态密度与自旋向下的电子态密度并不完全相同,而且其峰值也不对应于费米能级,尽管最大值会随着畸变度的增大而增大,但最大值对应的能量值会发生偏移,自旋向上态密度的峰值对应的能量值与自旋向下对应的能量值之差也与晶格畸变有关。

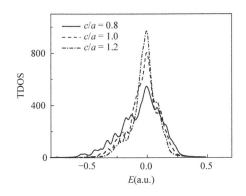

图 4.26　不同 $c/a$ 下非铁磁态下的
总态密度[28]

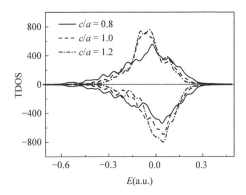

图 4.27　不同 $c/a$ 下铁磁态下的
总态密度[28]

### 4.5.6　电荷差分电荷密度

本节给出了（110）面铁磁态与非铁磁态的差分电荷密度图（$\Delta\rho=\rho$(FM)$-$$\rho$(NM)），同时考虑了晶格畸变的影响（$c/a=0.8,1.0,1.2$），如图 4.28 所示。图中的实现和虚线分别表示电荷的增加和减少。在中心 Mn 原子均存在负的自旋电子密度，随着 $c/a$ 值的增加，这种密度会呈现一定的方向性，会沿[001]方向拉长，而沿[110]方向是先扩展后压缩；针对第一近邻的 Mn 原子，和第一近邻的 Ni 原子，在 $c/a=0.8$ 时均是正的自旋电子云，随着 $c/a$ 的增加，逐步演化为负的自旋电子云，对于 Mn 的电子云主要是 $d_{xy}$ 轨道的贡献，对于 Ni 原子主要是 $d_{z2}$ 轨道的贡献。不同系统中的 3d 轨道由于对称性的差异对 Jahn-Teller 畸变有直接的贡献，在这里从 Mn、Ni 原子周围的差分电荷密度的角度更直观地体现了 Jahn-Teller 对 Ni-Mn-Ga 合金的马氏体相变有一定的关联。

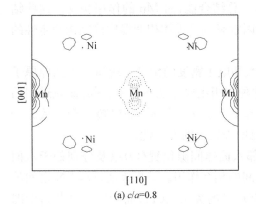

(a) $c/a$=0.8

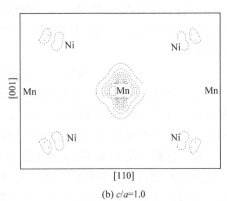

(b) $c/a$=1.0

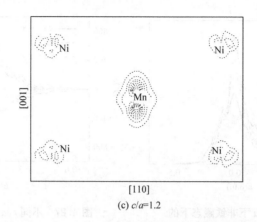

(c) $c/a$=1.2

图4.28　不同 $c/a$ 下(110)面的差分电荷密度图[28]

## 4.6 小　　结

（1）利用基于第一性原理的离散变分法（FP-DVM）计算了智能材料 Fe-Mn-Si 合金的电子结构，分析了 FCC 相的结构稳定性。Mn 和 Si 原子通过影响合金的电子浓度来对层错能的变化产生贡献：处于次近邻的 Si 原子减少了中心 Fe 原子的 d 带空穴数，而 Mn 的影响是先增加后减小。应变使原子团费米能级处的 TDOS 有明显的提高，同时使能隙减小、能级的简并性提高；应变使中心原子 Fe 的 3d/4s 轨道上的电子数减少、3d 轨道局域态密度变窄、费米能级处的局域态密度有所提高。以此说明应力诱发马氏体相变时过渡金属 3d 轨道的作用不可忽略；在应力方向上中心原子 Fe 的成键轨道有缩小的趋势，而垂直方向上出现了增强的成键轨道，这种轨道分布变化导致智能材料的结构稳定性减弱。利用简化模型计算了智能材料 Fe-Mn-Si 合金的结合能，发现 Si 降低体系总结合能，而 Mn 的作用相反。这些结果可以从电子结构的角度分析阐述各种因素影响马氏体相变温度或结构稳定性的本质原因。

（2）从键级、态密度、轨道电子占据数和电子密度的角度系统研究了间隙原子（N）与周围原子（Fe）之间的相互作用，这种作用主要体现在第一近邻；而轨道间的相互作用主要来自于 N 原子的 2p 轨道和 Fe 的 3d4s 轨道；晶格畸变会导致原子周围的电子密度发生重新分布现象，同时增强轨道的方向性。

（3）分析了在 FCC-Fe 中处于最近邻八面体间隙位置（O）以及分别处于八面体间隙与四面体间隙位置（T）的 N-N 之间的相互作用。结果表明，N 与 N 之间的平均键级均为负值，并存在 $|BO_{O-T}| < |BO_{O-O}|$ 的关系；(011)面的差分电荷密度图给出了更直观的描述。

(4) 基于第一性原理计算了智能材料 Fe-Mn 合金马氏体(HCP 结构)的电子结构及其磁性。用这种方法计算得到的马氏体电子结构比能带理论的计算值准确。理论计算得到 Fe-Mn 合金中马氏体的磁矩约为 $0.237\mu_B$,和实验值符合。计算结果表明,点阵畸变(点阵常数变化)对马氏体电子结构有重要的影响。

(5) 基于第一性原理计算了 Ni-Mn-Ga 合金的电子结构和铁磁性;基于原子间的交互作用能、键级、电子密度、态密度等分析比较了铁磁态和非铁磁态的差异,通过不同晶格畸变下各作用量的变化比较,研究了 Ni-Mn-Ga 合金的磁各向异性特征及产生的内在机理。

## 参 考 文 献

[1] Xu Z Y. FCC($\gamma$)→HCP($\varepsilon$) martensitic transformation[J]. Science in China(E),1997,27(4):289-293.

[2] Li J,Wayman C M. On the mechanism of the shape memory effect associated with $\gamma$(FCC)→$\varepsilon$(HCP) martensitic transformation in Fe-Mn-Si alloys[J]. Scripta Metallurgica et Materialia,1992,27:279-284.

[3] Shabalovskaya S,Lotkov A L,Nermoney A G,et al. Valence band evolution and structure instability nature of intermetallic compounds of TiNi-TiPd system[J]. Solid State Communications,1987,62(2):93-95.

[4] Zhao G L,Harmon B N. Electron-phonon interactions and the phonon anomaly in $\beta'$-phase NiTi[J]. Physical Review B,1993,48:2031-2036.

[5] Lapin V B,Egorushkin V E. Electronic structure of Ni-Ti,TiPd and Ti($Ni_{(1-x)}Pd_x$) alloys[J]. Soild State Communications,1990,73(7):471-475.

[6] Watson R E,Bennett L H. Model predications of volume contractions in transition-metal alloys and implications for Laves phase formation(II)[J]. Acta Metallurgical,1984,32(4):491-502.

[7] 徐祖耀. 马氏体相变与马氏体[M]. 北京:科学出版社,1999:690-700.

[8] Ellis D E,Benesch G A,Byrom E. Self-consistent embedded-cluster model for magnetic impurities:Fe,Co and Ni in $\beta'$-NiAl[J]. Physical Review B,1979,20(3):1198-1207.

[9] Delley B,Ellis D E,Freeman A J,et al. Binding energy and electronic structure of small copper particles[J]. Physical Review B,1983,27(4):2132-2144.

[10] Wan J F,Chen S P,Hsu T Y. Electronic structure and stability of FCC phase in Fe-Mn-Si shape memory alloys[J]. Science in China(E),2001,44(5):486-492.

[11] Atree R W, Plaskett T S. The self-energy and interaction energy of stacking fault in metals[J]. Philosophical Magazine,1956,1(10):885-911.

[12] Delehouzee L,Deruyttere A. The stack fault density in solid solutions based on copper,silver,nickel,aluminium and lead[J]. Acta Metallurgical,1967,15(5):727-734.

[13] Volosevich P Y,Gridnev V N,Petrov Y N. Influence of manganese on the stacking fault en-

ergy in Fe-Mn alloys[J]. Fizika Metallov i Metallovedenie,1976,42(2):372-379.

[14] Noskova N I,Pavlov V A,Nemonov S A. Comparing the stacking fault energy and electron structure[J]. Fizika Metallov i Metallovedenie,1965,20(6):920-924.

[15] Ye Y Y,Chan C T,Ho K H. Structure and electron properties of the martensitic alloys Ni-Ti,TiPd and TiPt[J]. Physical Review B,1997,2(56):3678-3689.

[16] 肖纪美. 合金能量学[M]. 上海:科技出版社,1985.

[17] Sato A,Yamaji Y,Mori T. Physical properties controlling shape memory effect in Fe-Mn-Si alloys[J]. Acta Metallurgical,1986,34(2):287-294.

[18] Tzuzaki K,Natsume Y,Maki T. Transformation reversibility in Fe-Mn-Si shape memory alloys[J]. Journal de Physique IV,1995,5(C8):409-414.

[19] 万见峰,陈世朴,徐祖耀. γ-Fe-N 合金中 N-Fe 的交互作用[J]. 上海交通大学学报,2001,35(3):356-359.

[20] 万见峰. FeMnSiCrN 形状记忆合金的马氏体相变[D].上海:上海交通大学,2000.

[21] 万见峰,陈世朴,范康年. Fe-Mn 合金马氏体的电子结构与磁性特性[J]. 原子与分子物理学报,2000,17:629-635.

[22] Zakharov A I,Narmonev A G,Batyrev I G. Photoelectron spectroscopy study of the change of the electron structure during FCC ↔ BCC transformations in iron-nickel alloys[J]. Physics of Metals and Metallography(USSR),1984,57(1):56-59.

[23] Kormilets V I,Belash V P,Klimova I N,et al. Electronic structure of the ε phase in an Fe-40% Mn alloy[J]. Physics of Metals and Metallography(USSR),1997,84(6):612-615.

[24] Ohno H,Mekata M. Antiferromagnetism in hcp iron-manganese alloys[J]. Journal of the Physical Society of Japan,1971,31(1):102-108.

[25] Ishikawa Y,Endoh Y. Antiferromagnetism of γ-FeMn Alloys[J]. Journal of Applied Physics,1968,39(2):1318.

[26] Tupitsa D I,Pilyugin V P,Patselov A M,et al. Stabilization of high-pressure HCP ε-phase of Iron-Manganese alloy:Role of structure and phase transformations[J]. Fizika Metallov i Metallovedenie,1992,8:101.

[27] 李俊清. 量子化学中的 Xα 方法及应用[M]. 合肥:安徽科学技术出版社,1985.

[28] Wan J F,Lei X L,Chen S P,et al. Electronic structure and ferromagnetic effect in Ni₂MnGa alloy[J]. Metallurgical and Materials Transactions A,2005,36A(1):262-267.

# 第 5 章　智能材料中的马氏体相变热力学

## 5.1　引　言

相变热力学的目的在于求得相变驱动力,进而计算得到相变温度,为材料设计提供依据。在合金中的马氏体相变、珠光体相变、贝氏体相变、有序-无序转变相变等中均会涉及相变热力学,并成为研究这些相变的一个重要分支[1]。对于不同的相变,利用经典相变热力学方法计算相变驱动力的方式也会有所不同,所利用的计算模型会有所差别,有规则溶液模型、几何对称模型等。除了计算模型,合金元素对相变热力学有重要的影响,不仅影响相变温度,还会影响相变的结构类型,例如,Fe-Mn 二元合金,当 Mn 含量大于 75at% 时,合金会发生 FCC-FCT 马氏体相变;当 Mn 含量在 50at% 附近,合金会发生 Spinodal 分解;当 Mn 含量小于 35at% 时,合金会发生 FCC-HCP 马氏体相变。当合金中含有间隙原子(如 C、N 等),在计算化学自由能时,需要利用中心原子模型,计算过程中间隙原子在不同晶体结构中与置换原子的相互作用能是非常重要的计算参数,很多情况是没有这些参数,从而导致相应的热力学计算无法进行。多元置换型合金同样面临原子间交互作用参数缺乏的问题。

结合相变的特征,用其他研究方法来表征或计算相变的驱动力。对于智能材料 Co 基合金和智能材料 Fe-Mn-Si 基合金[2],其相变机制是层错形核机制,层错在相变中具有重要的作用,所以可以将相变驱动力建立在层错能的基础上;考虑到层错概率与层错能之间的反比关系,进一步将驱动力建立在层错概率的基础之上,而层错概率是一个可测量的数值,这样可以通过实验的方法得到相变的驱动力。合金元素对相变温度、相变驱动力有直接的影响,所以也可将驱动力直接表示为合金元素的函数。马氏体相变属于切变型相变,相变的驱动力可表示为临界切应力的函数。目前在热力学计算方面,CALPHAD 方法是非常成功的计算方法;第一性原理计算常用于相变热力学计算,特别是在获得模型参数方面具有重要作用。

## 5.2　FCC-HCP 马氏体相变热力学

在智能材料 Fe-Mn-Si 合金中发生 FCC-HCP 马氏体相变,相应的相变热力学理论计算与分析已完成,而在此类合金中添加间隙型合金元素 N 后,合金的相变温度以及相变驱动力随 N 含量的变化规律还需要进一步的研究。Chou 模型将多元置换型合金的超额自由能建立在二元体系的基础上,从而解决了这类合金体系自由能的计算问题[3]。间隙原子的引入必然会影响体系的自由能,目前比较成熟的计算方法是建立间隙原子的几何模型[2,4],计算只需要间隙原子与置换原子间的交互作用参数,简洁可行。下面结合 Chou 模型和间隙原子的几何模型[4]对 Fe-Mn-Si-Cr-N 合金的体系自由能进行理论分析,根据测得的相变温度可得到相变的临界驱动力。

### 5.2.1　热力学计算方法

将这类体系的自由能 $\Delta G^\phi$ 看成两部分之和,即

$$\Delta G^\phi = \Delta G^\phi(\text{sub}) + \Delta G^\phi(\text{int}) \tag{5.1}$$

其中,$\Delta G^\phi(\text{sub})$ 和 $\Delta G^\phi(\text{int})$ 分别为与置换相关部分和与间隙相关部分的自由能,$\phi$ 代表 $\gamma$ 或 $\varepsilon$。这两部分其实在前面对层错能的分析中已明确给出,将它们合并起来为

$$\Delta G^\phi = \sum_{i=1}^N x_i(\text{sub})\Delta G_i^\phi + \sum_{i=1}^N W_{ij}^E [A_{ij}^0 + A_{ij}^1 (X_i - X_j) + A_{ij}^2 (X_i - X_j)^2]$$

$$+ \frac{6x_N \sum_{i=1}^N x_i U_{iN}^\phi \exp\left(\dfrac{U_{iN}^\phi}{RT}\right)}{\sum_{i=1}^N x_i \exp\left(\dfrac{U_{iN}^\phi}{RT}\right)} + RT\ln(\beta^\phi + 1)f(\tau) \tag{5.2}$$

除此之外,徐祖耀[2]将低层错能合金的临界相变驱动力表示为层错能的函数,并进一步将其建立在可测量的层错概率基础上:

$$\Delta G_{\text{ch}}^{\gamma \to \varepsilon} = C + \frac{D}{P_{\text{sf}}} \tag{5.3}$$

将其用于 Fe-Mn-Si 合金,得到上述关系式中的两个参数 $C = 34.69 \pm 16.5$、$D = 0.3343 \pm 0.047$。

### 5.2.2　计算结果与相关讨论

表 5.1 是利用上述热力学模型得到的计算结果,其中 $M_s$ 通过电阻法测得。图 5.1 是根据热力学模型计算所得到的合金(0.14wt%N)中 FCC 相和 HCP 相的 Gibbs 自由能及驱动力 $\Delta G^{\gamma \to \varepsilon}$ 与温度的关系曲线。图 5.1 (a)中的实线和点划线分别表示含 0.14wt%N 合金 $\gamma$ 相和 $\varepsilon$ 相的 Gibbs 自由能随温度的变化,根据曲线的交点可确定两相的平衡温度 $T_0$(319K)和 $(M_{s(\text{Exp})} + A_{s(\text{Exp})})/2$ 相近。合金在 $M_s$ 的临界相

变驱动力为$-181J/mol$(图 5.1(b))。

**表 5.1　实验 $M_s$ 及计算的 $\Delta G_c^{\gamma \to \varepsilon}$ 和 $T_0$**

| 合金/wt% | $M_s$/K | $\Delta G^{\gamma \to \varepsilon}$/(J/mol) | $T_{0(Exp)}$/K | $T_{0(Cal)}$/K |
|---|---|---|---|---|
| Fe-Mn-Si-Cr-0.007N | 291 | 149 | 331 | 325 |
| Fe-Mn-Si-Cr-0.086N | 259 | 170 | 327 | 320 |
| Fe-Mn-Si-Cr-0.14N | 243 | 181 | 324 | 319 |

图 5.2 给出了间隙原子 N 的含量与 Fe-Mn-Si-Cr 基合金临界相变驱动力之间的关系曲线。实验结果表明,N 含量增加会增大合金所需的相变驱动力,这种结果和前面对层错能、应变能的分析是一致的。根据 Eshelby 弹性夹杂理论计算的结果,N 增加了马氏体和层错的弹性应变能,而应变能和层错能恰恰是马氏体相变的阻力部分,特别是对低层错能的 Fe-Mn-Si 基合金更是如此。

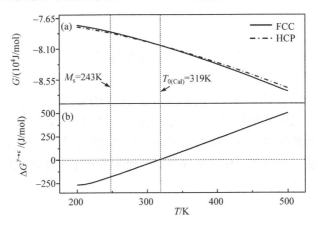

图 5.1　合金(0.14wt%N)中 FCC 相和 HCP 相的 Gibbs 自由能及
驱动力与温度的关系

根据理论模型计算的临界驱动力如图 5.2 所示。此处是五元合金,含有间隙原子,而三元体系相对要简单一些。但体系的差异所影响的应该是参数 $C$、$D$,并不改变式(5.3)所反映的规律。为了得到适用于本研究体系的参数 $C$、$D$,将计算得到的驱动力与实验所得的层错概率进行回归,得到如下关系(图 5.3):

$$\Delta G^{\gamma \to \varepsilon} = 100.83 + \frac{0.3034}{P_{sf}} \tag{5.4}$$

和其他人的关系式相比,$D$ 基本一致,主要不同是 $C$,这可能是由间隙原子的影响所致。

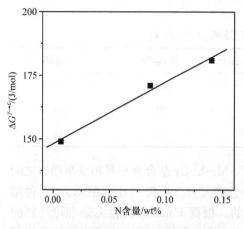

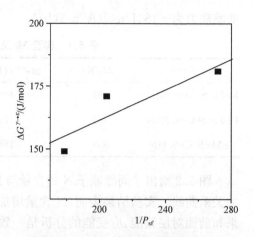

图 5.2　N 含量与 Fe-Mn-Si-Cr 基合金临界　　　图 5.3　合金的层错概率倒数与合金
　　相变驱动力之间的关系　　　　　　　　临界相变驱动力之间的关系

# 5.3　层错热力学

　　合金的层错能是温度和合金成分的函数,理想的层错能热力学计算模型应建立在合金成分和温度的基础之上。对于间隙原子的处理,Yakubtsov 等[4] 所建立的模型非常成功地处理了包含间隙原子的合金的层错能计算问题,这是一个相对完善的计算方法。下面将利用这个方法来处理本书研究的合金体系。

## 5.3.1　层错能的计算

### 1. 计算模型

　　在面心立方结构中,$a/6\langle 112\rangle$ 不全位错的滑移面为原子密排面 $\{111\}_{FCC}$,形成的层错破坏了密排面的正常堆垛顺序,相当于在 FCC 中生成了一片包含两层 HCP 的结构。对于纯金属,可以认为层错能 $\gamma_{sf}$ 是具有两层 FCC 结构($\gamma$)原子与具有两层 HCP 结构($\varepsilon$)原子的 Gibbs 自由能差,即

$$\gamma_{sf} = \frac{1}{8.4V^{2/3}}\Delta G^{\gamma \to \varepsilon} \tag{5.5}$$

其中,$V$ 是金属的摩尔体积。对于合金,其面心立方结构与密排六方结构的 Gibbs 自由能之差并不严格地等于层错能,因为层错区同基体相的合金成分不同,特别是一些间隙原子如 C、N 由于铃木效应在层错区和在基体内浓度有明显的差别。基于此,层错能可表示为

$$\gamma_{sf} = \gamma_b + \gamma_s + \gamma_m \tag{5.6}$$

其中，$\gamma_b$ 是单位面积的 FCC 相和 HCP 相之间的能量差，$\gamma_s$ 是由于偏聚等原因使合金元素在层错区和在基体中的浓度不同而引起的能量变化，$\gamma_m$ 是磁性对 $\gamma$ 的贡献。这样上述层错能的表达式可表示为

$$\gamma_{sf} = \frac{1}{8.4V^{2/3}} (\Delta G_b^{\gamma \to \varepsilon} + \Delta G_s^{\gamma \to \varepsilon} + \Delta G_m^{\gamma \to \varepsilon}) \tag{5.7}$$

下面具体建立各部分自由能的表达式。

1）$G_b^{\gamma \to \varepsilon}$(sub) 和 $G_b^{\gamma \to \varepsilon}$(int) 的计算

$G_b^{\gamma \to \varepsilon}$(sub) 是全部由置换原子组成体相的自由能。对于 Fe-Mn-Si-Cr 形状记忆合金，已建立了相变热力学计算模型[2]，由此得到 $G_b^{\gamma \to \varepsilon}$(sub) 如下：

$$G_b^{\gamma \to \varepsilon}(\text{sub}) = \sum_{i=1}^{N} X_{(\text{sub})_i} \Delta G_b^{0(\gamma \to \varepsilon)}(\text{sub})_i + \Delta G_b^{E(\gamma \to \varepsilon)}(\text{sub}) \tag{5.8}$$

其中，$\Delta G_b^{0(\gamma \to \varepsilon)}(\text{sub})_i$ 为 $i$ 组元的非磁性状态下的自由能，$\Delta G_b^{E(\gamma \to \varepsilon)}(\text{sub})$ 是混合超额自由能。Fe-Mn-Si-Cr 合金中各合金元素的晶格稳定参数取自 Dinsdale 的工作（SGTE DATA）[5]。

根据规则溶液模型，Fe-Mn-Si-Cr 合金中对应的六个二元系的混合超额 Gibbs 自由能为

$$G_{ij}^E = X_i Y_j [A_{ij}^0 + A_{ij}^1 (X_i - Y_j) + A_{ij}^2 (X_i - Y_j)^2] \tag{5.9}$$

其中，$A_{ij}^K$ 表示任一二元系混合超额自由能的参数，只与温度有关，而与合金的成分无关，$K = 0, 1, 2$；$X_i$、$X_j$ 是合金元素在相关二元体系中的原子百分数。Chou 等[3] 将 $X_{i(ij)}$ 定义为

$$X_{i(ij)} = x_i + \sum_{\substack{k=1 \\ k \neq i, j}} x_k \frac{\eta(ij, ik)}{\eta(ij, ik) + \eta(ji, jk)} \tag{5.10a}$$

$\eta(ij, ik)$ 是二元超额自由能的函数：

$$\eta(ij, ik) = \int_0^1 (G_{ij}^E - G_{ji}^E)^2 \, dX_i \tag{5.10b}$$

当体系中含有间隙溶质原子时，自由能的计算中必须包含间隙原子同其他溶质原子的交互作用，这给计算增加了许多困难。Ko 等[6] 提出的热力学处理考虑了间隙原子的影响。这里，间隙原子在 FCC 相和 HCP 相中自由能之差用间隙原子同最近邻置换原子的交互作用能来表征。所以 $\Delta G_{b(\text{int})}^{\gamma \to \varepsilon}$ 表示为

$$\Delta G_{b(\text{int})}^{\gamma \to \varepsilon} = E_N^{\varepsilon} - E_N^{\gamma} \tag{5.11}$$

其中，$E_N^{\varepsilon}$ 和 $E_N^{\gamma}$ 分别为间隙原子 N 在 FCC 相和 HCP 相中与置换原子的交互作用能。在这个热力学模型中作了以下的近似：①只考虑 N 同最近邻置换原子间的交互作用；②置换原子间的交互作用近似为 0；③合金元素的分布是均匀的；④忽略点阵参数的影响。

在 FCC 结构中存在两种间隙位,即八面体间隙位和四面体间隙位,相比而言,N 最可能位于 Fe 基多元合金的八面体间隙位置。Yakubtsov 等[4]考虑了 N 位于八面体间隙位置的情形,在其周围有六个最近邻的原子,存在以下关系:

$$E_N^\phi = \frac{6x_N \sum\limits_{i=1}^{N} x_i U_{iN}^\phi \exp\left(\dfrac{U_{iN}^\phi}{RT}\right)}{\sum\limits_{i=1}^{N} x_i \exp\left(\dfrac{U_{iN}^\phi}{RT}\right)}, \quad \phi = \gamma, \varepsilon \tag{5.12}$$

其中,$U_{iN}^\phi$ 是 $i$ 型置换原子同间隙原子 N 的交互作用能。

Kaufman 等[7]认为

$$U_{ij}^\varepsilon = \Delta G_i^{\gamma \to \varepsilon} + U_{ij}^\gamma \tag{5.13a}$$

$$U_{iN}^\varepsilon - U_{jN}^\varepsilon = (U_{iN}^\gamma - U_{jN}^\gamma) + (\Delta G_i^{\gamma \to \varepsilon} - \Delta G_j^{\gamma \to \varepsilon}) \tag{5.13b}$$

由式(5.12)及式(5.13)可以计算位于四面体间隙的 N 原子从 FCC 相到 HCP 相的 Gibbs 自由能的变化。

2) $\Delta G_s^{\gamma \to \varepsilon}$ 的计算

Ishida[8]将合金元素在层错处偏聚导致的自由能变化分成三部分:

$$\Delta G_s^{\gamma \to \varepsilon} = \Delta G_{chem} + \Delta G_{sur} + \Delta G_{els} \tag{5.14}$$

其中,$\Delta G_{chem}$ 是铃木偏聚导致的化学自由能变化,$\Delta G_{sur}$ 是由于在基体和层错区合金元素浓度不同产生的表面自由能,$\Delta G_{els}$ 是偏聚区具有不同原子尺寸所导致的弹性自由能。为计算 $\Delta G_{chem}$,仍将其分为置换原子和间隙原子部分,即

$$\Delta G_{chem} = \Delta G_{chem(sub)} + \Delta G_{chem(ini)} \tag{5.15}$$

根据平衡条件有

$$\frac{dG^\gamma}{dX_b} = \frac{dG^\varepsilon}{dX_s}$$

其中,$G^\gamma$ 和 $G^\varepsilon$ 分别是 $\gamma$ 相和 $\varepsilon$ 相(层错区)的自由能,$X_b$ 和 $X_s$ 分别是合金元素在基体和层错区的摩尔分数。为了得到合金元素在基体和层错区的浓度,将 $\gamma$ 相和 $\varepsilon$ 相(层错区)分别作为规则溶液处理,可得到合金元素在层错区的浓度为

$$X_{s(i)}^\varepsilon = \frac{1}{1 + \sum\limits_j \dfrac{X_{b(j)}^\gamma}{X_{b(i)}^\gamma} \exp\left(\dfrac{\Delta G_i^{\gamma \to \varepsilon} - \Delta G_j^{\gamma \to \varepsilon}}{RT}\right)} \tag{5.16}$$

对于 N 元素的浓度,则可简化为

$$X_{s(i)}^\varepsilon = \frac{1}{1 + \dfrac{1 - X_{b(N)}^\gamma}{X_{b(N)}^\gamma} \exp\left(\dfrac{-\Delta_i}{RT}\right)} \tag{5.17}$$

其中,$\Delta_i$ 是间隙原子(如 C 或 N)在 FCC 结构中同位错的交互作用势。

通过式(5.16)和式(5.17)可以得到置换原子和间隙原子的化学自由能：

$$\Delta G_{chem} = RT \sum_i X_{b(i)} \ln \frac{X_{s(i)}}{X_{b(i)}} \tag{5.18}$$

在 Ericsson[9]的研究中,将表面自由能归于合金元素的偏聚,计算公式如下：

$$\Delta G_{sur} = \frac{1}{4} \Delta_2 (X_s - X_b)^2 \tag{5.19}$$

其中,$\Delta_2$ 是合金元素和层错的交互作用,$X_s$ 和 $X_b$ 分别是合金元素在层错和合金中的浓度,由于不全位错的运动本身是一种切变,在此处只考虑间隙原子与层错的作用。$\Delta G_{els}$这部分能量在一般的热力学计算中常常是被忽略的,这里也不作具体计算。

3) $\Delta G_m^{\gamma \to \varepsilon}$ 的计算

磁性自由能通常用式(5.20)加以计算[10]：

$$G_m = RT\ln(\beta + 1)f(\tau) \tag{5.20}$$

其中,$\tau = T/T_N$,$T$ 为实际温度,$T_N$为反铁磁相变点。

当 $\tau < 1$ 时,有

$$f(\tau) = 1 - \frac{\frac{79\tau^{-1}}{140p} + \frac{474}{497}\left(\frac{1}{p} - 1\right)\left(\frac{\tau^3}{6} + \frac{\tau^9}{135} + \frac{\tau^{15}}{600}\right)}{A} \tag{5.21}$$

当 $\tau > 1$ 时,有

$$f(\tau) = -\frac{\frac{\tau^{-5}}{10} + \frac{\tau^{-15}}{315} + \frac{\tau^{-23}}{1500}}{A} \tag{5.22}$$

其中,$A = \frac{518}{1125} + \frac{11692}{15975}(p - 1)$,对于 FCC 和 HCP 结构,$p = 0.28$。

根据文献[2],可得到 Fe-Mn-Si-Cr 合金 FCC 相和 HCP 相的磁性参数。从磁性参数可以看出,在 FCC 相中,Si 对 $T_N$的影响较大,而在 HCP 相中,$T_N$仅与 Mn 含量有关。N 元素对磁性作用比较复杂,为了计算的方便,予以忽略。

2. 计算结果与讨论

采用上述方法,对 Fe-25Mn-6Si-5Cr-$x$N(wt%)合金在室温(298K)的层错能进行了计算,结果如图 5.4 所示。A 是根据上面的模型得到的层错能随 N 含量的变化曲线,B 是包含层错应变能的层错能曲线,层错的应变能为 14J/mol 左右(约

为 $1mJ/m^2$）。对于不含 N 原子的 Fe-25Mn-6Si-5Cr 合金的层错能，则是 $\omega_N$
（wt%）$\rightarrow$0 时的极限值 $5.25mJ/m^2$。图 5.4 反映了合金层错能随 N 含量的变化
趋势（$\omega_N$<0.2wt%），表明 N 能增加合金的层错能。N 在合金中对层错能的影响
主要表现在两个方面：N 和合金中的其他溶质原子（置换型）之间的交互作用，它
增加合金的层错能；在合金中，偏聚对层错能具有负影响，即降低合金的层错能。
当 N 含量比较低时，N 和其他溶质原子的交互作用占主导作用，偏聚的作用不明
显，由于这种合金的层错能本身就很低（<$10mJ/m^2$），所以层错能的增加值很小。
实验中已测得合金的层错概率随 N 含量的增加而减小，含 0wt%N 和 0.05wt%N
Fe-Mn-Si 基合金的层错概率分别为 $1.8\times10^{-3}$ 和 $1.6\times10^{-3}$。根据 $\gamma_{sf}\propto1/P_{sf}$，可
知少量的 N 增加了合金的层错能，和本章计算所得的趋势相符。

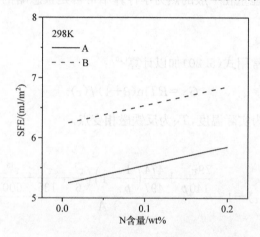

图 5.4　合金的层错能（SFE）与 N 含量的关系曲线

### 5.3.2　温度对层错能的影响规律

前面提到温度是影响层错能的重要因素。在温度变化时，磁性和偏聚对层错
的作用一定会变化。本节以上面的模型为基础，具体分析温度与层错能间的变化
规律。

#### 1. 计算方法

Ericsson[9]考虑了影响层错能的各种因素，并将层错能分成三部分，如
式（5.14）所示。将此式对温度（$T$）求导可得到如下重要关系式：

$$\frac{d\gamma_0}{dT}=\frac{d\gamma^{TOT}}{dT}=\frac{d\gamma^{ch}}{dT}+\frac{d\gamma^{seg}}{dT}+\frac{d\gamma^{MG}}{dT}\tag{5.23}$$

其中，$d\gamma^{ch}/dT$ 是单位面积的 ε 相和 γ 相的化学自由能之差在层错能中的组成部分

对温度的偏导，$d\gamma^{seg}/dT$ 是由于合金元素在层错区的偏聚所引起的能量变化对温度的偏导，$d\gamma^{MG}/dT$ 是磁性对层错能的贡献对温度的偏导。

1）$d\gamma^{ch}/dT$ 的计算

根据规则溶液模型可得到两相自由能之差的基本表达式：

$$\Delta G^{\gamma\to\varepsilon} = \sum_{i=1}^{n} x_i \Delta G_i^{\gamma\to\varepsilon} + \frac{1}{2} \sum_{i=1}^{n} \sum_{j=1}^{n} \Omega_{ij} x_i x_j \tag{5.24}$$

其中，$x_i$ 为合金中第 $i$ 种组元的原子百分比；$\Delta G_i^{\gamma\to\varepsilon}$ 为组元 $i$ 发生 $\gamma\to\varepsilon$ 相变时的化学自由能之差；$\Omega_{ij}$ 为组元 $i$、$j$ $(i\neq j)$ 之间的交互作用系数。假定温度对 $\Omega_{ij}$ 的影响很小，则有如下关系式：

$$\frac{d\gamma^{ch}}{dT} = \frac{d\Delta G^{\gamma\to\varepsilon}}{dT} = \sum_{i=1}^{n} x_i \frac{d\Delta G_i^{\gamma\to\varepsilon}}{dT} \tag{5.25}$$

2）$d\gamma^{seg}/dT$ 的计算

对于合金元素在层错处偏聚，Ishida[8] 给出了定量的计算方法。在其基础上可得到合金元素偏聚与温度之间的变化关系如下：

$$\frac{d\gamma^{seg}}{dT} = \frac{d\Delta G^{ch(s)}}{dT} + \frac{d\Delta G^{sur(s)}}{dT} + \frac{d\Delta G^{els(s)}}{dT} \tag{5.26}$$

其中，$d\Delta G^{ch(s)}/dT$ 是 Suzuki 偏聚引起的化学自由能差对 $T$ 的偏导；$d\Delta G^{sur(s)}/dT$ 为层错区合金元素成分不同导致的表面能对 $T$ 的偏导；$d\Delta G^{els(s)}/dT$ 为弹性应变能（由于偏聚而引起的平均原子尺寸变化）对 $T$ 的偏导。对于弹性应变能，无论是置换原子还是间隙原子，其浓度变化很小，相应的影响都是非常小的，可认为 $\Delta G^{els(s)}\approx 0$。所以在下面的计算中，近似处理为 $d\Delta G^{els(s)}/dT=0$。根据文献[8]，有如下关系式：

$$\frac{d\Delta G^{ch(s)}}{dT} = \frac{d\left[ RT \sum_{i=1}^{n} x_i \ln\left(\frac{x_i^s}{x_i}\right) \right]}{dT} = Rx_i \left[ \sum_i \ln\left(\frac{x_i^s}{x_i}\right) + T \sum_i \left(\frac{1}{x_i^s} \cdot \frac{dx_i^s}{dT}\right) \right]$$
$$\tag{5.27}$$

其中，$x_i^s$ 为第 $i$ 种合金在层错区的偏聚浓度。对于 $d\Delta G^{sur(s)}/dT$，有如下表达式：

$$\frac{d\Delta G^{sur(s)}}{dT} = \frac{1}{2} W(x_i^s - x_i) \frac{dx_i^s}{dT} \tag{5.28}$$

其中，参数 $W$ 是合金元素与层错的交互作用能。

3) $d\gamma^{MG}/dT$ 的计算

根据磁矩-温度变化曲线,一般认为体系的平均磁矩对温度的变化不大,主要是发生磁性转变时会有明显的变化。这里假定体系的磁矩在温度变化时保持不变,以便于计算。根据文献[10]得到磁性自由能对温度求导:

$$\frac{d\gamma^{MG}}{dT} = \frac{d\Delta G^{M(\gamma \to \varepsilon)}}{dT} \qquad (5.29a)$$

$$\frac{d\Delta G^{M}}{dT} = R\ln(\beta+1)\left[f(\tau) + T\frac{df(\tau)}{dT}\right] \qquad (5.29b)$$

其中,$\beta$ 为合金的平均磁矩;$\tau = T/T_C$,$T$ 为合金的温度,$T_C$ 为合金的磁性转变点,$f(\tau)$ 为 $\tau$ 的相关函数。

2. 计算结果与讨论[11]

利用上述计算公式对 Fe-Cr-Ni 合金、Fe-Mn-Cr-C 合金、Fe-Cr-Ni-C 合金、Fe-Mn-Si 合金以及 Fe-Mn-Si-C 合金的 $d\gamma_0/dT$ 进行了热力学计算,并同前人的实验结果和理论计算结果进行对比。各元素在不同结构中的晶格稳定常数可参考文献[5],由此可得到单一组员的 $\Delta G_i^{\gamma \to \varepsilon}$。对于 C 的 $\Delta G_C^{\gamma \to \varepsilon}$ 值,下面将石墨(graphite)与金刚石(diamond)的化学自由能差近似处理为 $\Delta G_C^{\gamma \to \varepsilon}$($\Delta G_C^{\gamma \to \varepsilon} = 4.88T - 0.01T\ln T + 135400T^{-1} + 3.3 \times 10^6 T^{-2} - 9 \times 10^8 T^{-3}$)。将分开计算置换型和间隙型合金体系的层错能与温度的关系,并分析讨论。

1) 置换型 Fe 基合金

从表 5.2 可以看出,对 Fe-(17~20)Cr-(12~15)Ni(at%)合金,随温度降低,偏聚的作用($d\gamma^{seg}/dT$)逐渐增强,而根据元素的晶格稳定常数得到的 $d\gamma^{ch}/dT$ 值对温度没有变化,且满足 $\dfrac{d\gamma^{seg}}{dT} \cdot \dfrac{d\gamma^{ch}}{dT} < 0$,这表明偏聚和化学自由能对层错能的作用效果相反。因为缺乏这类合金磁性的相关参数,所以没有计算 $d\gamma^{MG}/dT$。从表中可以看出,计算结果与实验测定值基本符合。Rémy 等[12,13]的计算值与实验值有较大的差异,其原因是将 $d\gamma_0/dT$ 看成一个与温度无关的常量。表 5.2 给出了 Fe-Mn-Si 合金 $d\gamma_0/dT$ 的计算结果,发现 $d\gamma^{MG}/dT$ 均随温度的升高而增加,且满足如下关系:$d\gamma^{MG}/dT < 0$。尽管偏聚对层错的作用与化学自由能对层错的作用相反,但所计算 Fe-Mn-Si 合金的 $d\gamma^{seg}/dT$ 随温度的升高而增加,它同 Fe-Cr-Ni 合金的 $d\gamma^{seg}/dT$ 变化规律相反。究其原因,Mn 元素的饱和气压低,属于易挥发合金元素,所以其活动性强,从而导致层错偏聚的反常变化。另外要重点关注的是,$d\gamma^{seg}/dT$、$d\gamma^{MG}/dT$ 都比 $d\gamma^{ch}/dT$ 要小,这说明合金元素偏聚和体系的磁性自由能对 Fe-Mn-Si 合金层错能具有较小的影响。

**表 5.2 温度对置换型 Fe 基合金层错能(SFE)的影响[11]**

| 合金/wt% | $\left(\dfrac{\mathrm{d}\gamma_0}{\mathrm{d}T}\right)^{\mathrm{Exp}}$ /(mJ/(m²·K)) | $\left(\dfrac{\mathrm{d}\gamma_0}{\mathrm{d}T}\right)^{\mathrm{Cal}}$ /(mJ/(m²·K)) | | | | | $\left(\dfrac{\mathrm{d}\gamma_0}{\mathrm{d}T}\right)^{\mathrm{Cal}[13]}$ /(mJ/(m²·K)) |
|---|---|---|---|---|---|---|---|
| | | 温度/K | $\dfrac{\mathrm{d}\gamma^{\mathrm{ch}}}{\mathrm{d}T}$ | $\dfrac{\mathrm{d}\gamma^{\mathrm{seg}}}{\mathrm{d}T}$ | $\dfrac{\mathrm{d}\gamma^{\mathrm{MG}}}{\mathrm{d}T}$ | $\dfrac{\mathrm{d}\gamma^{\mathrm{TOT}}}{\mathrm{d}T}$ | |
| Fe-17Cr-14Ni | 0.08[14] | 200 | | −0.094 | | 0.003 | 0.18[13] |
| | | 300 | | −0.049 | | 0.048 | |
| | | 400 | 0.097 | −0.031 | | 0.066 | |
| | | 500 | | −0.022 | | 0.0075 | |
| | | 600 | | −0.016 | | 0.081 | |
| Fe-19Cr-13Ni | 0.06[14] | 200 | | −0.088 | | 0.008 | 0.17[13] |
| | | 300 | | −0.045 | | 0.051 | |
| | | 400 | 0.096 | −0.028 | | 0.068 | |
| | | 500 | | −0.020 | | 0.076 | |
| | | 600 | | −0.015 | | 0.081 | |
| Fe-19Cr-12Ni | 0.10[15] | 200 | | −0.082 | | 0.016 | 0.17[13] |
| | | 300 | | −0.042 | | 0.056 | |
| | | 400 | 0.098 | −0.027 | | 0.071 | |
| | | 500 | | −0.019 | | 0.079 | |
| | | 600 | | −0.015 | | 0.083 | |
| Fe-20Cr-15Ni | 0.05[15] | 200 | | −0.098 | | −0.005 | 0.16[13] |
| | | 300 | | −0.049 | | 0.044 | |
| | | 400 | 0.093 | −0.030 | | 0.063 | |
| | | 500 | | −0.020 | | 0.073 | |
| | | 600 | | −0.016 | | 0.076 | |
| Fe-25Mn-11Si | | 200 | | −0.001 | −0.007 | 0.092 | |
| | | 300 | | −0.003 | −0.002 | 0.095 | |
| | | 400 | 0.100 | −0.004 | −0.001 | 0.095 | |
| | | 500 | | −0.005 | ≈0 | 0.095 | |
| | | 600 | | −0.006 | ≈0 | 0.095 | |

注:表达式中,上角 Exp 表示实验结果,Cal 表示计算结果,[13]表示由文献[13]得到的结果。

2) 间隙型 Fe 基合金

间隙原子 C 加入 Fe 基合金后其力学性能、磁性能等都会有所改变。但目前还无法处理间隙原子对 Fe 基合金磁性的影响,也没有相关的定量计算理论,也缺乏相关的实验结果。Rémy 等[12,13]利用节点法测定了不同温度下 Fe-20Mn-4Cr-0.5C(wt%)合金的层错能,并进行了相应的热力学理论计算。从层错能与温度的关系看,$\gamma_0$ 与 $T$ 并非线性关系,当 $T > 300K$ 时,$\gamma_0$ 的变化加剧,Rémy 认为这是磁性的作用;在 400K,$d\gamma^{MG}/dT = 0.29mJ/(m^2 \cdot K)$,这个数值的确比较大,同时计算得到的 $d\gamma_0/dT = 0.20mJ/(m^2 \cdot K)$,与实验值 $(d\gamma_0/dT)^{Exp} = 0.08mJ/(m^2 \cdot K)$ 相差太大。所以磁性对层错能是否有如此大的作用值得怀疑。基于这种疑问,利用上述方法对这种合金进行了计算,计算结果及相关的前人实验结果、前人的理论计算值如表 5.3 所示。对比发现,本书计算得到的磁性对层错能的作用很小,且 $d\gamma^{MG}/dT$ 随温度的升高而减小,这与 Rémy 计算得到的 $d\gamma^{MG}/dT$-$T$ 变化规律相反。基于 Jin 等[16]对 Fe-Mn-Si 合金的相变热力学计算结果,磁性对马氏体相变自由能的贡献 $\Delta G^{MG(\gamma \to \varepsilon)}$ 比较小,也是随温度的升高而降低。另外,Huang[17]计算了 Fe-Mn 合金的 $\Delta G^{MG(\gamma \to \varepsilon)}$,其计算结果也表明磁性这一项很小。这与上面的计算结果是一致的。对于 Fe-Cr-Ni-C 合金[18]的各项 $d\gamma/dT$,计算结果与测量值符合得很好(表 5.3)。在智能材料 Fe-Mn-Si 形状记忆合金中加入 C,可提高其记忆特性,所以表 5.3 中也给出了 Fe-27Mn-6Si-0.4C(wt%)合金在 200~600K 温度范围内的各项 $d\gamma/dT$ 值,这对于深入研究和开发新型智能材料 Fe-Mn-Si 基合金具有积极的科学意义和工程意义。

**表 5.3　温度对间隙型 Fe 基合金层错能(SFE)的影响[11]**

| 合金/wt% | 温度 /K | $\left(\dfrac{d\gamma_0}{dT}\right)^{Exp}$ /(mJ/(m²·K)) | $\left(\dfrac{d\gamma_0}{dT}\right)^{Cal}$ /(mJ/(m²·K)) | | | | $\left(\dfrac{d\gamma_0}{dT}\right)^{Cal[12]}$ /(mJ/(m²·K)) | |
|---|---|---|---|---|---|---|---|---|
| | | | $\dfrac{d\gamma^{ch}}{dT}$ | $\dfrac{d\gamma^{seg}}{dT}$ | $\dfrac{d\gamma^{MG}}{dT}$ | $\dfrac{d\gamma^{TOT}}{dT}$ | $\dfrac{d\gamma^{MG}}{dT}$ | $\dfrac{d\gamma^{TOT}}{dT}$ |
| Fe-20Mn-4Cr-0.4C | 200 | 0.01[12] | 0.112 | −0.072 | 0.0004 | 0.0404 | 0.08 | 0.08 |
| | 300 | 0.05[12] | 0.113 | −0.037 | −0.010 | 0.0406 | 0.25 | 0.17 |
| | 400 | 0.08[12] | 0.113 | −0.025 | −0.002 | 0.0806 | 0.29 | 0.20 |
| | 500 | | 0.113 | −0.020 | −0.001 | 0.092 | | |
| | 600 | | 0.113 | −0.016 | −0.0003 | 0.097 | | |
| Fe-18Cr-7Ni-0.18C | 200 | | 0.103 | −0.055 | | 0.048 | | |
| | 300 | | 0.103 | −0.030 | | 0.073 | | |
| | 400 | 0.10[18] | 0.103 | −0.020 | | 0.083 | | |
| | 500 | | 0.103 | −0.012 | | 0.091 | | |
| | 600 | | 0.103 | −0.010 | | 0.093 | | |

续表

| 合金/wt% | 温度/K | $\left(\dfrac{\mathrm{d}\gamma_0}{\mathrm{d}T}\right)^{\mathrm{Exp}}$ /(mJ/(m²·K)) | $\left(\dfrac{\mathrm{d}\gamma_0}{\mathrm{d}T}\right)^{\mathrm{Cal}}$ /(mJ/(m²·K)) | | | | $\left(\dfrac{\mathrm{d}\gamma_0}{\mathrm{d}T}\right)^{\mathrm{Cal[12]}}$ /(mJ/(m²·K)) | |
|---|---|---|---|---|---|---|---|---|
| | | | $\dfrac{\mathrm{d}\gamma^{\mathrm{ch}}}{\mathrm{d}T}$ | $\dfrac{\mathrm{d}\gamma^{\mathrm{seg}}}{\mathrm{d}T}$ | $\dfrac{\mathrm{d}\gamma^{\mathrm{MG}}}{\mathrm{d}T}$ | $\dfrac{\mathrm{d}\gamma^{\mathrm{TOT}}}{\mathrm{d}T}$ | $\dfrac{\mathrm{d}\gamma^{\mathrm{MG}}}{\mathrm{d}T}$ | $\dfrac{\mathrm{d}\gamma^{\mathrm{TOT}}}{\mathrm{d}T}$ |
| Fe-27Mn-6Si-0.4C | 200 | | 0.099 | −0.036 | — | 0.063 | | |
| | 300 | | 0.102 | −0.018 | −0.009 | 0.075 | | |
| | 400 | | 0.102 | −0.012 | −0.002 | 0.088 | | |
| | 500 | | 0.102 | −0.009 | −0.001 | 0.092 | | |
| | 600 | | 0.102 | −0.007 | 0 | 0.095 | | |

3）$T_0$ 温度下的层错能

基于前面的数值计算结果,可以认为合金的层错能是合金成分和温度的函数。若以马氏体相变温度（$M_s$）作为温度的一个参考点,则层错能可表示为如下关系式:

$$\gamma = \gamma(T, x_1, x_2, \cdots) = \gamma\mid_{T=M_s} + \int_{M_s}^{T} \frac{\partial \gamma}{\partial T} \mathrm{d}T \tag{5.30}$$

现有实验已经证明合金的层错能在马氏体相变温度（$M_s$）并不为零[5],根据前面计算得到 $\mathrm{d}\gamma/\mathrm{d}T>0$,根据式（5.30）很容易得到 $\gamma\mid_{T_0} \neq 0$。同时可得到 $\gamma\mid_{T_1} \cdot \gamma\mid_{T_2} > 0$（其中 $T_1 > T_0 > T_2$）。这些结果表明合金的层错能在 $T_0$ 温度（马氏体相与母相的热力学平衡温度）时也不为零,而且在温度 $T_0$ 两侧的层错能值不可能出现正负的变化,同时可证明在 $M_s$ 点层错能不为零,即 $\gamma\mid_{T=M_s} = \int_0^{M_s} \frac{\partial \gamma}{\partial T} \mathrm{d}T > 0$。

4）磁性的作用

前面的计算结果表明,磁性对层错能的影响较小,但并没有给出具体的值（以 $\gamma_0^{\mathrm{M}}$ 表示）。下面以 Fe-Mn-Si 合金为例,对其进行计算,同时考虑合金成分对其影响规律。从图 5.5 中可以看出,在 Fe-22Mn-(1~7)Si(wt%) 合金中,磁性对层错能的贡献 $\gamma_0^{\mathrm{M}} < 1.2 \mathrm{mJ/m^2}$,而且 $\gamma_0^{\mathrm{M}}$、$\mathrm{d}\gamma_0^{\mathrm{M}}/\mathrm{d}T$ 均随 Si 含量的增加而减小。图 5.6 是 Mn 含量变化时,磁性对层错能的贡献（$\gamma_0^{\mathrm{M}}$）以及磁性自由能与温度的关系（$\mathrm{d}\gamma_0^{\mathrm{M}}/\mathrm{d}T$）与合金成分之间的变化关系曲线。当 Mn 含量为 32wt% 时,$\gamma_0^{\mathrm{M}} < 1.1 \mathrm{mJ/m^2}$。对于 Mn 元素,合金的 $\gamma_0^{\mathrm{M}}$ 和 $\mathrm{d}\gamma_0^{\mathrm{M}}/\mathrm{d}T$ 均随 Mn 含量的增加而增加。在智能材料 Fe-Mn-Si 形状记忆合金中,合金元素 Mn 增加合金的层错能（$\gamma_0$）,而合金元素 Si 则降低 $\gamma_0$。这种规律也反映在 Mn、Si 对此类合金磁性的影响规律上,Mn 含量增加会提高合金的 $T_C$ 点,Si 的作用则相反,这是计算得到的 $\gamma_0^{\mathrm{M}}$、$\mathrm{d}\gamma_0^{\mathrm{M}}/\mathrm{d}T$ 随 Si 含量的增加而减小、随 Mn 含量的增加而增加的重要原因。

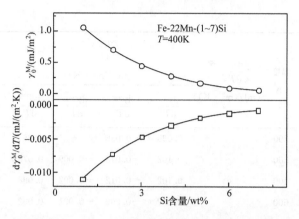

图 5.5　Si 对 Fe-22Mn-$x$Si 合金层错能中磁性部分的影响规律[11]

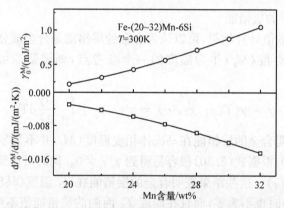

图 5.6　Mn 对 Fe-(20～32)Mn-6Si 合金层错能中磁性部分的影响规律[11]

## 5.4　Fe 基合金过渡相的热力学稳定性[19]

实验结果表明,Fe-Mn-Si 基合金中存在 4H、6H、9R 等过渡相或长周期层错结构[20-22]。究其原因,可能与合金的相变机制有关。层错化机制是这种合金的主导相变机制,在层错由不规则堆垛向规则堆垛的过程中,外界的影响(如热循环、训练)或其他因素,有可能使这种层错化过程停留在规则程度低于 2H 的某一中间阶段,从而形成上述过渡相。类似的情况在其他合金中也存在,如在 Fe-Mn-Al-C 合金中观察到了 18R 马氏体,在 Co 基合金中发现了 126R、8R、48R 结构,在 Cu-Al-Ni 合金中存在 9R 结构,在 Ni-Mn-Ga 合金中存在 7M 等长周期结构。这类马氏体的共同特点是层错在相变中有重要的作用,合金的层错能比较低,马氏体的形态都为薄片型,具有一个完全的共格界面。目前对这些过渡相的研究停留在实验观察上,对过渡相出现的原因还需要深入的认识,这其中有关此类合金中过渡相稳定性的问题到现在都没有公开的报道。结构的稳定性判断,一种流行的做法是从第一性原理出发计算各种结构的总能,然后根据总能的大小来比较它们的相对稳定性,这种方法的不足之处是抛开了温度这个重要的影响因素。利用热力学来判断结构的稳定性是另一种行之有效的方法,温度的作用得到了充分的体现,不过需要充足的热力学实验数据。相比而言,过渡相的实验数据非常少,若能得到过渡相的相关热力学参数,将是一项非常有意义的工作。这里以现有的实验数据为基础,建立了一种推导过渡相热力学数据的有效方法,从热力学的角度对 Fe-Mn-Si 合金中可能出现的过渡相($n$H)的稳定性进行了判断,为实验观察提供了重要的理论依据。

### 5.4.1　长周期结构的热力学计算模型[19]

上面已提到 Fe-Mn-Si 合金的相变是一个层错堆垛过程,任意 $n$H 结构相可等效为在完整的 FCC 结构中引入 $p/q$ 密度的层错后形成的,所以 $G^{nH}$ 可表示为

$$G^{nH} = G^{FCC} + \frac{p}{q}\gamma_0 + \sum \Delta\Omega_{ij} \tag{5.31}$$

其中,$\Delta\Omega_{ij}$ 为层错间的交互作用。进一步可得

$$G^{nH} = \left(1 - \frac{p}{q}\right)G^{FCC} + \frac{p}{q}G^{HCP} + \sum \Delta\Omega_{ij} \tag{5.32}$$

由于磁性对自由能的贡献比较复杂(在 $n$H 结构中以 $^{Mg}G^{nH}$ 表示),后面将单独考虑。由此可得到 $n$H 结构 Gibbs 自由能的粗略算式:

$$G^{nH} = \sum x_i \left[\left(1 - \frac{p}{q}\right)^0 G_i^{FCC} + \frac{p^0}{q}G_i^{HCP}\right] + \sum RT x_i \ln x_i$$
$$+ \left[\left(1 - \frac{p}{q}\right)^E G^{FCC} + \frac{p^E}{q}G^{HCP}\right] + \sum \Delta\Omega_{ij} + {}^{Mg}G^{nH} \tag{5.33}$$

$n$H 结构中任意组元的非磁性自由能定义为 $^0G_i^{nH}$,超额自由能定义为 $^E G^{nH}$,根据式(5.33),令

$$^0G_i^{nH} = \left(1 - \frac{p}{q}\right)^0 G_i^{FCC} + \frac{p^0}{q}G_i^{HCP} \tag{5.34}$$

$$^E G^{nH} = \left(1 - \frac{p}{q}\right)^E G^{FCC} + \frac{p^E}{q}G^{HCP} \tag{5.35}$$

利用式(5.35)可直接得到 $n$H 结构的非磁性自由能 $\sum (x_i^0 G_i^{nH})$。

### 1. $^E G^{nH}$ 的计算

对三元系溶液的超额自由能已建立了两种几何模型:对称模型和非对称模型。

1) 对称模型

Kohler 模型[23]：

$$^{E}G^{\phi} = \sum x_i x_j \left[ A_{ij}^0 \left( x_i - x_j + \frac{x_i - x_j}{x_i + x_j} x_k \right) \right] \tag{5.36}$$

Colinet 模型[24]或 Muggianu 模型[25]：

$$^{E}G^{\phi} = \sum x_i x_j [ A_{ij}^0 + A_{ij}^1 (x_i - x_j) ]$$

或

$$^{E}G^{\phi} = \sum x_i x_j [ A_{ij}^0 + A_{ij}^1 (x_i - x_j) + A_{ij}^2 (x_i - x_j)^2 ] \tag{5.37}$$

2) 非对称模型

Toop 模型[26]：

$$^{E}G = x_1 x_2 [ A_{12}^0 + A_{12}^1 (x_1 - x_2 - x_3) ] + x_1 x_3 [ A_{13}^0 + A_{13}^1 (x_1 - x_3 - x_2) ]$$

$$+ x_2 x_3 \left[ A_{23}^0 + A_{23}^1 \left( x_2 - x_3 + \frac{x_2 - x_3}{x_2 + x_3} x_1 \right) \right] \tag{5.38}$$

式(5.36)～式(5.38)中的 $A_{ij}^m (m=0,1,2)$ 为二元系 $ij$ 混合超额自由能的系列参数,仅与温度有关,而与组元无关;$x_i$ 只同多元体系各组元的摩尔分数有关。将上面的几种超额自由能计算模型分别代入,均可得到 $nH$ 结构的二元系"$ij$"混合超额自由能的系列参数 $A_{ij}^{m(nH)}$ 的计算式

$$A_{ij}^{m(nH)} = \left( 1 - \frac{p}{q} A_{ij}^{m(FCC)} \right) + \frac{p}{q} A_{ij}^{m(HCP)} \tag{5.39}$$

而 $A_{ij}^{m(FCC)}$、$A_{ij}^{m(HCP)}$ 为已知项,这样就得到了未知的 $A_{ij}^{m(nH)}$,为下面计算 $^{E}G^{nH}$ 奠定了基础。在李麟等和 Jin 等的工作中采用了 Chou 模型来计算 Fe-Mn-Si 三元体系的超额自由能 $^{E}G^{\phi} (\phi = \text{FCC}, \text{HCP})^{[3,16,27]}$,这里用同样的方法来计算 $nH$ 结构的 $^{E}G^{nH}$。

## 2. $\Delta \Omega_{ij}$ 的计算

层错间的相互作用是一个非常复杂的问题,它与温度、合金成分、层错间的距离均有直接的关系,要准确计算出两层错的交互作用目前还比较困难。Attree 等早在 1965 年利用量子力学第一性原理较严格地计算了层错间的交互作用,并得到了定量的结果。根据 Attree 的计算,最近邻层错间的交互作用(用 $\Delta \Omega_0$ 表示)约为层错能($\gamma_0$)的 $1/50$,即

$$\Delta \Omega_0 = \frac{1}{50} \gamma_0 = \frac{\Delta G^{FCC \to HCP}}{50}$$

在计算 $\Delta \Omega_{ij}$ 时以此为基础,另外必须考虑的是层错间的距离对 $\Delta \Omega_{ij}$ 的影响。参考两物体之间的万有引力以及两点电荷之间的库仑力分别满足下面的关系：

$G = A\dfrac{m_1 m_2}{R^2}$ 或 $Q = B\dfrac{q_1 q_2}{R^2}$，即两实体之间的作用力与它们之间的距离的平方成反比,以此为依据,可得到任意间隔的层错间的交互作用

$$\Delta\Omega_{ij} = \frac{\Delta\Omega_0}{n^2} \tag{5.40}$$

其中,$n$ 为层错间的距离周期。这样可得到 $\Delta\Omega_{ij}$ 为

$$\Delta\Omega_{ij} = \frac{\Delta G^{\mathrm{FCC}\to\mathrm{HCP}}}{50}\frac{1}{n^2} \tag{5.41}$$

所得到的式(5.41)是一个考虑了温度、合金成分、距离影响因素的 $\Delta\Omega_{ij}$ 计算式。

### 3. 磁性的贡献 $^{\mathrm{Mg}}G^{\phi}$

从热力学的角度来认识体系磁性对自由能的贡献,Inden 和 Hillert 等做了有意义的工作,他们认为 $^{\mathrm{Mg}}G^{\phi}$ 是体系磁矩($\beta^{\phi}$)和磁性转变点($T_{\mathrm{C}}^{\phi}$)的函数,并建立了两者之间的定量关系。Dinsdale 进一步建立了 $^{\mathrm{Mg}}G^{\phi}$ 的定量计算模型。在前面的分析中已指出 $n\mathrm{H}$ 结构的特点以及与 FCC、HCP 结构的关系,即 $n\mathrm{H}$ 结构是一定比例(和层错密度相等)的 HCP 结构和 FCC 结构的有机组合,另外马氏体相变是无扩散型相变,相变产物和母相的化学成分完全相同,在合金成分一定的情况下,上述热力学分析的磁矩是一个平均化的磁矩,磁性转变点也与各纯组元的磁性转变点呈线性关系。为了得到 $n\mathrm{H}$ 结构的磁性特征,下面对 $n\mathrm{H}$ 结构作近似处理: $n\mathrm{H}$ 结构的磁矩和磁性转变点是 FCC 相和 HCP 相相应参量的线性叠加,表示为

$$\beta^{n\mathrm{H}} = \left(1 - \frac{p}{q}\right)\beta^{\mathrm{FCC}} + \frac{p}{q}\beta^{\mathrm{HCP}} \tag{5.42}$$

$$T_{\mathrm{C}}^{n\mathrm{H}} = \left(1 - \frac{p}{q}\right)T_{\mathrm{C}}^{\mathrm{FCC}} + \frac{p}{q}T_{\mathrm{C}}^{\mathrm{HCP}} \tag{5.43}$$

依据式(5.20)可得到磁序能。但这种处理是将 $n\mathrm{H}$ 结构作为层与层叠加来进行的,还应当考虑层与层之间的磁性交互作用(用 $\Delta I^{\mathrm{Mg}}$ 表示),所以 $n\mathrm{H}$ 结构的总磁序能为

$$^{\mathrm{Mg}}G^{n\mathrm{H}} = RT\ln(\beta^{n\mathrm{H}} + 1)f\left(\frac{T}{T_{\mathrm{C}}^{n\mathrm{H}}}\right) + \sum\Delta I^{\mathrm{Mg}} \tag{5.44}$$

产生 $\Delta I^{\mathrm{Mg}}$ 的原因主要是具有不同磁矩的原子密排层间的磁性交互作用,而相同磁矩层之间磁性作用为零。为了得到 $\Delta I^{\mathrm{Mg}}$,将式(5.20)对磁矩求导,得

$$\frac{\mathrm{d}^{\mathrm{Mg}}G^{\phi}}{\mathrm{d}\beta^{\phi}} = RTf(\tau)\frac{1}{1 + \beta^{\phi}} \tag{5.45}$$

此处定义

$$\Delta I^{\mathrm{MG}} = \frac{\partial^{\mathrm{Mg}}G^{\mathrm{FCC}}}{\partial\beta^{\mathrm{FCC}}}\mathrm{d}\beta = RTf(\tau)\frac{|\beta^{\mathrm{HCP}} - \beta^{\mathrm{FCC}}|}{1 + \beta^{\mathrm{FCC}}} \tag{5.46}$$

这样从理论上可近似处理 $n$H 结构的磁序能问题。

### 5.4.2　热力学计算结果与分析[11]

下面以 Fe-29Mn-6Si(wt%)合金为研究对象,对已公开报道的 4H、6H、9H (9R)结构的 Gibbs 自由能进行计算,并和 2H 结构进行对比,计算结果如图 5.7 所示。图 5.7 中给出了 Fe-29Mn-6Si 合金中各相 Gibbs 自由能的 $G^{\phi}$、$^{0}G^{\phi}$、$^{E}G^{\phi}$($\phi=$ FCC,HCP,4H,6H,9H(9R))。从图中可以明显发现,各过渡相与 FCC 相的 $G^{\phi}$ 线几乎相交于同一 $T_{0}$($n$H-FCC)点,且和 FCC 相与 HCP 相的平衡稳定 $T_{0}$(HCP-FCC)也大致重合,这说明 $n$H($n>2$)相和 2H 相存在一定的相似性。在 $T_{0}$ 温度以下,各相的稳定性顺序为 2H>9H(9R)>4H>6H,在 $T_{0}$ 温度以上其稳定性顺序则相反。对 Fe-Mn-Si 合金,在实验中所观察到最多的也是 2H 结构的马氏体,对热诱发的马氏体,这种结构出现的可能性更大,偶尔发现了 9R 中间结构,所以在热力学上对它的认识比较全面。而 4H、6H 结构的过渡相都是在对合金进行多次训练以后发现的,这种结构的出现不排除外界应力对它的重要影响,它们出现的可能性相对小一些,即使出现,也被忽略了。但过渡相的出现,对合金的形状记忆效应是不利的,在对合金的训练中应力求避免。从合金的堆垛结构上看,2H 结构是在层错密度最大时形成的($p/q=1$),而形成 6H 结构所需的层错密度最小($p/q=$ 1/3)。这似乎和一些观点矛盾,训练使合金的层错密度增加,才导致 9R 过渡相的出现,这里提到的层错密度应当是晶粒内部的总层错数,而 $p/q$ 所表征的层错密度则是直接参与相变形核的有效层错密度。但如何区分层错的有效性有待于进一步的认识。

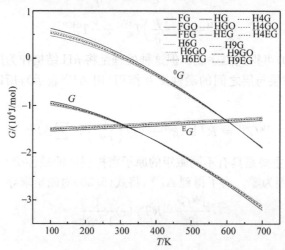

图 5.7　Fe-29Mn-6Si(wt%)合金中 FCC 相、HCP 相、过渡相
(4H、6H、9H(9R))的 Gibbs 自由能随温度的变化曲线[11]

# 5.5　FCC-FCT 马氏体相变热力学[28]

智能材料 Mn 基反铁磁合金的磁控形状记忆效应和双程形状记忆效应与其 FCC-FCT 马氏体相变密切相关。由于 FCT 相热力学参数的缺乏，Mn 基合金的 FCC-FCT 相变热力学一直未能建立和发展。本节利用合金的亚规则溶液模型和相变热力学平衡条件，基于实验数据拟合得到 FCC-FCT 相变温度与合金成分的关系函数，通过对不同成分合金的 FCC/FCT 相自由能列方程并将其联立，解析求得 Mn 基合金 FCT 相在亚规则溶液模型下的自由能与温度、成分关系表达式。在其基础上计算得到 Mn 基二元合金（Mn-Fe 及 Mn-Cu）的相变化学驱动力与温度的关系、临界化学驱动力与合金成分的相关关系。

## 5.5.1　热力学计算方法[28]

马氏体相变属于非平衡态相变。在相变热力学平衡温度 $T_0$ 处，马氏体相与母相的化学自由能相等，即

$$G^{\text{FCT}}|_{T_0} = G^{\text{FCC}}|_{T_0} \tag{5.47}$$

基于 $M_s$ 与合金成分的相互关系，可以认为 $T_0$ 与合金成分温度也是相互对应的，即 $T_0$ 也是一个与合金成分相关的函数：

$$T_0 = T_0(c_i) \tag{5.48}$$

在此函数曲线上的任一点 $(c_i^j, T_0^j)$，均满足 FCT 相和 FCC 相自由能平衡方程（5.47），即

$$G^{\text{FCT}}|_{(c_i^j, T_0^j)} = G^{\text{FCC}}|_{(c_i^j, T_0^j)} \tag{5.49}$$

对于 Mn-X（X=Cu,Fe）合金，其 FCC 相热力学参数均为已知[5]；对于 FCT 相，其热力学参数均未知，但可以采用与 FCC 相相同的热力学参数形式表示。

Mn 基二元合金 Mn-X（X=Cu,Fe）中，体系的摩尔自由能由亚规则溶液模型的 Redlich-Kister 形式给出[5]，表示为

$$G^{\varphi} = {}^0G^{\varphi} + {}^{\text{E}}G^{\varphi} + {}^{\text{mag}}G^{\varphi} \tag{5.50}$$

其中，${}^0G^{\varphi}$ 为合金体系在不考虑组元相互作用与磁性时的摩尔自由能，表示为

$$^0G^{\varphi} = {}^0G^{\varphi}_{\text{Mn}}x_{\text{Mn}} + {}^0G^{\varphi}_{\text{X}}x_{\text{X}} + RT(x_{\text{Mn}}\ln x_{\text{Mn}} + x_{\text{X}}\ln x_{\text{X}}) \tag{5.51}$$

其中，$\varphi$ 表示 FCC 相和 FCT 相；$x_{\text{Mn}}$、$x_{\text{X}}$ 分别为 Mn 与 X 在合金中所占的摩尔分数，由于马氏体相变是无扩散相变，所以其在 FCC 相和 FCT 相中是相同的；$R$ 为理想气体常数；${}^0G^{\varphi}_{\text{Mn}}$、${}^0G^{\varphi}_{\text{X}}$ 分别为处于 $\varphi$ 相的纯金属 Mn 与 X（X=Fe,Cu）的摩尔自由能，是温度的函数，其数据由 SGTE 数据库给出[5]，通常形式为

$$^0G^{\varphi}_{\text{Mn/X}} = a + bT + cT\ln T + \sum \text{d}T^n \tag{5.52}$$

其中，$^{E}G^{\varphi}$ 为二元合金体系的超额自由能，表示为

$$^{E}G^{\varphi}=L_{XMn}^{\varphi}x_{Mn}x_{X} \tag{5.53}$$

其中，$L_{XMn}^{\varphi}$ 为 Mn 与 X 的相互作用系数，表达形式为

$$L_{XMn}^{\varphi}=^{0}L_{XMn}^{\varphi}+^{1}L_{XMn}^{\varphi}(x_{X}^{\varphi}-x_{Mn}^{\varphi})+^{2}L_{XMn}^{\varphi}(x_{X}^{\varphi}-x_{Mn}^{\varphi})^{2}+\cdots \tag{5.54}$$

由于

$$^{m}L_{XMn}^{\varphi}=a+bT+cT\ln T,\quad m=0,1,2,\cdots \tag{5.55}$$

故 $L_{XMn}^{\varphi}$ 是温度的函数。二元合金体系自由能中的磁性项 $^{mag}G^{\varphi}$ 满足以下关系式[5]：

$$^{mag}G^{\varphi}=RT\ln(\beta+1)f(\tau) \tag{5.56}$$

其中，$\beta$ 为波尔数，与体系总的磁性熵有关；$\tau=T/T_{N}$，$T_{N}$ 为 Mn 基二元合金的反铁磁相变点温度；$T_{N}$ 和 $\beta$ 均可以由实验手段和理论推算得出，在利用理论方法推出合金的 $T_{N}$ 与 $\beta$ 时，得到的理论值为负值，说明合金的反铁磁特性，实际值应在此理论值的基础上除以 $-3$（FCC 相）或 $-1$（BCC 相）[28]。在 Mn 基合金中，由于 FCC-FCT 马氏体发生在顺磁-反铁磁相变之后，即此时的反铁磁马氏体是从反铁磁母相得到的，其磁性相变自由能忽略，故在本节中不考虑 FCT 相自由能中的磁性项。于是，处于 FCC 相或 FCT 相的 Mn 基二元合金 Mn-X（X=Cu,Fe）的摩尔自由能最终可以表示为

$$G^{\varphi}=^{0}G_{Mn}^{\varphi}x_{Mn}+^{0}G_{X}^{\varphi}x_{X}+RT(x_{Mn}\ln x_{Mn}+x_{X}\ln x_{X})+L_{XMn}^{\varphi}x_{Mn}x_{X}+RT\ln(\beta+1)f(\tau) \tag{5.57}$$

对于 FCT 相，$^{0}G_{Mn}^{FCT}$、$^{0}G_{X}^{FCT}$ 与 $L_{XMn}^{FCT}$ 中均存在未知的待定参数。将方程（5.57）代入方程（5.49）可以得到（$c_{i}^{j}$，$T_{0}^{j}$）下的平衡方程：

$$^{0}G_{Mn}^{FCT}(T_{0}^{j})x_{Mn}^{j}+^{0}G_{X}^{FCT}(T_{0}^{j})x_{X}^{j}+L_{XMn}^{FCT}(x_{Mn}^{j},x_{X}^{j},T_{0}^{j})x_{Mn}^{j}x_{X}^{j}=G^{FCC}(x_{Mn}^{j},x_{X}^{j},T_{0}^{j}) \tag{5.58}$$

当合金成分和温度确定时，式（5.58）中的 $G^{FCC}(x_{Mn}^{j},x_{X}^{j},T_{0}^{j})$ 为常数。对于一系列的（$x_{Mn}^{j},x_{X}^{j},T_{0}^{j}$）点，上述方程将构成一个线性方程组，可以表示为矩阵形式：

$$\boldsymbol{A}\cdot\boldsymbol{P}=\boldsymbol{B} \tag{5.59}$$

若 FCT 相热力学未知参数的个数为 $N$，原则上可以取 $N$ 个（$x_{Mn}^{j},x_{X}^{j},T_{0}^{j}$）点，即可构成一个 $N$ 维线性方程组。此时 $\boldsymbol{P}$ 为 $N\times1$ 的 FCT 相的热力学参数列矩阵，$\boldsymbol{A}$ 为一个 $N\times N$ 的系数矩阵，$\boldsymbol{B}$ 为 $N\times1$ 的列矩阵，其中 $\boldsymbol{A}$ 和 $\boldsymbol{B}$ 均在系列点选定之后已知。这样利用方程组（5.59）理论上即可解得 FCT 相的各参数。为了防止在解方程组（5.59）时出现奇异解和病态解，这里采用伪逆矩阵求解方程组的解的方法，即选取方程的个数远大于 FCT 相的未知热力学参数的个数。即对于 $N$ 个未知数，要选取 $N'$ 个方程：

$$\begin{cases} \sum_{i=1}^{N-1} A_{1,i}^{\text{FCT}} \xi_i^{\text{FCT}} + A_{1,N}^{\text{FCT}} L_{\text{XMn}}^{\text{FCT}} = B_1 \\ \sum_{i=1}^{N-1} A_{2,i}^{\text{FCT}} \xi_i^{\text{FCT}} + A_{2,N}^{\text{FCT}} L_{\text{XMn}}^{\text{FCT}} = B_2 \\ \qquad\qquad \vdots \\ \sum_{i=1}^{N-1} A_{N,i}^{\text{FCT}} \xi_i^{\text{FCT}} + A_{N,N}^{\text{FCT}} L_{\text{XMn}}^{\text{FCT}} = B_N \\ \qquad\qquad \vdots \\ \sum_{i=1}^{N'-1} A_{N',i}^{\text{FCT}} \xi_i^{\text{FCT}} + A_{N',N}^{\text{FCT}} L_{\text{XMn}}^{\text{FCT}} = B_{N'} \end{cases} \tag{5.60}$$

其中必须满足 $N'>N$，$\xi_i^{\text{FCT}}$ 为未知参数。上述方程组可以进一步写为

$$\boldsymbol{A'} \cdot \boldsymbol{P} = \boldsymbol{B'} \tag{5.61}$$

其中，$\boldsymbol{A'}$ 为 $N' \times N$ 的系数矩阵；$\boldsymbol{P}$ 仍然是一个 $N \times 1$ 矩阵，分别对应于 FCT 相的各热力学参数；$\boldsymbol{B'}$ 为 $N' \times 1$ 矩阵。利用伪逆法可以解出此线性方程组在最小二乘意义下的最优解，即得到了 FCT 相热力学参数较为准确的解。

FCC-FCT 马氏体相变驱动力 $\Delta G^{\text{FCC} \to \text{FCT}}$ 可以表示为两相自由能之差：

$$\Delta G^{\text{FCC} \to \text{FCT}} = G^{\text{FCT}} - G^{\text{FCC}} \tag{5.62}$$

在 $M_\text{s}$ 下的 FCC→FCT 相变驱动力可以称为临界相变驱动力 $\Delta G^{\text{FCC} \to \text{FCT}}|_{M_\text{s}}$，即

$$\Delta G^{\text{FCC} \to \text{FCT}}|_{M_\text{s}} = G^{\text{FCT}}|_{M_\text{s}} - G^{\text{FCC}}|_{M_\text{s}} \tag{5.63}$$

### 5.5.2 计算结果与分析[28]

根据式(5.62)就可以计算得到 Mn-Cu 合金、Mn-Fe 合金中各部分自由能与温度的关系曲线，图 5.8 给出了 Mn-20Cu(wt%)合金和 Mn-31Fe(wt%)合金中 FCC 相与 FCT 相的各部分自由能曲线。对于这两种合金，在温度[100,600]K 范围内，其 $^0G^{\text{FCT}}$ 与 $^0G^{\text{FCC}}$ 均随温度升高而降低，这与 Mn、Cu、Fe 的纯组元自由能的变化趋势一致，也与其他合金如 Fe-Mn-Si 合金中 HCP 型马氏体的 $^0G^{\text{FCC}}$ 相似。对 Mn-Cu 合金，其 $^\text{E}G^{\text{FCT}}$ 为负值，随温度升高而升高，而其 $^\text{E}G^{\text{FCC}}$ 为正值，随温度升高而略微降低，二者与温度变化呈线性关系；对于 Mn-Fe 合金，其 $^\text{E}G^{\text{FCT}}$ 和 $^\text{E}G^{\text{FCC}}$ 均为负值，并随温度的升高而线性增大。体系的超额自由能($^\text{E}G$)是在进行多元合金的热力学处理中人为假定的，不同的模型(如规则溶液模型、周氏模型等)对其处理方式不同，所得到的结果也不完全相同，而且也无法从实验上来加以验证，所以到目前为止 $^\text{E}G$ 与温度的关系是增加还是降低并不确定。在 Fe-Mn 合金、Fe-Mn-Si 合金中，计算得到的 FCC 相和 HCP 相的 $^\text{E}G$ 随温度的升高而降低[2]。对于 $^\text{E}G$ 的大小，由于多组元的自由能不是单组元自由能的简单加和，其差异主要由 $^\text{E}G$ 来弥补，所

以总体上讲要满足 $|{}^0G|>|{}^EG|$，从图 5.8 中可以看出，对 Mn-Fe 和 Mn-Cu 合金均满足这一条件。对于这两种合金，${}^{mag}G^{FCC}$ 在给定温度范围内为负值(图 5.8(a))，相比纯组元自由能和超额自由能，其 ${}^{mag}G^{FCC}$ 在合金相的整个化学自由能中所占比例较小，其绝对值随温度升高逐渐趋近于零，而由于 FCC-FCT 马氏体发生在顺磁-反铁磁相变之后，故对于两种合金，${}^{mag}G^{FCT}$ 均为 0。

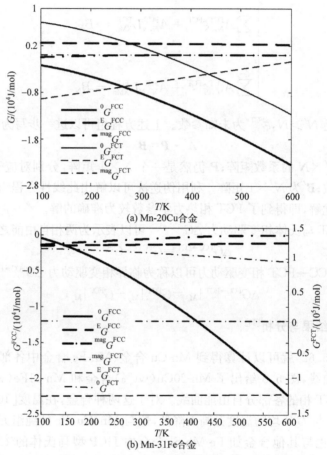

(a) Mn-20Cu合金

(b) Mn-31Fe合金

图 5.8　Mn-20Cu 合金和 Mn-31Fe 合金的各部分自由能曲线[28]

Mn-15Cu(wt%)合金与 Mn-32Fe(wt%)合金的 FCC 相以及 FCT 相总摩尔自由能曲线关系如图 5.9 所示。对于 Mn-Cu 合金，两条曲线相交于 343K 处，对于 Mn-Fe 合金，两条曲线相交于 398K 处，两者都与 $T_0$-$x_{Mn}$ 关系一致，说明了这种计算方法的可靠性。由图 5.9 也可见，在计算所得的 $T_0$ 温度以下，FCT 相自由能比 FCC 相更低，$T_0$ 温度以上 FCT 相自由能较高，可见降温过程中 FCT 代替 FCC 逐渐成为稳定相，与实验显示的结果一致。由 $T_0$−$M_s$＝5K 关系，对于 Mn-Cu 合金，在 $M_s$＝338K 处，FCC 相自由能为 $G^{FCC}(M_s)$＝−7353.31884495080J/mol，而此温度下,FCT 相的自由能为 $G^{FCT}(M_s) = -7412.33661491941J/mol$,因而其临界相变驱动力为 $G^{FCT}(M_s) - G^{FCC}(M_s) = -59.0178J/mol$;对于 Mn-Fe 合金,在 $M_s = 393K$ 处,其临界相变驱动力为 $G^{FCT}(M_s) - G^{FCC}(M_s) = -18.9346J/mol$,与 Mn-Cu 合金相比,临界相变驱动力较小。

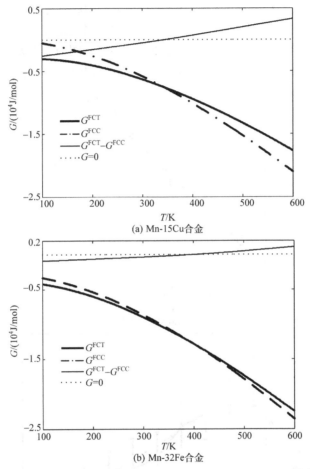

图 5.9　Mn-15Cu 合金和 Mn-32Fe 合金的相变自由能曲线[28]

不难发现,相比于其他马氏体相变,Mn 基合金的 FCC-FCT 相变具有较小的相变驱动力。例如,对于 Fe-C 合金,$\Delta G^{\gamma \to M} = 2.1\sigma + 900J/mol$,其中 $\sigma$ 为母相在 $M_s$ 时的屈服强度[2];陶瓷材料 $ZrO_2$ 中,8Ce-TZP 形成马氏体的临界相变驱动力为 $\Delta G^{t \to m}_{ch}|_{M_s} = 2502.40J/mol$;半热弹合金 Fe-30.30Mn-6.06Si(wt%) 的马氏体相变中,$T_0 = 387.31K$,当取 $M_s = 348K$ 时,临界相变驱动力为 $\Delta G^{\gamma \to \varepsilon}_c|_{M_s} = -122.11J/mol$[2]。Mn 基二元合金的 FCC-FCT 相变之所以有如此小的相变驱动力,是因为其相变过程中具有较小的切变能与相变界面能。基于 Mn 基合金点阵

常数的测量结果发现,其晶格畸变只有 2% 左右,明显小于其他合金(如 Fe-C 合金和 Fe-Mn-Si 合金),这表明其相变应变能比较小。对于 FCC/FCT 界面,主要是 [110] 共格界面,其界面能肯定要小于非共格界面或半共格界面的能量。在目前的马氏体相变中,FCC-HCP 相变的驱动力是非常小的(10~200J/mol),如 Fe-Mn-Si 合金[2],但 FCC-FCT 相变的化学驱动力比它要小,表明此类合金的相变能垒非常小。

对于不同成分的 Mn-X(X=Cu,Fe)二元合金,当假定 $T_N - M_s = 5K$ 时,其临界相变驱动力随成分变化的误差棒图如图 5.10 所示,图中的误差为标准差。由于驱动力被定义为新相自由能减去母相自由能,因而临界驱动力均为负值。

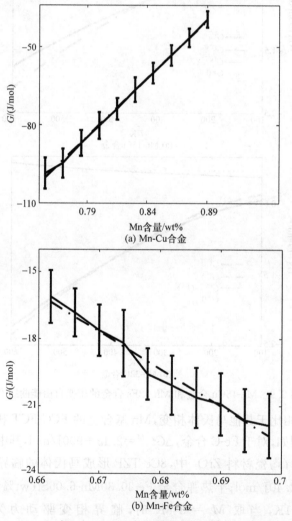

(a) Mn-Cu合金

(b) Mn-Fe合金

图 5.10　Mn-Cu 合金与 Mn-Fe 合金临界相变驱动力与温度的关系[28]

实线是临界驱动力及其标准差,虚线是一次拟合曲线比较图 5.10(a)和(b)可以发现,合金元素 Cu 和 Fe 对二元合金的临界化学驱动力的影响规律完全相反。对于 Mn 基合金中的马氏体相变,其相变要发生在反铁磁相变之后,二者之间存在一定的影响,当 $\Delta T(T_N - M_s)$ 比较小时二者影响较大,一般认为磁致伸缩的应变方向与马氏体的应变方向一致,磁性相变会为马氏体相变提供一定的驱动力,尽管磁致伸缩应变只有 $10^{-6}$,但会诱发 FCC-FCT 马氏体相变,特别是在两类相变温度非常接近的条件下。众所周知,合金元素 Cu 和 Fe 对 $\Delta T(T_N - M_s)$ 的影响规律不同,随着 Mn 含量的增加,对于 Mn-Cu 合金,其 $\Delta T$ 逐渐增加,反铁磁相变的动力学过程对马氏体相变的动力学过程的影响逐步减弱,但由于此时反铁磁相变进行得比较完全,总体磁滞伸缩对马氏体相变的积极作用是增强的,此时马氏体相变反而只需要较小的临界驱动力就可以进行,所以其临界相变驱动力随 Mn 含量的增加而减小(图 5.10(a))。而对于 Mn-Fe 合金,随着 Mn 含量的增加,其 $\Delta T$ 逐渐减小,反铁磁相变的动力学过程对马氏体相变的动力学过程的影响增大,此时磁致伸缩提供的应变能比较小,对马氏体相变的促进作用反而小,所以马氏体相变的临界驱动力会随 Mn 含量的增加而增加,如图 5.10(b)所示。

## 5.6　马氏体相变热滞的理论计算[29]

在智能材料-形状记忆合金中,其 $M_s$ 和 $A_s$ 温度并不相同,其差异被定义为相变热滞($A_s - M_s$)。Fe-Mn-Si 形状记忆合金的记忆效应来源于马氏体相变及其逆相变。这种合金的相变热滞($A_s - M_s$)高达 100K,而一般的热弹性合金的热滞很小(<20K),所以有人将这种合金也归于半热弹性合金[2]。但是,大多认为在热弹性合金中,马氏体转变的热滞来源于相界面移动过程中的摩擦[30-34]。Olson 等[30,31]认为这种界面摩擦是一种能量损失,以调节相变塑性,但这种简单处理导致计算误差很大,且不清楚相变的物理本质。Cu 基马氏体合金中,可用摩擦函数来描述由于界面摩擦导致的能量损耗,利用实验测定的热滞等参数计算得到的界面摩擦耗能约为 20J/mol[32]。智能材料 Fe-Mn-Si 合金相变热滞较大,产生原因不清楚,但这种大热滞可能与界面摩擦相关。发展到今天,无论哪一种合金体系,都没有基于热力学直接得到相变热滞的理论计算关系式。下面结合相变热力学,考虑到相界面摩擦具有不可逆性,对智能材料 Fe-Mn-Si 合金的相变热滞进行理论分析,并同已有的实验数据进行比较,进一步得到这类合金的界面摩擦损耗能。

### 5.6.1　相变热滞的计算模型[29]

在降温的过程中,智能材料 Fe-Mn-Si 形状记忆合金通过层错形核热诱发 $\gamma \rightarrow \varepsilon$

马氏体相变。在 $M_s$ 点形成马氏体，其临界相变驱动力（$\Delta G_{ch}^{\gamma \to \epsilon}$）主要是为了克服相变中的阻力项，如马氏体/母相界面能（$\Delta G_{in}$）和相变应变能（$\Delta G_{st}$），同时有部分能量用于相变过程中运动相界面的摩擦所消耗的能量（$\Delta F$），所以有如下关系式：

$$\Delta G_{ch}^{\gamma \to \epsilon} + \Delta G_{in} + \Delta G_{st} + \Delta F \mid_{T = M_s} = 0 \tag{5.64}$$

其中，$\Delta G_{ch}^{\gamma \to \epsilon}$ 是 $\gamma$ 相和 $\epsilon$ 相的化学自由能差，其他三项 $\Delta G_{in}$、$\Delta G_{st}$ 和 $\Delta F$ 是非化学自由能。逆相变过程中，当温度升高到 $A_s$，马氏体还是发生 $\epsilon \to \gamma$ 逆转变，这种逆相变同样需要一定的相变驱动力（$\Delta G_{ch}^{\epsilon \to \gamma}{}_{T = A_s}$），用于界面能（$\Delta G_{in}'$）、应变能（$\Delta G_{st}'$）和界面摩擦所消耗的能量（$\Delta F'$），同理可得到逆相变过程中的能量关系式：

$$\Delta G_{ch}^{\epsilon \to \gamma} + \Delta G_{in}' + \Delta G_{st}' + \Delta F' \mid_{T = A_s} = 0 \tag{5.65}$$

## 1. $\Delta F$ 和 $\Delta F'$ 的计算

运动过程中的界面要消耗能量，目前对这种能量耗散有几种处理方式。文献 [35] 中将界面摩擦表达为与转变开始温度相关的函数：

$$\Delta F = \Delta S \times \Delta T \tag{5.66}$$

其中，$\Delta T = T_0 - M_s$。相变过程中存在弹性应变能，相变是一个过程，不会在单一温度点上全部完成；对于每一个转变温度，分别求出此温度下的熵变化（$\Delta S$）以及转变温度和平衡温度的差值（$\Delta T$），根据式（5.66）可得到此温度下的界面摩擦能耗能，然后对其累计加和即得到总的界面摩擦能耗能（$\sum \Delta F_i = \sum \Delta S_i \times \Delta T_i$）。

引入摩擦函数 $F_r$，用来描述相变过程中运动界面导致的能量损失[32]：

$$F_r = H_r - T S_r \tag{5.67}$$

$$H_r = -V_m \epsilon_d \sigma_d \tag{5.68}$$

$$S_r = \kappa \ln \omega \tag{5.69}$$

$$\omega = \left( \sum a_i \right)!! / \prod (a_i !) \tag{5.70}$$

其中，$H_r$ 为摩擦准焓，$S_r$ 为摩擦准熵，$V_m$ 为摩尔分数，$\epsilon_d$ 为转变的应变，$\sigma_d$ 接近材料的屈服强度。结合电镜观察结果，相界面上存在很多台阶，所以可将相界面看成由许多低指数的小晶面组成，$a_i$ 即这些面中第 $i$ 种小晶面的个数。其中 $H_r$、$S_r$ 可通过状态方程定量地算出。比较这两种计算界面热滞的方法，第一种方法比较简单，第二种方法则有些复杂，但用于 Cu 基合金计算得到的界面摩擦损耗能基本一致。

对于智能材料 Fe-Mn-Si 合金，由于缺乏相应的计算数据，利用第二种方法计算热滞难以进行，所以这里采用第一种方法进行相变热滞的计算。对于智能材料 Fe-Mn-Si 合金的熵变（$\Delta S$），可进行如下分析：将界面看成一个结构转换器，原子集团从一种点阵调整到另一种点阵，转变前后晶体结构对称性相应发生了变化，所以可将其熵变表示为

$$\Delta S = R \ln \left( \frac{\text{结构 1 的特征对称操作数}}{\text{结构 2 的特征对称操作数}} \right) \tag{5.71}$$

在式(5.71)中，$\Delta S$ 是一种组态熵,这与以前的界面组态熵(位形熵)具有一定的相似性。智能材料 Fe-Mn-Si 合金中母相为 FCC 结构,马氏体为 HCP 结构,晶体结构类型不同,其相应的特征对称操作数也不同,所以可得到 $\Delta S$。近似认为 $\Delta S$ 在 $A_s \sim M_s$ 的范围内保持不变;考虑到界面摩擦的不可逆性,所以正逆相变过程中的摩擦熵变大小也相同,即满足 $\Delta S = \Delta S'$。对于 $\gamma \rightarrow \varepsilon$ 马氏体相变,$\Delta T = T_0 - M_s$,就有如下等式成立:

$$\Delta F = \Delta S \times (T_0 - M_s) \tag{5.72}$$

对于 $\varepsilon \rightarrow \gamma$ 逆相变则有 $\Delta T' = A_s - T_0$,同理满足:

$$\Delta F' = \Delta S' \times (A_s - T_0) \tag{5.73}$$

### 2. $\Delta G_{ch}^{\gamma \rightarrow \varepsilon}$ 和 $\Delta G_{ch}^{\varepsilon \rightarrow \gamma}$ 的计算

对于智能材料 Fe-Mn-Si 形状记忆合金的相变热力学已基本建立[27],相变温度的计算结果和实验值吻合。利用此模型,可得到马氏体相变的驱动力($\Delta G_{ch}^{\gamma \rightarrow \varepsilon}$)为

$$\Delta G_{ch}^{\gamma \rightarrow \varepsilon} = \sum X_i \Delta^0 G_i^{\gamma \rightarrow \varepsilon} + \Delta^E G^{\gamma \rightarrow \varepsilon} + \Delta G_M^{\gamma \rightarrow \varepsilon} \tag{5.74}$$

其中,$\sum X_i \Delta^0 G_i^{\gamma \rightarrow \varepsilon}$ 是马氏体和母相的非磁性摩尔自由能差;$\Delta^E G^{\gamma \rightarrow \varepsilon}$ 是两相的混合摩尔超额自由能差;$\Delta G_M^{\gamma \rightarrow \varepsilon}$ 两相摩尔磁序能差。Fe-Mn-Si 合金中各合金元素的晶格稳定参数可参考 Dinsdale 提供的数据[5]。根据规则溶液模型,Fe-Mn-Si 合金的混合超额 Gibbs 自由能可表示为

$$G_{ij}^E = X_i Y_j \sum_{k=0}^{n} [A_{ij}^k (X_i - Y_j)^k] \tag{5.75}$$

其中,$A_{ij}^k$ 表示任一二元混合超额自由能的参数;$X_i$、$Y_j$ 是合金元素的原子百分比。根据 $\Delta G_{ch}^{\varepsilon \rightarrow \gamma} = -\Delta G_{ch}^{\gamma \rightarrow \varepsilon}$,可得到 $\Delta G_{ch}^{\varepsilon \rightarrow \gamma}$。

### 3. 热滞 $A_s - M_s$ 的计算关系式

在计算中作以下近似:①参数 $A_{ij}^k$ 与温度无关;②界面能和应变能与温度有关,但随温度变化不大,近似认为在 $M_s \sim A_s$ 温度范围内界面能和应变能保持恒定,且正逆相变中相等,即满足 $\Delta G_{in} = \Delta G_{in}'$,$\Delta G_{st} = \Delta G_{st}'$。因此,可得到如下关系式:

$$\Delta G_{ch}^{\gamma \rightarrow \varepsilon} \big|_{T=M_s} + \Delta G_{ch}^{\varepsilon \rightarrow \gamma} \big|_{T=A_s} + 2(\Delta G_{in} + \Delta G_{st}) + \Delta S(A_s - M_s) = 0 \tag{5.76}$$

结合式(5.74)、式(5.75),对式(5.76)化简后即可得到马氏体相变热滞的计算关系式如下:

$$A_s - M_s = \frac{2(\Delta G_{in} + \Delta G_{st})}{4.309 x_1 + 1.123 x_2 + x_3 - \Delta S} \tag{5.77}$$

其中，$x_i(i=1,2,3)$分别为 Fe、Mn、Si 合金元素的原子百分比。$\Delta S$ 作为摩擦熵变，在正逆相变中摩擦熵变相等，与合金的成分无关。

### 5.6.2　Fe-Mn-Si 合金热滞的估算结果[29]

根据式(5.77)，可以估算智能材料 Fe-Mn-Si 合金中的热滞，同时可分析合金成分对此热滞的影响规律。由于温度对界面能和应变能的影响小，为简化计算，在此作为定值处理。Fe-Mn-Si 合金中马氏体和母相之间的相界面是完全共格的。一般界面能包括界面化学能和界面应变能(在界面处所束集的应变能 $E_{\text{in-str}}$)，后者提供一部分逆相变的驱动力，所以 $E_{\text{in-str}}$ 越大，逆相变越容易进行，热滞越小。反之，若合金的热滞大，则可推断在界面处所束集的应变能很小，所以 Fe-Mn-Si 合金的界面是具有极小应变的共格界面。一般合金的相共格界面能约为 $1\text{mJ/m}^2$(约 $1\text{J/mol}$)，下面计算中取 $\Delta G_{\text{in}}=\Delta G'_{\text{in}}=1\text{J/mol}$。Olson 和 Cohen 对 Fe-Cr-Ni 合金中发生 $\gamma\rightarrow\varepsilon$ 相变时相变应变能进行了估算，大约为 $41\text{J/mol}$[36]。考虑到 Fe-Cr-Ni 合金的层错能[37]比 Fe-Mn-Si 基合金的层错能[38]高，可近似认为前者的应变能要高于后者，所以下面的计算中取 Fe-Mn-Si 合金的应变能约为 $30\text{J/mol}$。根据热滞的计算式以及以上参数的选取，可计算得到 Fe-Mn-Si 合金的相变热滞，如表 5.4 所示。在 Fe-Mn-Si 合金中加入 Cr 元素后，计算发现合金的热滞增加，在 Fe-24Mn-6Si-5Cr 合金中热滞高达 $120\text{K}$[2]，而 Fe-24Mn-6Si 合金热滞的实验值为 $95\text{K}$[2]，相差 25K，热力学计算得到两者相差 26.2K，和实验值符合得很好。

表 5.4　Fe-Mn-Si 合金的热滞 $A_s-M_s$ 和界面摩擦能耗[29]

| 合金/wt% | $A_s-M_s$ 计算值 /K | $A_s-M_s$ 实验值[1,3,4,16,17]/K | 界面摩擦能耗/(J/mol) | |
|---|---|---|---|---|
| | | | $\Delta S\times(A_s-M_s)_{\text{Cal}}$ | $\Delta S\times(A_s-M_s)_{\text{Exp}}$ |
| Fe-24.0Mn-6.0Si | 76.3 | 95 | 91.3 | 113.6 |
| Fe-25.8Mn-2.34Si | 65.5 | 45 | 78.4 | 53.8 |
| Fe-26.3Mn-3.0Si | 68.8 | 46 | 82.3 | 55.0 |
| Fe-31.6Mn-6.45Si | 110.6 | 105 | 132.3 | 125.6 |
| Fe-28.0Mn-6.0Si | 89.7 | 70 | 107.3 | 83.7 |
| Fe-28.6Mn-4.32Si | 81.6 | 98 | 97.6 | 117.2 |
| Fe-32.0Mn-6.0Si | 108.6 | 95 | 129.9 | 113.6 |
| Fe-30.0Mn-6.0Si | 98.3 | 72 | 117.6 | 86.1 |
| Fe-28.9Mn-4.0Si | 80.8 | 76 | 96.6 | 90.9 |
| Fe-27.3Mn-3.4Si | 73.1 | 73 | 87.4 | 87.3 |
| Fe-26.0Mn-3.7Si | 71.2 | 76 | 85.2 | 90.9 |
| Fe-24.9Mn-2.2Si | 62.7 | 66 | 75.0 | 78.9 |
| Fe-22Mn-6Si-5Cr | 93 | 约110 | 111.2 | 131.6 |
| Fe-24Mn-6Si-5Cr | 102.5 | 约120 | 122.6 | 143.5 |
| Fe-26Mn-6Si-5Cr | 113.8 | 约100 | 136.1 | 119.6 |

若已知合金的 $M_s$ 和 $A_s$，由式(5.66)和式(5.67)可直接算出这些合金在正逆相变过程中界面摩擦所消耗的能量。在表 5.4 中分别列出了根据合金热滞的实验值和热力学计算值得到的界面摩擦能耗。从表 5.4 中可以看出，智能材料 Fe-Mn-Si 基合金的界面摩擦能耗在 $53\sim145$J/mol 范围内，比 Cu 基合金及其他热弹性合金的界面摩擦能耗大（<50J/mol），这与合金较大热滞有直接的关系，因为这种界面摩擦损耗能：

$$\Delta F=\Delta S(T_0-M_s)\xrightarrow{\quad T_0=\frac{1}{2}(M_s+A_s)\quad}\Delta F=\frac{1}{2}\Delta S(A_s-M_s) \qquad (5.78)$$

所以有

$$\Delta F\propto(A_s-M_s) \qquad (5.79)$$

由上面的简单推导可以看出，合金的热滞越大，界面摩擦能耗越大。

## 5.7　小　　结

（1）从热力学的角度，分析了 N 对 Fe-Mn-Si 基合金中 FCC-HCP 相变的影响，发现在低浓度范围内（<0.2wt%）N 含量增加会增加合金的层错能、降低合金的 $M_s$、增加马氏体相变的临界驱动力，并得到 Fe-Mn-Si-Cr-N 合金的驱动力与层错概率的定量关系。

（2）定量分析了温度对层错能的影响。对两种 Fe 基合金（置换型和间隙型）的 $d\gamma/dT$ 进行了定量计算，得到合金的 $d\gamma/dT>0$（约为 $0.1$mJ/m$^2$），表明层错能随温度的升高而增加，这其中化学自由能是主要的，对层错能起正向作用，即 $d\gamma^{ch}/dT>0$，而偏聚和磁性的影响则与之相反（$d\gamma^{MG}/dT<0$、$d\gamma^{seg}/dT<0$）。利用所得到的 $d\gamma/dT$，可计算任意温度下的层错能。基于 $d\gamma/dT$，合理解释了在热力学平衡温度 $T_0$ 下合金的层错能并不为零，以及 $T_0$ 两侧层错能均为正值的实验结果。

（3）以层错能为中介，以 FCC 相、HCP 相的热力学特性为基础，建立了一种计算过渡相（$n$H 结构）Gibbs 自由能的等效方法。对 Fe-Mn-Si 基合金中所出现的几种过渡相的 Gibbs 自由能进行了计算，结果表明，在 $T_0$ 温度以上，各相的稳定性顺序为 2H<9H(9R)<4H<6H<FCC，在 $T_0$ 温度以下，其稳定性顺序相反，2H 结构成为最稳定的相变产物，这符合现有的实验观测。

（4）利用合金的亚规则溶液模型和相变热力学平衡条件，基于实验数据拟合得到 FCC-FCT 相变温度与合金成分的关系函数，通过对不同成分的合金的 FCC/FCT 相自由能列方程并将其联立，解析求得 Mn 基合金 FCT 相在亚规则溶液模型下的自由能与温度、合金成分关系表达式。在其基础上计算得到 Mn 基二元合金（Mn-Fe 及 Mn-Cu）的相变化学驱动力与温度的关系、临界化学驱动力与合金成分的相关关系以及其他热力学参数（熵、焓与比热）与温度的关系，并讨论了计算方法、假设条件对相变热力学函数等的影响规律，同时从热力学的角度对 FCC-FCT 马氏体相变和顺磁-反铁磁相变的级别进行了定量的分析与讨论。

（5）利用相变热力学和界面摩擦概念，推导出 Fe-Mn-Si 合金相变热滞 $A_s$ — $M_s$ 的一般计算表达式；根据此关系式，计算了这种合金的相变热滞，计算结果和实验值相符。合金的界面摩擦能耗比较大，且与合金的热滞呈正比关系，由此可知合金的热滞大是由界面摩擦能耗大所造成的。

# 参 考 文 献

[1] 徐祖耀. 相变原理[M]. 北京:科学出版社,2000.

[2] 徐祖耀. 马氏体相变与马氏体[M]. 北京:科学出版社,1999.

[3] Chou K C,Wei S K. A new generation solution model for predicting thermodynamic properties of a multicomponent system from binaries[J]. Metallurgical and Materials Transactions B,1997,28(3):439-445.

[4] Yakubtsov I A,Ariapour A,Perovic D D. Effect of nitrogen on stacking fault energy of f. c. c. iron-based alloys[J]. Acta Materialia,1999,47(4):1271-1279.

[5] Li L,Hsu T Y. Gibbs free energy evaluation of the FCC($\gamma$) and HCP($\varepsilon$) phases in Fe-Mn-Si alloys[J]. CALPHAD,1997,21(3):443-448.

[6] Ko C,Mclellan R B. Thermodynamics of ternary nitrogen austenites[J]. Acta Metallurgica, 1983,31(11):1821-1827.

[7] Kaufman L,Bernstein H. Computer Calculation of Phase Diagram[M]. New York:Academic Press,1970.

[8] Ishida K. Direct estimation of stacking fault energy by thermodynamic analysis[J]. Physica Status Solidi (a),1976,36(2):717-728.

[9] Ericsson T. On the suzuki effect and spinodal decomposition[J]. Acta Metallurgica,1966,14 (9):1073-1084.

[10] Hillert M,Jarl M. A model for alloying effect in ferromagnetic metals[J]. CALPHAD,1978, 2(3):227-238.

[11] Wan J F,Chen S P,Hsu T Y,et al. Temperature dependence of stacking fault energy in Fe-based alloys[J]. Science in China(E),2001,44(4):345-352.

[12] Remy L. Temperature variation of the intrinsic stacking fault energy of a high manganese austenitic steel[J] Acta Metallurgica,1977,25(2):173-179.

[13] Rémy L,Pineau A,Thomas B. Temperature dependence of stacking fault energy in close-packed metals and alloys[J]. Materials Science and Engineering,1978,36(1):47-63.

[14] Lecroisey F,Thomas B. On the variation of the intrinsic stacking fault energy with temperature in Fe-18Cr-12Ni alloys[J]. Physica Status Solidi (a),1970,2(4):K217-K220.

[15] Latanision R M,Ruff A W. The temperature dependence of stacking fault energy in Fe-Cr-Ni alloys[J]. Metallurgical and Materials Transactions B,1971,2(2):505-509.

[16] Jin X J,Xu Z Y,Li L. Critical driving force for martensitic transformation FCC($\gamma$)→HCP ($\varepsilon$) in Fe-Mn-Si shape memory alloys[J]. Science in China,1999,42(3):266-274.

[17] Huang W. An assessment of the Fe-Mn system[J]. CALPHAD,1989,13(3):243-252.

[18] Abrassart F. Stress-induced $\gamma$→$\alpha$ martensitic transformation in two carbon stainless steels. Application to trip steels[J]. Metallurgical and Materials Transactions B,1973,4(9):2205-2216.

[19] Wan J F,Chen S P,Hsu T Y,et al. The stability of transition phases in Fe-Mn-Si based alloys[J]. CALPHAD,2001,25(3):355-362.

[20] Othsuka H,Kajiwara S,Kikuchi T. Growth process and microstructure of $\varepsilon$ martensite in Fe-Mn-Si-Cr-Ni SMA[J]. Journal de Physique,1995,5(C8):451-455.

[21] Ogawa K,Kajiwara S. HREM study of stress-induced transformation structures in an Fe-Mn-Si-Cr-Ni shape memory alloy [J]. Materials Transaction, JIM, 1993, 34 (12): 1169-1176.

[22] Wang D,Ji W,Liu D,et al. New structures after martensitic transformation in an Fe-Mn-Si-Cr shape memory alloy[J]. Progress in Natural Science,1998,8(5):604-609.

[23] Kohler F. Zur berechnung der thermodynamischen daten eines ternären systems aus den zugehörigen binären systemen[J]. Monatshefte Fuer Chemie/chemical Monthly,1960,91 (4):738-740.

[24] Colinet C D E S. Frc des sci[D],Grenoble:University pf Grenoble,1967.

[25] Muggianu Y,Gambino M,Bros J. A new solution model[J]. Journal of Chemical Physics, 1965,72:83-88.

[26] Toop G. Predicting ternary activities using binary data[J]. Transactions of the Metallurgical Society of AIME,1965,233(5):850.

[27] 徐祖耀,李麟. 材料热力学[M]. 北京:科学出版社,2000.

[28] Shi S,Liu C,Wan J F,et al. Thermodynamics of fcc-fct martensitic transformation in Mn-X (X＝Cu,Fe) alloys[J]. Materials and Design,2016,92:960-970.

[29] 万见峰,陈世朴,徐祖耀. Fe-Mn-Si 合金相变热滞的理论计算[J]. 金属学报,2005,41(8): 795-798.

[30] Olson G B,Cohen M. Thermoelastic behavior in martensitic transformations[J]. Scripta Metallurgica,1975,9(11):1247-1254.

[31] Olson G B,Cohen M. Reply to "on the equilibrium temperature in thermoelastic martensitic transformations"[J]. Scripta Metallurgica,1977,11(5):345-347.

[32] Deng Y,Ansell G. Investigation of thermoelastic martensitic transformation in a Cu-Zn-Al alloy[J]. Acta Metallurgica and Materialia,1990,38(1):69-76.

[33] Tong H C,Wayman C M. Characteristic temperatures and other properties of thermoelastic martensites[J]. Scripta Metallurgica,1974,22(7):887-896.

[34] Wayman C M, Tong H C. On the equilibrium temperature in thermoelastic martensitic transformations[J]. Scripta Metallurgica, 1977, 11(5):341-343.

[35] Salzbrenner R J, Cohen M. On the thermodynamics of thermoelastic martensitic transformations[J]. Acta Metallurgica, 1979, 27(5):739-748.

[36] Olson G B, Cohen M. A general mechanism of martensitic nucleation: Part I. General concepts and the FCC→ HCP transformation[J]. Metallurgical and Materials Transactions A, 1976, 7(2):1897-1904.

[37] Schramm R E, Reed R P. Stacking fault energies of seven commercial austenitic stainless steels[J]. Metallurgical and Materials Transactions A, 1975, 6(7):1345-1351.

[38] Li J C, Zheng W, Jiang Q. Stacking fault energy of iron-base shape memory alloys[J]. Materials Letters, 1999, 38(4):275-277.

# 第6章 马氏体相变形态学的相场模拟

## 6.1 引 言

徐祖耀院士 2008 年在全国第八届相变及凝固学术会议上提出发展材料形态学的倡议"[1]。材料组织形态对性能的影响是材料科学与工程的核心,材料科学的发展与应用均需要材料形态学。发展材料形态学的基本内容包括[2]:①材料中不同组织形态的归纳和表征;②不同组织形态的成因;③组织形态对性质的影响。钢铁材料中存在丰富的相变现象,如珠光体相变、贝氏体相变、马氏体相变。这些组织的形态对钢铁材料的强度、塑性和韧性有决定性的影响,通过热机械处理可同时提高钢铁材料的强度和韧性,从而实现良好的强、韧配合,可以满足高端钢的工业需要。影响材料形态的主要因素包括合金成分、热加工工艺,而材料的制备方法、制备工艺也对材料形态有重要的影响。在钢铁材料中,随碳含量的增加,马氏体组织会从板条马氏体变为片状马氏体,前者的内部亚结构是位错,后者则为孪晶,前者的塑性好,后者的强度高。马氏体相变在智能材料中起到了关键性的作用,Mn基合金中马氏体孪晶界面的迁移会导致高阻尼性能,磁场下马氏体孪晶界面的运动会导致磁控记忆效应;在智能材料 Fe-Mn-Si 合金中通过热机训练可得到排列整齐的马氏体单变体,其形状记忆效应可得到有效提高;马氏体相变及马氏体可以使陶瓷材料具有超塑性。借助马氏体相变,Fe 基合金和 Cu 基合金等材料可获得超弹性。

材料形态的演化涉及微观组织演化的方向、路径和结果[3],其中热力学或能量学决定了相变进行的方向,相变动力学决定了微观组织演化的路径,微观组织的结构稳定性决定了演化的结果。所以材料形态学包含材料热力学、动力学和晶体学。微观相场方法是目前一种非常强有力的微观组织模拟方法,并已成功用于研究马氏体相变[4],相变的 Landau 自由能常被描述为材料体系的化学自由能,在相变应变能表达中涉及材料的相变晶体学,而相变的组织演化就是一个动力学过程,其中相变应变能对微观组织形态具有决定性作用,所以利用相场方法研究马氏体相变形态学是完全可行的。本章将利用相场方法研究外场对马氏体相变及马氏体形态的影响规律,同时考虑马氏体形态的晶粒尺寸效应,探究材料微观组织调控及性能的内在关联,为智能材料的工业应用提供理论支持。

# 6.2　晶粒尺寸对马氏体形态学的影响规律

改变晶粒尺寸可以改善材料的力学性能,如 Hall-Petch 关系,晶粒尺寸的减小也会影响晶粒内部的微观组织。晶粒尺寸对马氏体相变有重要影响,如马氏体相变温度,随着晶粒尺寸的减小,马氏体相变温度会逐步降低,表明晶界对马氏体相变的动力学过程具有一定的约束作用,对马氏体微观组织形态及其分布也有影响。对于马氏体形态的尺寸效应,文献[5]研究了钢中板条马氏体的形态特征,发现晶粒尺寸会严重影响马氏体片的长度,但对马氏体片宽度的影响较小,这种影响主要是通过马氏体晶团尺寸体现的,同珠光体晶团尺寸与晶粒尺寸的关系类似。其他形态的马氏体如透镜状马氏体、片状马氏体均与晶粒尺寸有密切的关系,晶粒尺寸减小,马氏体尺寸(包括长度和宽度)也随之减小。多晶相场方法已被成功用来研究多晶 Au-Ag 合金中的马氏体相变,发现四种马氏体变体在每个晶粒中均会出现[6]。对于 Fe-0.3C(wt%)多晶合金,Malik 等[7]利用相场方法研究了外部载荷对马氏体相变的影响及其内部的塑性应变分布,从力学的角度对其微观组织演化进行了分析。无论是单晶还是多晶,均没有研究马氏体形态与晶粒尺寸之间的相互关系,也没有研究晶粒尺寸的变化对材料体系内部应力/应变分布的影响规律。下面利用相场方法研究马氏体相变形态学的尺寸效应,基于与尺寸关联的应力/应变分布的演化规律,研究比较单晶与多晶的马氏体形态差异的内在机理。

## 6.2.1　单晶中马氏体相变的尺寸效应

在相场模拟过程中,Wang 等[4]采用热噪声扰动的方式促使马氏体相变的形核和长大,这是大家经常采用的模拟方式;相场模拟中也可研究位错诱发的马氏体相变,其中位错是通过一个等效应变场引入相场模型的[8]。本节主要考虑后者,重点研究缺陷诱发相变的晶粒尺寸效应。具体模拟中设中心格点存在静态位错环,$\varepsilon_{11}^{de}=0.1$,$\varepsilon_{22}^{de}=-0.1$,$\varepsilon_{12}^{de}=\varepsilon_{21}^{de}=0$,缺陷不随时间和晶粒尺寸变化。对于晶粒尺寸的变化,在建立模型时,保持去量纲化的梯度系数不变,从而保证单个格点对应的实际尺寸不变,通过改变格点的数目来体现晶粒尺寸的大小。模拟时 $\beta^*=0.2$,计算得到一个格点的实际尺寸约为 1.2nm,本节主要考虑单晶中的马氏体相变,单晶的晶粒尺寸分别为 78nm、150nm 和 300nm,如图 6.1 所示[9]。图 6.1(a)是不同晶粒尺寸中马氏体体积分数随约化时间的变化曲线,可以发现,当晶粒尺寸减小到 78nm 时,缺陷诱发马氏体相变形核的孕育时间要延长 1 倍,这表明小晶粒尺寸会阻碍马氏体相变的发生,对其动力学过程产生约束作用。图 6.1(b)是微观组织与晶粒尺寸的相互关系,从图中可以看出,缺陷诱发得到了两束相互交叉的马氏体,每束马氏体都含有不同的变体。在缺陷诱发初期,缺陷的应力场与晶粒尺寸无关,由于马氏体核胚要远远小于晶粒尺寸,所以马氏体核胚的形成与晶粒尺寸无关。但马氏体的长大与晶粒尺寸有密切关系。从图 6.1(b)中可以看出,随着晶粒尺寸的减小,马氏体组和马氏体变体的长度随之减小,而宽度的变化不明显。在马氏体长大过程中,马氏体长度方向的增长速度与马氏体加厚的速度不同,这主要是在这两个方向上所受到的应力状态不同,如图 6.1(c)和(d)所示。

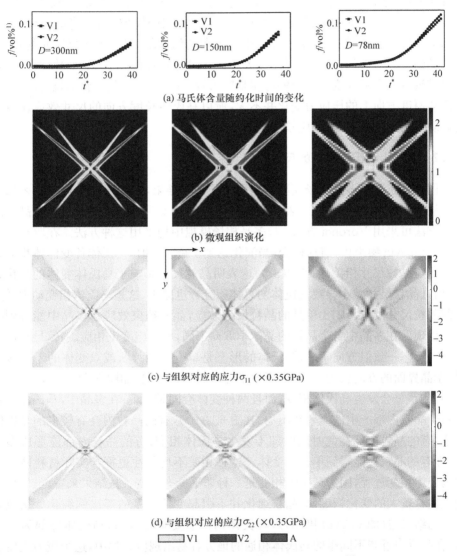

(a) 马氏体含量随约化时间的变化

(b) 微观组织演化

(c) 与组织对应的应力 $\sigma_{11}$ (×0.35GPa)

(d) 与组织对应的应力 $\sigma_{22}$ (×0.35GPa)

V1　　V2　　A

图 6.1　单晶相场模型中缺陷诱发的马氏体相变[9]

图 6.1(c)和(d)分别是不同晶粒尺寸下正应力 $\sigma_{11}$、$\sigma_{22}$ 的分布图。从这两个图中可以看出,对于任一晶粒尺寸下的两种马氏体变体,在马氏体内部均为拉应力,在马氏体外部均为压应力,但在其伸长方向的压应力要小于马氏体增厚方向上的压应力,特别是较近的两个不同变体之间的母相(A)是压应力较大的区域,这表明马氏体伸长方向上所受到的阻力要小于增厚方向上受到的基体的阻力,所以马氏体片增厚的速率要小于伸长的速率,这与用声发射测得的结果一致[10]。对比图 6.1(c)和(d),发现随着晶粒尺寸的减小,一组马氏体产生内部张应力变大,而外部的压应力也在增加,这使得马氏体的长大受到抑制,但由于晶粒尺寸的减小,表面的约束效应得到体现,所以马氏体伸长方向的端部的压应力会变化比较快,特别是较近的两个不同变体之间的母相是应力较大的地方,也是变化明显的区域,而马氏体厚度方向上的压应力变化并不大,所以马氏体长度方向的尺寸效应比较明显,而厚度方向上的尺寸效应较弱。

## 6.2.2　多晶中马氏体相变的尺寸效应

图 6.2 是基于多晶相场模型模拟得到的计算结果,在相同的格点($125 \times 125$)下,晶粒数分别 4 个和 16 个,表明后者的晶粒尺寸要明显小于前者。多个晶粒的产生方法可采用 Voronoi 方法[11],多晶相场模拟中均采用这种方法。在驱动力中加入 Langevin 噪声项,启动相变,当演化达到平衡状态时,马氏体各变体体积分数的变化与晶粒尺寸相关(图 6.2(a)),这表明晶粒尺寸影响了马氏体变体的演化路径,而且晶粒尺寸减小导致马氏体的总体积分数也减小,这是马氏体相变动力学过程的晶粒尺寸效应。相比单晶的晶粒尺寸效应,晶界约束效应在多晶中能得到很好的体现。在多晶中各个晶粒的晶体学取向不同,相变应变也相应旋转,导致微观组织的形态一致但方向不同;马氏体的形态是单变体的片状或双变体的矛头状孪晶,孪晶界面的方向较为一致,为当地坐标系的(11)方向,如图 6.2(b)所示。在单晶中,体系总会发生马氏体相变,而且两种变体会同时出现;在多晶中,马氏体相变在每个晶粒内部产生的概率并不均匀(图 6.2(b)),有的晶粒内会有较多的马氏体形成,有的晶粒内部在此时间段却不发生马氏体相变;有的晶粒内部能形成多变体,而有的晶粒只能得到单一的变体。这种相变不均匀性更符合实际材料体系中的马氏体相变过程,因为马氏体相变是一种非平衡态相变。从结果来看,虽然变体的宽度有较大的变化幅度,但晶粒细化并不引起变体宽度的等比例细化。从应力分布的结果看(图 6.2(c)和(d)),马氏体内部主要是张应力,马氏体外部为压应力;在晶界附近和不同组的马氏体相遇的地方容易出现应力集中,这个应力主要表现为压应力,从而阻止马氏体相变的形核和长大。实验观察到,钢中马氏体应变主要为膨胀应变,表明马氏体内部应力主要为张应力。随着晶粒尺寸的减小,这种应力分布的不均匀性得到增强。这表明,在多晶相场模型中,不是所有的晶粒都存在有效

核胚,一个晶粒中相变导致的应力通过晶界传递到相邻还未发生相变的晶粒,从而诱发相变。需要指出的是,如果上述单晶模型代表的是多晶中的某个晶粒,边界条件就表示晶界的形变能力,那么上述两种模型描述的晶界的性质是完全不一样的。单晶中的表面或晶界尽管能同时体现周围晶粒的约束作用和晶界对变形的约束,但由于是完全固定的,其应力松弛只能在一个晶粒中进行;多晶的晶界是不固定的,参与整个多晶体系的总应力松弛,晶界可移动,因而更符合实际的实验观察结果。

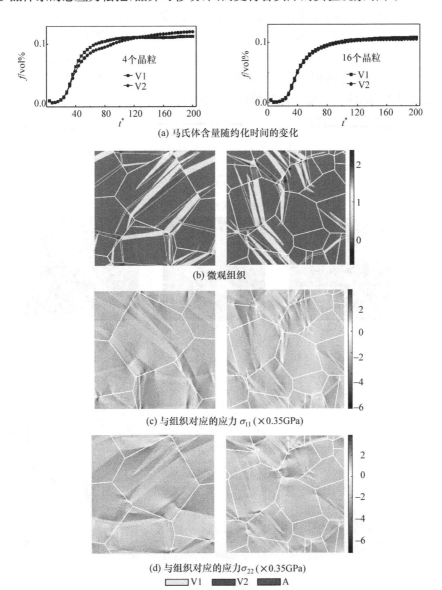

(a) 马氏体含量随约化时间的变化

(b) 微观组织

(c) 与组织对应的应力 $\sigma_{11}$ (×0.35GPa)

(d) 与组织对应的应力 $\sigma_{22}$ (×0.35GPa)

图 6.2  多晶相场模型中缺陷诱发的马氏体相变(分别为 4 个晶粒和 16 个晶粒)[9]

### 6.2.3　马氏体单变体的尺寸效应

以上考虑了单晶和多晶中马氏体多变体的尺寸效应,在相变过程中均存在马氏体变体间的相互协调作用,这对于应力松弛及其内部应力再分布有积极的影响。变体间的协调使得相变应变要小很多,马氏体相变更容易进行,这在 Ni-Ti 等功能材料中可观察到菱形的马氏体变体群[9],在钢铁材料中尽管不能观察到所有的 24 个变体,但多个变体都是同时出现的,即便不形成变体群,一个晶粒内部多变体的存在也依旧能相互协调,降低总的相变应变能。本节主要研究马氏体单变体的尺寸效应,由于缺少不同马氏体变体间的相互协调效应,所以马氏体的组织形态、内部应力场与晶粒尺寸的相互关系会有极大的差异。图 6.3 是单晶中马氏体单变体的微观组织形态、应力状态等随晶粒尺寸的演化。

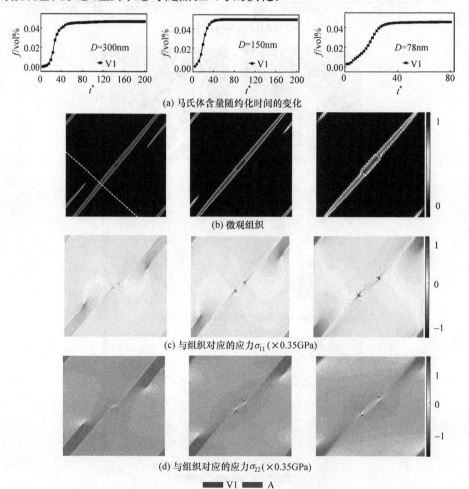

(a) 马氏体含量随约化时间的变化

(b) 微观组织

(c) 与组织对应的应力 $\sigma_{11}$ (×0.35GPa)

(d) 与组织对应的应力 $\sigma_{22}$ (×0.35GPa)

V1　　A

图 6.3　不同晶粒尺寸下缺陷诱发的单变体相变[9]

　　当缺陷的影响区域较大时,模拟中在中心附近有一个本征应变场(图 6.3(b)中矩形虚线框所示的位置)成功诱发了单变体马氏体相变。在实际的材料体系中,缺陷诱发相变形成马氏体单变体是可以观察到的。马氏体呈针状,到一定大小之后停止长大。根据周期性边界条件,图 6.3(b)中的马氏体片其实是同一片马氏体。在马氏体内部主要是拉应力($\sigma_{11}$,$\sigma_{22} > 0$),而在奥氏体区域其应力分布并不均匀,在马氏体片左下端上部及右上端下部的一部分区域呈现较强的压应力,其他大部分奥氏体区域则是拉应力,并随着晶粒尺寸的减小,压应力区域的压应力明显增加,使得马氏体片的长度及厚度几乎等比例地减小,体现了较强的应力约束效应。这种马氏体形态的变化及其内部应力状态与单晶有明显的不同(图 6.1(c)和(d)),由此可以看出马氏体单变体周围的应力状态并不完全相同,端部与中间的明显不同,另外马氏体上下表面的应力状态也不相同,这表明马氏体增厚并不是等速地向两侧进行,即马氏体上下界面的迁移速度不同。

　　图 6.4 是不同晶粒尺寸下多晶中马氏体单变体的形态组织及应力状态分布图。相比多晶中的马氏体多变体(图 6.2(a)),由于缺少变体协调,马氏体体积分数明显减少,随着晶粒尺寸的减小,除了马氏体的长度减小之外,马氏体片的宽度也变小,具有一定的尺寸效应。在 4 个晶粒和 16 个晶粒的体系中,无论单变体还是多变体,在某些晶粒中马氏体变体能形成多片组织(总数大于 10 片,如图 6.2(b)所示),而单变体在一个晶粒中最多只能形成两片马氏体,如图 6.4(b)所示。对于 4 个晶粒体系,无论单变体还是多变体,每个晶粒中都有马氏体的形成,而对于 16 个晶粒的体系,由于多变体的协调效应,不发生马氏体相变的晶粒数只有 1 个,而在单变体体系中缺少这种协调效应,不发生马氏体相变的晶粒数超过 4 个。在多晶中,各晶粒内部的应力状态分布非常复杂,如图 6.4(c)~(e)所示。通过比较发现,$\sigma_{11}$、$\sigma_{12}$、$\sigma_{22}$ 均随着晶粒尺寸的减小,内部拉应力的区域减小,而压应力的区域增加,特别是对于 $\sigma_{22}$ 大部分转化为压应力区域,这使得多晶体系中有些晶粒内部只有 1 片马氏体。即便有些区域还是保持拉应力,但其值也会减小。

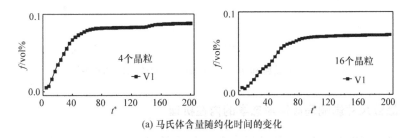

(a) 马氏体含量随约化时间的变化

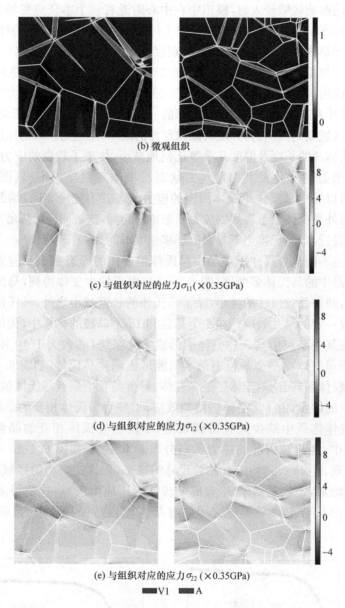

(b) 微观组织

(c) 与组织对应的应力 $\sigma_{11}$ (×0.35GPa)

(d) 与组织对应的应力 $\sigma_{12}$ (×0.35GPa)

(e) 与组织对应的应力 $\sigma_{22}$ (×0.35GPa)

■■V1　　■■A

图 6.4　4 个晶粒和 16 个晶粒中的单变体马氏体相变[9]

### 6.2.4　晶粒尺寸影响马氏体形态学的内在机理

晶粒尺寸的变化对马氏体的形态有重要的影响,这种影响主要体现在三个方面:①马氏体的平均尺寸;②马氏体的含量;③马氏体的分布。图 6.5 给出了马氏体含量与晶粒尺寸之间的关系。从图中可以看出,对于不同的初始条件(包括单晶/多晶,单变体/多变体),晶粒尺寸对马氏体形态的影响规律不同。通过单变体与多变体的比较,发现变体间的协调效应对马氏体形态有重要影响,不同的晶界约束方式(单晶和多晶)反过来又影响着马氏体变体间的相互协调大小。这种协调效应可以从内部组织的应力状态得到体现(表6.1)。从图6.5中可以看出,当晶粒中存在多个变体时,马氏体片的宽度不随晶粒尺寸而变化,而如果相变应变无法完全协调,马氏体片的宽度会随着晶粒尺寸的减小而变小。马氏体的尺寸是由马氏体周围的局域应力状态决定的,马氏体端部与中间所受到的应力状态不同,马氏体表面的上部与下部所受到的应力状态与马氏体变体数有密切的关系,这种差异就决定了马氏体尺寸的晶粒尺寸效应。由于马氏体变体间的自协调,马氏体相变的宏观应变减小,相变更容易进行,所以得到的马氏体含量要高(图6.5);宏观应变的减小也意味着内应力的减小,如表6.1所示。在文献[12]中,相场模拟中采用了无约束边界条件,相变的宏观应变被完全松弛,马氏体相变可以很容易进行,最后全部转化为马氏体,但实际材料中总会有残余的奥氏体。对比模拟结果可知,由于晶界的约束,马氏体相变的宏观应变不能完全松弛,所以马氏体相变被有效抑制,导致一定奥氏体量的存在。

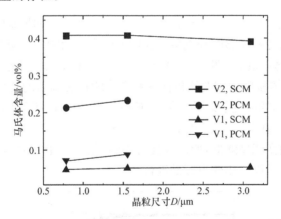

图6.5　不同模型中的马氏体含量与晶粒尺寸的关系[9]

　　马氏体的分布涉及马氏体的组态特征。实际材料中的变体最多为24个,根据变体选取法则(variant selection rule),具有特定对称关系的马氏体变体可以构成马氏体孪晶或马氏体自协调群,其组态与马氏体形态有关,透镜状和板条的变体协调有很大的差异,透镜状马氏体相当于单变体相变中的单变体或多变体相变中的一束马氏体,随着晶粒尺寸的减小而减小,而板条马氏体的尺寸较小,受局部应力控制,受晶粒尺寸的影响较小。这里模拟的主要是片状马氏体或针状马氏体,与透镜状马氏体的规律比较接近。

表 6.1　不同体系中的内应力(平均晶粒尺寸为 129nm×1.2nm)

| 应力/GPa | SCM,V2 | PCM,V2 | SCM,V1 | PCM,V1 |
|---|---|---|---|---|
| $\sigma_{11}$ | −5.29 | −6.12 | 0.26 | −1.95 |
| $\sigma_{12}$ | — | 0.14 | — | 0.05 |
| $\sigma_{22}$ | −5.14 | −5.82 | −1.55 | −2.57 |

### 6.2.5　应力状态对相变的影响

马氏体相变属于非平衡相变,包括形核和长大两个阶段。钢中的马氏体相变进行得非常快,其界面迁移速度达到声速;而热弹合金的马氏体相变比较慢,其界面迁移速度在 10m/s 左右[10]。对于马氏体的长大可以通过一定的方法观察到,但马氏体的形核过程一直没有从实验上观察到,马氏体核胚的大小及其形状也只是推测。这里采用缺陷来诱发相变,而缺陷是通过应变场引入的,在体系内部会产生一个等效应力场,所以马氏体的形核相当于应力诱发形核,其形核过程如图 6.6(a)所示。在相场模拟中,体系总是朝着体系总能量降低的方向演化,如图 6.6(b)所示。

为了降低缺陷引起的应变能,触发了序参量的演化。如果缺陷足够大,能抵消相变能垒,那么相变就能够顺利发生。在应变能和界面能的约束下,形成一定形状的自协调的马氏体核胚,如图 6.6(c)所示,这不同于以往的椭球状的位错核胚模型[10]。此时马氏体核胚的应变能包括两种变体的自协调后的总应变能,应当小于独立的两片马氏体的应变能之和。界面能则包括马氏体/奥氏体界面能和马氏体孪晶界面能。尽管在总界面能中增加了孪晶界面能,但相比应变能,界面能所占比例很小,总体的相变能垒降低,所以应变自协调下的马氏体核胚比单变体核胚的能垒要小,最终使得马氏体相变更容易进行。

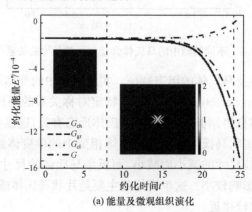

(a)能量及微观组织演化

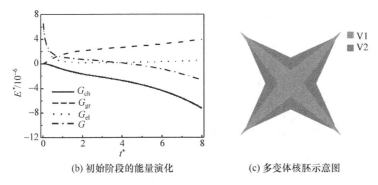

(b) 初始阶段的能量演化　　　　　　(c) 多变体核胚示意图

图 6.6　缺陷诱发马氏体的形核过程、动力学转变曲线及各能量的演化曲线[11]

为了揭示应力状态对长大过程中界面迁移的作用,任意选取一个格点,观察它的序参量演化过程,结合演化过程中相变驱动力的变化,探究其动力学过程,其结果如图 6.7 所示。参照体系能量的表达式,相变的驱动力可分为化学驱动力、界面驱动力和应变驱动力几部分。格点附近一片变体 1 的横向长大使得相界面逐渐靠近格点,格点的应力场发生明显的变化,出现较大的变体 1 的应变驱动力,使总的驱动力不再为零,序参量开始变化(图 6.7(a) 中的阶段①)。在序参量的值跨过化学能垒对应的值之前,一直是应力驱动力驱使序参量的增加;之后,出现化学驱动力,驱动序参量向着变体 1 演化(阶段②)。

在序参量增大的后期,出现了负的应力驱动力,即应力状态阻碍相变的发生;但化学驱动力使序参量继续演化。当序参量的值达到平稳状态时,应力驱动力约为 0,界面驱动力为负,仍然存在化学驱动力,格点完成马氏体相变(阶段③)。在格点位置序参量 $\eta_2$ 的演化在经历了小的波动之后,变为 0;由于序参量 $\eta_2$ 的分布混乱,界面驱动力出现波动。和形核一样,马氏体相变的长大(即界面的迁移)是应力诱发的,最终状态由化学能决定。不同格点的演化过程存在差别,但基本规律一致。可见,界面的迁移是应力控制的,而不是热起伏控制的,应力的快速传递使得相变的速度很快。

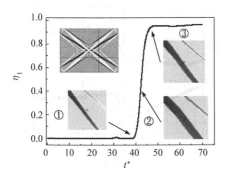

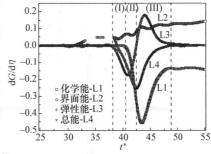

(a) 变体 1

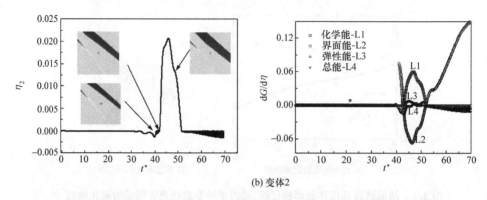

(b) 变体2

图 6.7　格点(172,172)的序参量及能量的演化曲线[9]

　　马氏体长大最终要终止于某个位置,此时马氏体界面应当处于两种平衡状态:应力平衡和能量平衡。根据序参量的演化方程,当微观组织不再演化时,此时的序参量达到马氏体对应的平衡值(图 6.8(a)),界面不再迁移,此时马氏体内部、界面及奥氏体的应力状态如图 6.8(b)所示,其能量状态如图 6.8(c)所示。由于此线垂直于马氏体片,所以可以看到马氏体左右两个界面附近序参量的变化,从而可以确定左右马氏体界面的大致厚度。除了界面尺寸外,根据图 6.8(b),发现左右界面的应力状态明显不同,右界面两侧应力状态变化很小,表明右界面处于力学平衡状态,而且右侧界面的总能量为 0(图 6.8(c)),同时满足应力平衡和能量平衡条件,所以右侧界面不会迁移。

　　从图 6.8(b)中可以看出,左界面附近的 $\sigma_{11}$ 和 $\sigma_{22}$ 均存在较大的应力梯度,应力并不平衡,这种差异导致界面附近出现较大的形变区,因为左界面左侧的奥氏体内的应力有较大变化,特别是 $\sigma_{22}$ 的变化。同时,左侧界面的总能量也不为零,表明左侧界面储藏有部分能量。对于左侧界面,应力和能量均不平衡,二者共同作用也能保持左侧界面不发生迁移,处于一种亚平衡的状态。当升温时,尽管储藏在马氏体中的相变应变能可以作为逆相变的驱动力,但由于左侧界面的应力

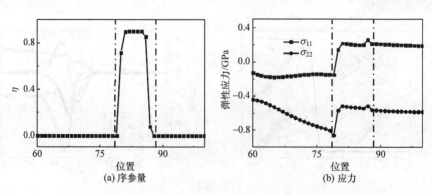

(a) 序参量　　　　　　　　　　　　(b) 应力

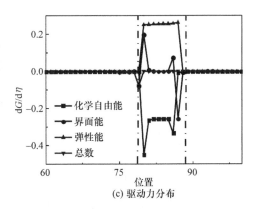

(c) 驱动力分布

图 6.8　沿图 6.3(b)中刻画线的序参量、应力及驱动力分布[9]

梯度较大,左侧界面应当先发生迁移,实现马氏体的逆相变。另外,左右界面的最终应力方向也不相同,所以马氏体左右界面在正逆相变过程中的迁移方向也会存在一定的差异。

## 6.2.6　应变矩阵的类型对马氏体形态的影响

通常认为,相变应变张量显著影响了相变特征。图 6.9 是无体积膨胀和有体积膨胀的马氏体的长大过程,其长大特征差异较大。在无体积膨胀的相变中,单个变体平直,沿(1 1)方向伸长,一种变体到一定宽度之后,诱发形成另一种变体的形成,两种变体交替生长,形成一组孪晶型马氏体;在具有体积膨胀的相变中,变体的宽度随着伸长而变窄,伸长方向偏离(1 1)方向,一种变体也很难诱发另一种变体形成。基于以上分析,可以知道膨胀效应产生的应力无法消除,是产生应力的主要原因。本节体现了长大过程中应变协调具有一定的条件,不仅具有晶体学的必要条件,还需能量学的必要条件,这就是变体之间不能任意组合的原因。

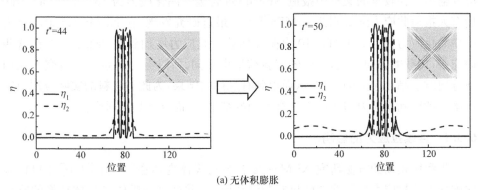

(a) 无体积膨胀

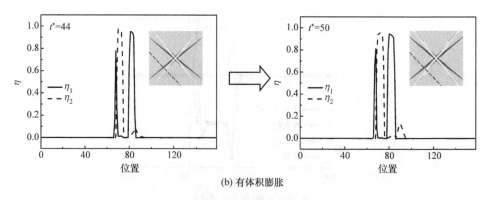

(b) 有体积膨胀

图 6.9　体积膨胀对微观组织及序参量的影响[9]

# 6.3　连续应力对马氏体形态学的影响规律

　　Ni-Mn-Ga 合金中通过磁场或应力场可获得较大的应变输出,这主要是由马氏体变体的再取向和再分布造成的[13]。实验结果显示,若只有外磁场,需要达到 2T 才能获得较大的应变输出[14]。但问题是要产生 2T 的磁场的装置比较大,比器件本身的体积要大很多,这严重限制了基于此效应的驱动器件的工业应用。目前比较实用的方法是同时加上应力场和磁场,两者的方向相互垂直[15]。加应力场的作用可有效减小磁场,有实验结果显示在一定的应力场下,磁场已降到 1T 以下,同时磁场下的输出应变也有保证[16]。显然应力场的作用非常重要,它能有效地降低磁场,而且加应力场比加磁场要方便得多,应力场的大小也容易调节。但从目前的研究结果显示,加应力场还没有任何规律可循,都是凭经验来加应力场的大小。另外,孪晶化的应力大小是一个非常重要的参数,它直接关系到 Ni-Mn-Ga 合金的应变输出。在较早的文献中报道 Ni-Mn-Ga 合金孪晶化应力为 15～20MPa[17],随后有人报道此应力降低到 2～3MPa[18,19]。最近研究发现,在 Ni-Mn-Ga 单晶合金中孪晶化应力只有 0.1MPa,10 次循环加载后此应力增加到 0.8MPa[20]。在这些研究中,加载的方向不同,得到的实验结果也不同,所以有必要系统地研究不同加载方向对孪晶化应力的影响,从而得到有规律的结果,为此类材料的实际应用奠定基础。考虑到拉应力与压应力会有不同的结果,下面分别加以研究。

## 6.3.1　连续拉应力的影响

　　先利用相场的方法研究 Ni-Mn-Ga 合金马氏体变体在[100]、[110]、[111]方向施加连续拉应力后再取向的机制和演化路径,并计算马氏体各变体转换的临界应力,同时考虑界面动力学因子和弹性模量对此临界值的影响。

**1. 初始组织**

在施加外场拉应力之前,需要得到 Ni-Mn-Ga 合金初始组织。图 6.10(d)是无外场下系统演化 10000 步后的微观组织形貌图,其将作为下面施加应力拉伸的初始结构。从 Ni-Mn-Ga 合金的演化过程中,需要关注以下三个方面的问题。

(1) 马氏体孪晶的形成过程。图 6.10 中,三种马氏体变体之间具有非常好的孪晶关系,孪晶面为(110);变体 V1 和 V2 相对 V3 具有尺寸更大的形貌,而 V3 主要是作为薄片组织镶嵌在 V1 和 V2 中。从其演化过程看,三种变体间的孪晶关系是在马氏体变体各自长大过程中形成的。在相变初期($t=100$ 步)(图 6.10(a)),三种变体的形成与分布是随机的、等概率的,它们之间并不存在孪晶关系,表明这类合金的马氏体相变并不借助于孪晶形核机制。随着演化的进行,单一马氏体片逐步长大,各变体的体积分数和系统的界面能及应变能都增加,此刻各变体间的相互协调也逐步增强,在演化的某些区域马氏体孪晶开始形成(图 6.10(b))。当 $t=1000$ 步时,马氏体孪晶已成为体系的主要微观组织。

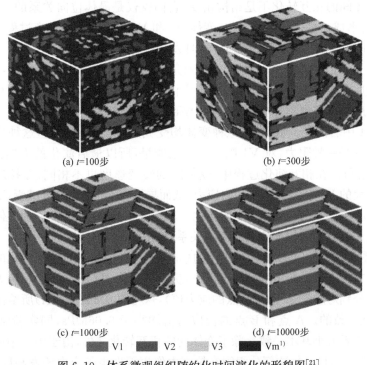

(a) $t=100$步　　　　　　　　　　　　　　(b) $t=300$步

(c) $t=1000$步　　　　　　　　　　　　　　(d) $t=10000$步

■ V1　　■ V2　　■ V3　　■ Vm[1]

图 6.10　体系微观组织随约化时间演化的形貌图[21]

$G=30\text{GPa}, L^{*}=0.25$

---

1)　本书中 Vm 表示基体组织。

(2) 大片马氏体的长大过程。变体 V1 和 V2 的尺寸最后尽管都是大片组织（图 6.10(d)），但这些微观组织并不是一开始就形成的，比较图 6.10(b)和(c)可以看出，大片组织是在结构演化过程中由一些小变体相互融合形成的。

(3) 终态组织分布规律。图 6.10(d)是演化 10000 步后形成的稳定组织，从中可以看出各变体之间均呈现孪晶关系，变体 V3 在 V1 和 V2 中存在多片组织，而且各 V3 均是相互平行的，没有出现相互交叉的情形，但 V1 中的 V3 和 V2 中的 V3 的位向关系并不一致，这种分布与相互协调使得体系的应变能和总能量保持最低。

### 2. 沿[100]方向拉伸

首先考虑在单一轴向的拉伸。根据三种变体的晶体结构特征，在[100]方向、[001]方向或[001]方向拉伸均会得到单一变体，所以可以认为三个方向是等价的，这里考虑沿[100]方向拉伸，具体的演化过程如图 6.11 所示。基于图 6.11，可以发现在外加应力作用下随着变体 V2 的逐步变薄，变体 V1 逐渐增厚。需要明确的是，这种变体间的相互转化不是结构相变，它们仅仅是晶体位向关系的变化，并不存在新相的形成。进一步可以看出，变体 V1 和 V2 之间的结构转变过程主要依赖于二者之间的孪晶界面迁移来完成，而且发现 V3 会同时从 V1 和 V2 中逐步消失，但此时 V2 也在减少，相比而言，V3 先完全消失，随着拉应力的增加，V2 也完全消失，最后只剩下单一变体 V1。由于变体 V3 在 V1 和 V2 中的位向和分布不同，所处的应力状态也不完全相同，这就导致在演化过程中观察到 V3 在 V2 中先消失，在 V1 中后消失。事实上，三种变体均受到外应力的作用，但这种应力对变体 V2 和 V3 是一种阻力，对 V1 则是一种正能量，所以最后演化的方向是 V2 和 V3 向 V1 进行。在相互演化过程中，变体间的转变速度也不相同，在拉应力作用下，逐步长大的 V1 会增加体系的内应力，从而导致 V3 的消失速度减慢，而逐步减少的 V2 却积极促进了 V3 向 V1 的转化。Ni-Mn-Ga 合金体系中三种变体的体积分数与沿[100]方向的拉伸应力之间的关系，如图 6.11(g)所示。

根据图 6.11(g)，可以得到马氏体的孪晶化应力，即变体间相互转化的临界外应力；发现在三变体系统中变体 V2 和 V3 完全转化为 V1 所需的最小应力是不同的（其大小分别对应于 A 点和 B 点的应力值），这与图 6.11(a)~(f)所给出的微观组织演化是一致的。A 点和 B 点的拉应力值均小于 0.06MPa，同实验结果[20]比较后发现，二者大小基本一致。除了变体间的相互转化之外，由于体系中还存在少量的母相（图 6.11(a)），这部分组织在拉应力作用下发生了应力诱发马氏体相变，最后系统中基本上都是变体 V1。

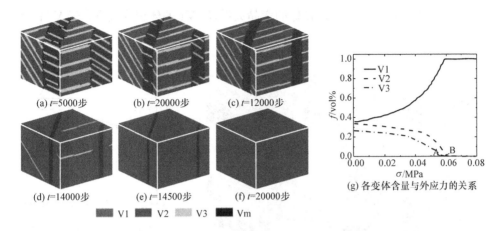

(a) $t$=5000步　　(b) $t$=20000步　　(c) $t$=12000步

(d) $t$=14000步　　(e) $t$=14500步　　(f) $t$=20000步

(g) 各变体含量与外应力的关系

V1　V2　V3　Vm

图 6.11　在[100]方向施加连续拉应力下微观组织的演化过程[21]

### 3. 沿[110]方向拉伸

同样考虑到拉伸方向的对称性,针对三种变体的对称性,可以认为分别沿[110]方向、[011]方向或[101]方向施加拉应力是等价的,体系最后均变成两种变体,是三种变体中任意两种的组合。所以这里选取[110]方向施加拉应力,与其他两种是等价的,最后得到的两种变体分别是 V1 和 V2,微观组织的演化过程如图 6.12(a)～(f)所示。对比图 6.11 发现,在[110]方向上施加拉应力后的微观组织演化与[100]方向上的结果是明显不同的。从图 6.12 中可以看出,V3 逐步减少,V1 中的 V3 转化为 V1,而 V2 中的 V3 转化为 V2。而 V1 和 V2 总体上没有太大的变化,两变体之间的孪晶界面几乎没有发生迁移,表明[110]方向上施加应力对 V1 和 V2 是正能量,而对 V3 则是负能量。结合具体的微观组织演化图,可以看出在拉应力作用下,这种变体间的转化还是借助于孪晶界面(V1 与 V3、V2 与 V3)运动来实现的,同样不是结构相变。对于其中少量的应力诱发马氏体,在[100]方向拉伸,大部分直接形成变体 1,而在[110]方向上拉伸,则有所不同,这里则是同时应力诱发形成了 V1 和 V2,是直接应力诱发形成的。在图 6.12(b)中还观察到,拉应力作用下在 V2 中的 V3 逐步转变为 V2 的过程中,会诱发与原变体 V3 位向垂直的新变体 V3,这种相结构转变主要是在变体 V1 和 V2 的孪晶界面处形核并逐渐伸长长大;随着拉应力的增加,这种新形成的 V3 完全取代了原来的 V3,并排列成相互平行的相对稳定的分布状态(图 6.12(c)),然而新形成的 V3 在更大的外应力下也是不稳定的,最后还是逐步转变为 V2(图 6.12(d)～(f))。当应力达到 A 点时,V3 全部转化为 V1 和 V2,得到在外应力约束条件下的两变体稳定体系。图 6.12(g)是连续拉应力下 Ni-Mn-Ga 合金中三种变体体积分数与外应力的关系曲线,当外应力连续增加到 0.085MPa 时,体系主要包含 V1 和 V2,没有

V3；V1 和 V2 在晶体学上呈现良好的孪晶关系,但 V1 的体积分数略大于 V2 的体积分数。

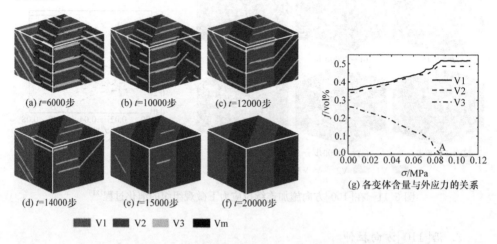

(a) $t$=6000步　　(b) $t$=10000步　　(c) $t$=12000步

(d) $t$=14000步　　(e) $t$=15000步　　(f) $t$=20000步

■ V1　■ V2　■ V3　■ Vm

(g) 各变体含量与外应力的关系

图 6.12　在[100]方向连续施加拉应力下微观组织的演化过程[21]

### 4. 沿[111]方向拉伸

沿[111]方向对三变体体系施加拉应力,根据相变晶体学位向关系,此方向上的拉应力对三个变体都是正能量(主要体现在演化方程中的应变能部分)。尽管没有变体的消失,但并不意味着体系没有变化,特别是内部微观组织会有调整,如变体间的位向关系和变体的分布。所以不会出现其中任何一个变体的消失,但 Ni-Mn-Ga 合金中内部微观组织会有所变化,主要是变体 1 和变体 2 中变体 3 的位向和分布。从图 6.13(b)中可以看出,在[111]方向的拉应力作用下,在孪晶界面(V1/V2)处有新变体 V3 形成,并与原变体 V3 垂直交叉,随着拉应力增大,此位向的 V3 逐步增多,而与之垂直的 V3 逐步减少,减少的 V3 主要转化为 V2。在微观组织演化过程中会出现相互交叉的同一种变体,但这种组织形态并不稳定,还是要形成位向一致且相互平行的片层结构。同时注意到,新变体 V3 是从 V1/V2 的孪晶界面处形核并向 V2 内部长大的,而原变体 V3 则先从此孪晶界面脱离开,然后逐步收缩直至完全转化为 V2。图 6.13(g)是[111]方向上施加拉应力后 Ni-Mn-Ga 合金中三种变体的体积分数与外应力的关系曲线。从此图中可以看出,三种变体的体积分数在始态和终态没有太大的变化。当拉应力增加到约为 0.14MPa 时,三种变体的体积分数有一个微小的变化。对应于微观组织的变化(图 6.13(a)~(f)),主要是 V2 中 V3 的位向调整及其组织形态的变化。对比图 6.13(a)和(f)中的母相组织,发现其体积有所减少,说明[111]方向上施加拉应力可发生应力诱发马氏体相变,而且会同时产生极少量的三种变体。从晶体学上讲,此方向上的拉应力对三种变体是等价的,应力诱发残余的母相组织发生马氏体相变过程比较慢,在演化结束时仍然保留了微量的母相,极可能在残余的母相内部存在极大的内应力,极大地提高残存母相的热稳定性。

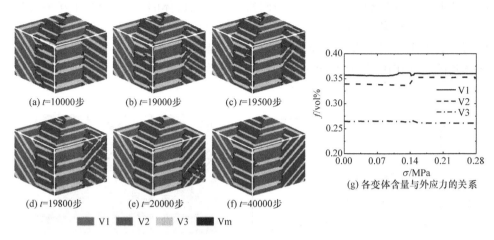

(a) $t=10000$步　　(b) $t=19000$步　　(c) $t=19500$步

(d) $t=19800$步　　(e) $t=20000$步　　(f) $t=40000$步

(g) 各变体含量与外应力的关系

██ V1　　██ V2　　██ V3　　██ Vm

图 6.13　在[111]方向连续施加拉应力下微观组织的演化过程[21]

### 5. 界面动力学因子对临界应力的影响

理论上讲,界面动力学因子作为衡量相界面运动能力的参数,其值越大,意味着界面迁移所需的能量或外应力越大。下面考虑不同界面动力学因子对Ni-Mn-Ga合金孪晶化的临界应力的影响规律,图 6.14(a)给出了相应的计算,由于[111]方向上施加拉应力对内部微观组织没有太大的变化,没有明显大量的变体间相互转化,不存在类似的孪晶化临界拉应力,所以这里只比较[100]方向和[110]方向上的临界应力与界面动力学因子之间的相互关系。从图 6.14(a)中可以看出,当拉应力沿[100]方向施加时,体系孪晶化的临界拉应力会随界面动力学因子的增加而减小,这种减小趋势比较平缓;当拉应力沿[110]方向施加时,体系孪晶化的临界拉应力则随动力学因子的增加有较大的降低趋势。这种变化规律最终要与微观组织的演化结合在一起加以分析。图 6.14(b)给出了三种界面动力学因子(0.10、0.20 和 0.35)下对初始组织和分别沿[100]方向、[110]方向施加拉应力后的(100)面二维微观组织的演化对比。从图 6.14(b)中可以看出,微观组织与界面动力学因子之间是有一定的关联的:界面动力学因子越大,意味着界面能越大,体系演化形成的马氏体变体组织就比较粗大,如 V3 在 V1 和 V2 中的厚度随界面动力学因子的增加而增加。界面动力学因子越小,V3 在 V1 和 V2 中的分布越均匀,而且薄片数目更多和厚度更薄。V3 的两端分别同 V1/V2 的孪晶边界相连,界面对其具有一定的钉扎作用,提高了它的稳定性;在不同方向上施加拉应力后,那些受界面钉扎作用越少的马氏体越容易发生移动,这种情况下就越容易实现变体的再取向。因此,界面动力学因子越小,尽管单片马氏体的轴向界面已开始运动,但此马氏体的端部由于孪晶界面的钉扎拖曳效应阻碍了整片马氏体的运动,同时相互平行马氏体片的数目越多,马氏体片相互之间的作用越强,要在其中形成新的薄片马氏体所受到的阻力就越大。上面两种效应,即孪晶界面的钉扎拖曳效应和平行马氏体片的相互作用机制,共同决定了界面动力学因子对临界应力影响规律的反常变化。

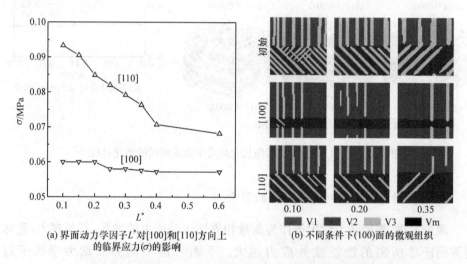

(a) 界面动力学因子$L^*$对[100]和[110]方向上　　　(b) 不同条件下(100)面的微观组织
的临界应力($\sigma$)的影响

图 6.14　界面动力学因子对临界拉应力及组织形态的影响[21]

### 6. 切变模量对临界应力的影响

在相场模拟中,应变能作为阻力项在微观组织演化中的作用非常重要,它保证了马氏体各变体的组织形态及位向关系的准确性。而切变模量($G$)又直接与应变能相关,所以这里考虑它对孪晶化临界切应力的影响,计算结果如图 6.15(a)所示。从图 6.15(a)中可以看出,沿[100]方向和[110]方向施加应力导致孪晶化的临界应力均随 $G$ 的增加而有较大的增加。同时计算得到 Ni-Mn-Ga 体系弹性应变能与 $G$ 的关系,如图 6.15(b)所示。从图 6.15(b)中可以看出,体系在演化到稳定态后的约化应变能会随 $G$ 的增加而增加,表明 $G$ 越大,马氏体相变就会遇到更大的阻力。这里没有计算分析其中的应力场变化,但基于上面的分析,可认为平衡状态下体系中各变体周围的应力场分布也大不相同。各变体之间的弹性相互作用也可成为相变阻力,$G$ 越大,变体间的力学相互作用也会增加。相变中残余母相内应力增加和变体间弹性相互作用这两种效应,会导致体系中三种变体间相互转化的临界应力增大,从而呈现出图 6.15(a)的结果。同时关注到,材料体系在不同 $G$ 下演化所得到的初始组织大不相同。图 6.15(c)给出了采用不同 $G$(25GPa,45GPa)进行计算得到体系(010)面二维微观组织的演化过程图。$G$ 增加会提高相变阻力,对相变形核和长大不利,如图 6.15(c)所示;另外,发现较大的 $G$ 可以提高体系中各变体的弹性相互作用,使得变体间的自协调作用也增加,最终导致稳定态下的微观组织分布更加均匀。

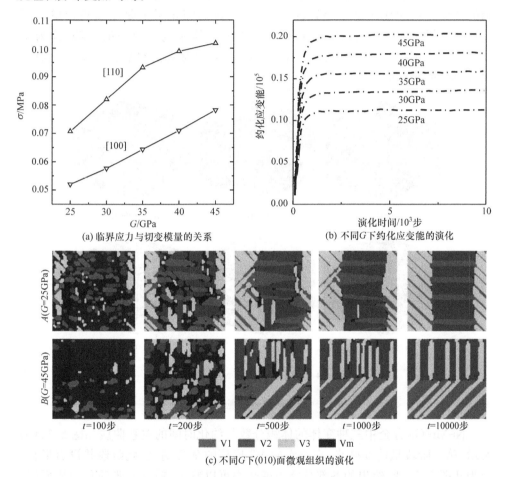

(a) 临界应力与切变模量的关系　　(b) 不同 $G$ 下约化应变能的演化

(c) 不同 $G$ 下(010)面微观组织的演化

图 6.15　切变模量 $G$ 对临界应力、约化应变能及微观组织的影响[21]

**7. 应力松弛后的微观组织演化**

　　超弹性大多是在 Ni 基、Ti 基、Cu 基等合金中被发现,在 Fe 基合金中也存在这种现象[22],其基本的原理是应力卸载后马氏体能够发生逆相变导致力学超弹性的出现。Ni-Mn-Ga 合金也可能会存在这种现象,特别是马氏体变体重排后能否在应力卸载后发生良好的可逆转变。这里选取[110]方向施加拉应力后的终态组织作为下一步卸载演化的初始组织。图 6.16 是以图 6.13(f)为初始态卸载拉应力之后体系随时间的微观组织演化图。此时的初始组织是包含两种变体的亚平衡系统，从图 6.16 中可以看出，释放拉应力后，原变体 V1/V2 并没有太大的变化，主要是消失的变体 V3 重新在孪晶界面形核并分别在变体 V1 和 V2 中长大，并形成了相互平行的薄片组织，但此时的微观组织与最开始的初始组织相比还是有差异的，这表明要做到完全可逆是不太可能的。不过通过这样一次加载-卸载循环，可以实现材料体系内部组织的微调；作为微观组织精确调控的一种新方式，希望这些结果能对智能材料的工业应用具有积极的技术参考价值。

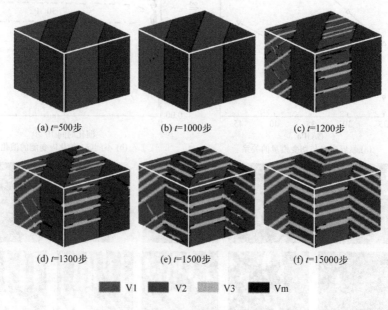

(a) t=500步　　　　　　(b) t=1000步　　　　　　(c) t=1200步

(d) t=1300步　　　　　　(e) t=1500步　　　　　　(f) t=15000步

▬ V1　　▬ V2　　▬ V3　　▬ Vm

图 6.16　应力松弛后微观组织的演化[21]

Ni-Mn-Ga 合金中三种变体的体积分数与约化时间的关系曲线如图 6.17(a)所示，第一阶段是前 600 步，它可看成 V3 形核的孕育期，但此阶段并没有形核，因为从图 6.17(b)给出的各部分能量变化中可以看出，前 600 步演化中界面能、应变能等都没有变动，V3 的核胚应当在此阶段没有形成。第二阶段是 600~1000 步，V3 分别在 V1 和 V2 中形核并长大，这是一个快速变化的过程，其体积分数、各部分能量对时间均有较大的变化。第三阶段是 1000 步后，主要是内部微观组织自协调阶段，各变体体积分数及相应的各部分能量均保持相对稳定的状态，但内部的微观组织还是在进行非常小的变化，如图 6.16 所示。

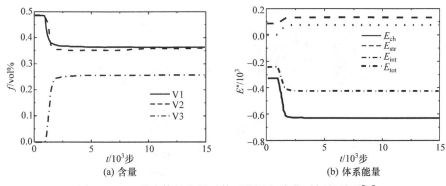

图 6.17　三种变体的含量及体系能量与演化时间的关系[21]

## 6.3.2　连续压应力的影响[23]

### 1. 初始态

图 6.18(f)是演化 10000 步后的微观组织形貌图,其将作为下面应力拉伸的初始结构。温度为室温条件。从其演化过程看,注意到以下三个重要的问题。

(1) 马氏体孪晶的形成过程。在图 6.18 中,三种马氏体变体具有非常好的孪晶关系,孪晶面系统为(110);V1 和 V2 相对 V3 具有大片的结构,而且 V3 作为细片结构镶嵌在 V1 和 V2 中。但这种良好的孪晶结构并不是一开始就形成的,在相变初期,如图 6.18(a)所示,三种变体是随机分布的,没有孪晶关系,表明相变不借助于孪晶形核机制。随着时间的延长,相变的体积分数和体系的应变能都增加(图 6.19 和图 6.20),单一马氏体片也长大了,变体间的相互协调增强,一些区域开始形成孪晶(图 6.18(b)),在运行 1000 步后,体系的大部分区域已形成孪晶。

(2) 大片马氏体的长大过程。图 6.18 (f)中的 V1 和 V2 尽管呈现大片的结构,但并不是一开始就形成的,而是小变体相互融合长大的,这可以从图 6.18 (c)演化到图 6.18 (d)的过程中看出。

(3) 变体组织的分布规律。一种变体在另外一种变体内,只能相互平行,不能相互交叉,这样体系的能量才能保持最低,结合图 6.18,V3 在 V1 和 V2 中最终都相互平行,如图 6.18(d)、(e)中分布于 V1 中的 V3 存在相互垂直的片层结构,但到 10000 步时都协调消失。在相变的过程中初期体系的能量有较大的变化(图 6.20),因为此时相变处于一个形核和长大的阶段,相变比较快,相变的体积分数也变化比较大(图 6.19)。但随时间的增加,相变的速度明显变缓,体系的应变能和界面能变化非常小,但体系的能量还是在逐步减小,表明体系还在向更稳的结构转化,但形貌图上只有非常小的变化。

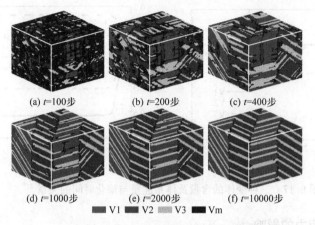

(a) $t$=100步　　　　　(b) $t$=200步　　　　　(c) $t$=400步

(d) $t$=1000步　　　　(e) $t$=2000步　　　　(f) $t$=10000步

■ V1　■ V2　■ V3　■ Vm

图 6.18　体系三维微观组织演化图[23]

$$G=30\text{GPa}, L^*=0.2$$

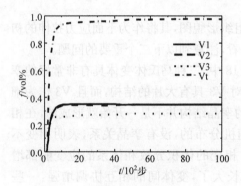

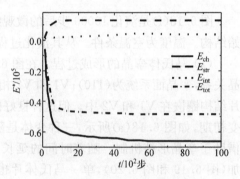

图 6.19　马氏体相变动力学曲线[23]　　　图 6.20　马氏体相变的能量演化曲线[23]

Vt 表示马氏体的总体积

### 2. 沿[100]方向施加压应力

在[100]方向施加连续压应力,微观组织的演化如图 6.21(a)所示,相比加载前的图 6.18(f),加载到 15000 步后,V1 消失,体系演化成 V2 和 V3 相互平行、相互交错的片层结构。相比 12500 步的运行结果,体系运行到 13500 步时,V1 和 V2 之间的界面不再保持平直。具体的演化机制可结合图 6.21(b)进行观察,A 和 B 是 V1 和 V2 的两个界面,在外界压应力作用下,做相对运动,导致 V1 的体积直接减少,而对于镶嵌在其中的 V3,由于两侧界面的挤压,AB 间距减小而使宽度减小,同时还可能诱发形成新的片层结构(还是 V3),如图 6.21(b)中的 G 所示,比较图 6.21(a)中的 5000 步和 12500 步发现,随着 V1 变薄,在 V1 中又诱发出 1~2 片 V3。这里给出了应力诱发孪晶变体的直接形貌图。在 A 和 B 界面推移的过程中，V2 中镶嵌的 V3 一方面变厚，同时变宽；而且 A、B 两侧的 V3 会连接在一起，即 C 和 E、D 和 F 会分别形成一个大的片状 V3。实验中能观察到孪晶界面的运动，但不能观察到具体的细节，相场方法将给我们一个直观的认识和了解。另外，在[100]方向上加力，只能得到两个变体，不能得到单变体，这也使我们对外场下变体的再取向有了一个更准确的理解。

除了界面迁移，外场下体系各变体体积分数的变化是另外一个重要的动力学特征，如图 6.21(c)所示。在加载初期，外应力小于 0.04MPa 时，各变体的体积变化比较缓慢，基本保持线性关系；当外应力大于 0.04MPa 时，各变体体积分数的变化就呈现非线性的特征，外应力越大，体积变化越快，到达 A 点时，变体 V1 消失，全部转化为 V2 和 V3；进一步增加外应力，V2 和 V3 的体积分数基本保持不变。这明显不同于应力诱发马氏体相变的动力学特征，主要是连续应力下变体相互转化的动力学：当 $\sigma < \sigma_0$ 时，对于 V2 和 V3，满足关系 $V - V_0 = k\sigma$，$k > 0$；对于 V1，满足关系 $V - V_0 = k\sigma$，$k < 0$；当 $\sigma > \sigma_0$ 时，$V - V_0 = k\exp(\sigma - 0.04)$。另外，也可定性分析界面推移的速度，主要考虑大界面 A 和 B 的运动速度，其他界面的运动比较慢，暂时忽略。在转变的初期，界面的速度可能是线性的；到后期也呈现非线性变化的特征，界面推移加快。这里可以做一个估计：设马氏体界面的宽度($w$)和长度($l$)保持不变，所以界面运动的速度 $v = \Delta f/(\Delta t \cdot wl)$。由于模拟计算采用的是约化时间，而且 $w$ 和 $l$ 也不相同，定义 $v^* = vwl = \Delta f/\Delta t$，如图 6.21(d)所示。一般认为相变界面的推移速度是一个常数，实际并非如此，在转变的后期会加快，所受到的阻力也加大，直至戛然而止。界面 A 或 B 的相对运动，直接使 V1 转化为 V2 和 V3，所以可用 V1 的体积变化来表征 A 或 B 界面的移动速度。

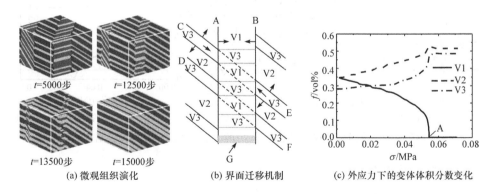

(a) 微观组织演化　　　　(b) 界面迁移机制　　　　(c) 外应力下的变体体积分数变化

图 6.21　在[100]方向上施加压应力的微观组织演化及相关机制[23]

### 3. 沿[110]方向施加压应力

图 6.22(a)是在[110]方向施加压应力后组织演化的形貌图,最后形成了单变体。在其演化的初期,变体 V1 和 V2 之间的界面仍然保持平直,几乎不发生界面迁移;主要是 V3 在不断增加,借助 V3 与 V1 的界面、V3 与 V2 的界面运动来完成变体间的相互转化(图 6.22(b))。演化到 12000 步时,V1 和 V2 之间的界面已变得模糊,直至最后消失,但这种界面在变体转化中基本保持不变。这不同于[100]方向的演化路径,而且界面推移的方式也不相同。当外压力达到 A 点(1.414×0.05MPa)时,此时体系全部转化为单变体;在转变的初期,各变体的体积分数变化比较缓慢,随着外压力的增加,各变体的体积分数变化加快,而且 V1 和 V2 体积分数的变化曲线几乎重合,不存在图 6.21(c)中的线性变化关系,或线性变化的区域比较小,大部分是非线性变化。三种变体的动力学关系基本满足与压应力的指数关系 $V_1=V_2=V_0-\exp(\sigma-\sigma_0)$。变体 V3 满足 $V_3=V_0-\exp(\sigma-\sigma_0)(\sigma<\sigma_0)$。这种变化关系符合一般的应力诱发马氏体相变的动力学曲线。另外,也可定性分析界面推移的速度,在转变的初期,界面的速度可能是线性的;到后期也呈现非线性变化的特征,界面推移加快。这里可以做一个估计:设马氏体界面的宽度($w$)和长度($l$)保持不变,则界面的运动速度 $v=\Delta f/(\Delta t \cdot wl)$。模拟计算采用的是约化时间,$w$ 和 $l$ 也不相同,而且 V2 和 V3 的界面移动速度、V3 与 V1 的界面移动速度可能相同,因为 V1 和 V2 都转化为 V3。

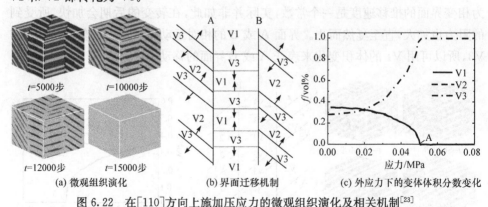

(a) 微观组织演化　　　　(b) 界面迁移机制　　　(c) 外应力下的变体体积分数变化

图 6.22　在[110]方向上施加压应力的微观组织演化及相关机制[23]

### 4. 沿[111]方向施加压应力

图 6.23(a)是在[111]方向施加压应力时的微观组织演化图,这与[100]方向和[110] 方向施加应力的作用明显不同:先是在 V1 和 V2 的界面 A、B 处形成母相,然后借助马氏体与母相的界面运动来完成各变体自身体积的变化,变体间的相互转化非常小,主要是母相的长大,当应力达到图 6.23(c)值时,全部转化为母相。

在转变的初期,AB界面能够保持平直,到后期,界面的平直性减弱,但仍是母相与马氏体界面的运动占主导,孪晶界面的运动受到抑制,如图 6.23(b)所示。

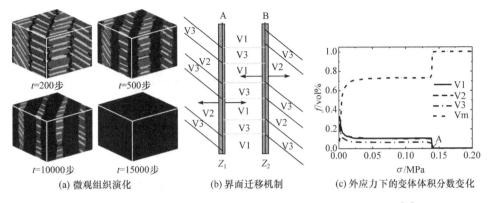

(a) 微观组织演化　　　　　(b) 界面迁移机制　　　　(c) 外应力下的变体体积分数变化

图 6.23　在[111]方向上施加压应力的微观组织演化及相关机制[23]

这种转变方式类似于马氏体相变的逆相变。在转变动力学方面,从图 6.23(c)中可以看出,转变初期各变体的体积分数变化非常快,最后逐渐降低,但到达一定的阈值 A 点后,全部转化为母相,此动力学曲线满足这样的关系:变体 V1 和 V2 满足 $V-V_0=-k\exp(\sigma-0.04)$;变体 V3 满足 $V-V_0=-k\exp(\sigma-0.04)$;而母相满足 $V_m-V_{m_0}=k\exp(\sigma-0.04)$。此时界面的运动速度主要是马氏体与母相界面的移动速度:根据微观组织演化,初步估计 V1、V2 和 V3 的界面移动速度相等。

### 5. 界面动力学因子的影响

考查界面动力学因子对临界压应力的影响,结果如图 6.24 所示。对[100]方向施加压应力,其临界应力随动力学因子的增加而减小,而[111]方向施加的压应力与此参数无关,[110]方向的临界压应力在动力学因子为 0.25 时出现拐点,再逐渐减小。这个界面动力学因子对微观组织有一定的影响,其值越大,体系的组织越粗大,如图 6.25 所示,图 6.25(a)和(b)分别对应 0.3 和 0.1,对比施加应力前的组织可以看出,小的界面动力学因子可以使体系的 V3 在 V1 和 V2 中分布均匀,薄片数目更多和厚度更薄,对比图 6.25(a)和(b),发现两者都反映了这一现象。另外,要看到一个规律,将包含三种变体的体系变为包含两种变体的外界压应力、一种变体的临界压应力或母相的临界压应力,这三种应力是依次增加的,无论是在哪种界面动力学因子下面都是这样。这表明要改变体系微观组织,有两个重要的条件:①加力的方向,它决定了最后的结构,例如,在[100]方向施加力,无论施加多大的力都不能得到单变体,也不能完全转化为母相;②加力的大小,太小的力不能得到所需要的微观组织。

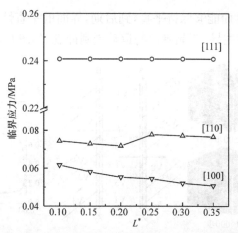

图 6.24　界面动力学因子对[100]、[110]和[111]三个方向临界应力的影响[23]

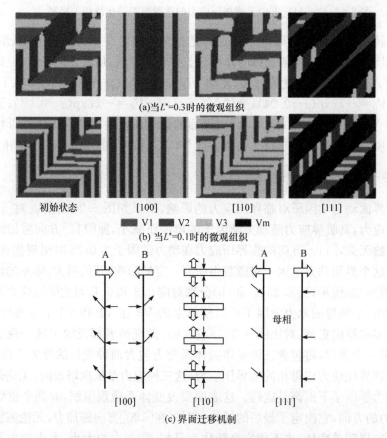

图 6.25　不同动力学因子下的界面演化及其机制[23]

→界面应力方向；⇨界面迁移方向；[100]和[111]表示界面钉扎机制；[110]表示界面交互作用机制

在以上的分析中可以看出,在[100]方向加力是使大界面 A 和 B 运动,而在 A、B 两侧的薄片状的 V3 对运动的大界面都起到钉扎的作用,从而阻碍界面的运动。在不同方向上施加压力后,界面上钉扎较少的界面更容易推动,所以容易实现变体的再取向。这里属于界面的钉扎拖曳机制。对于[110]方向上施加压力,主要是变体的相互作用机制;因为界面的阻力主要来自运动中同类界面的相互作用,特别是两个界面越靠近,阻力越大。所以,V3 在 V1 和 V2 中的片层越多,相互作用就越强,所受到的阻力就越大。对于[111]方向的临界应力,由于是母相和马氏体相界面的运动,在大界面上的马氏体片越多,界面运动的阻力也越大,所以在转变的初期应当满足钉扎的机制。但结合图 6.25 来考虑,到了演化的后期,界面几乎不运动,可能的原因是界面受到的阻力太大,导致无法运动,所以各变体的体积分数变化越来越小,最后需要一个较大的临界应力才能彻底地将这种界面推动起来,最终全部转化为母相,而动力学因子的变化对这种力的影响不大。

**6. 切变模量对微观组织演化的影响**

切变模量对体系的临界压应力有较大的影响,如图 6.26 所示,随切变模量的增加,各个方向施加的临界压应力都有较大的变化,但有所差别。在[100]、[110]方向,这种临界压应力是逐渐增加的,而[111]方向上的临界压应力是逐渐减小的。这可能与体系的弹性应变能有关,图 6.27 给出了不同切变模量加载前体系的应变能与时间的关系,从图中可以看出,随切变模量的增加,体系的应变能有明显的变化。

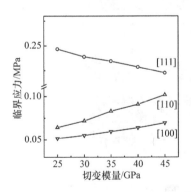

图 6.26　不同切变模量下的临界应力[23]

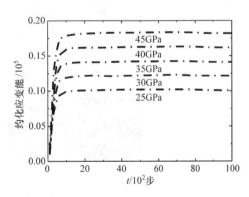

图 6.27　不同切变模量下的约化应变能[23]

对[100]方向施加力时,结合图 6.25(c)的界面受力图,切变模量大,变体 3 对大界面的阻力也越大,自然导致临界压应力会增加。而对于[110]方向施加压应力,阻碍界面运动的主要是变体的相互作用,切变模量越大,这种相互作用越强,导致此方向上的临界压应力越大。对于[111]方向,由于是母相/马氏体界面的运动,类似于马氏体的逆相变,切变模量大,体系储存的弹性应变能也越大,但在界面运动的过程中这种能量是作为驱动力,而不是阻力项,所以切变模量越大,驱动力也越大,所需要的外界压应力就越小,这不同于[100]方向和[110]方向的变化规律。

### 7. 相变伪弹性

另外,人们非常感兴趣的是卸载后材料体系的微观组织的变化。初始状态是加载到14000步时体系的微观组织,然后去掉相应的压应力,微观组织演化如图 6.28 所示。对于[100]体系,主要是 V1 和 V3 的界面在运动,导致 V1 增加,而V3 减少;同时还有 V1 和 V2 的界面也在运动,在 V2 中的 V3 也有明显的增厚。对于[110]体系,V2 和 V3 的界面有较大的运动,导致 V3 减少,V2 增加,同时 V1和 V3 的界面也在运动,相比 400 步与初始状态,在 V3 中的 V1 都增厚,体积也增加;但相比 10000 步,V3 中的 V1 又变薄,这可能是在 V3 变薄的过程中局域应力增加,将其中的 V3 又压缩回去。对于[111]体系,主要是马氏体/母相界面的运动,在 200 步时,V2/母相界面与 V1/母相界面都有较大的运动,而 V2 中的 V3 则生长到母相中,表明变体在厚度方向的生长速度比界面法线方向的生长速度大;在400 步时,两种界面结合到一起。

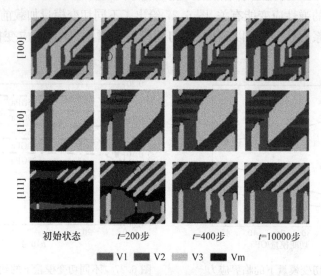

初始状态　　　　t=200步　　　　t=400步　　　　t=10000步

■ V1　■ V2　■ V3　■ Vm

图 6.28　卸载后微观组织演化[23]

在 200 步时,微观结构的演化图中有明显的小台阶,如各图中的小圆圈所示。这里考虑以下界面推移的微观机制。从演化图中可以看出,界面的运动不是一个面在运动,而是借助于台阶在逐层地运动。如图 6.29(a)所示,当一个台阶到达界面时,会形成一个新的台阶,然后做逆向运动,如同位错反射机制。以这种方式来完成界面的推移,从而实现变体的相互转化。[100]方向施加压应力后卸载,V2的体积分数变化不大,而 V1 和 V3 有较大的变化,V1 增加,而 V3 减少,表明卸载后变体间的相互转化在 V1 和 V3 之间,这与图 6.30(a)反映的情况一致。[110]方向施加压应力后卸载,V3 减小,而 V1 和 V2 同时增加,因为在加载时,是在向形成单变体 V3 的方向进行,卸载后演化具有一定的可逆性。而在[111]方向施加压应力后卸载,三种变体的体积分数同时增加。而且卸载后,各变体的体积分数均有所变化,并趋向三种变体间的自协调,导致体系的总应变有较大的变化,对于[100]方向和[110]方向,总应变减小,主要是孪晶界面运动的贡献,其伪弹性还有待于实验的进一步验证,但实验已验证,界面的运动会导致体系的应变,这从侧面证实界面的运动会导致应变的变化;对于[111]方向是增加,主要是马氏体/母相界面运动的贡献,其所造成的体系超弹性已得到实验的验证。另外,卸载后,各体系的微观结构的演化快慢不同,[100]方向和[110]方向在运行 2000 步后基本稳定,而[111]方向在 1000 步就基本趋于稳定。凡是有变体的体积分数的变化,基本符合上面提

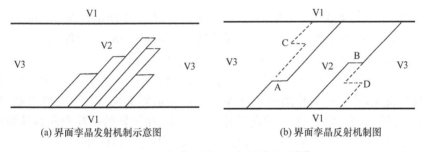

(a) 界面孪晶发射机制示意图　　　　　　(b) 界面孪晶反射机制图

图 6.29　卸载后微观组织演化机制[23]

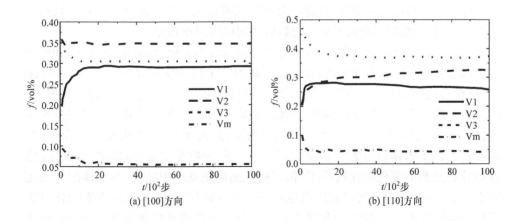

(a) [100]方向　　　　　　　　(b) [110]方向

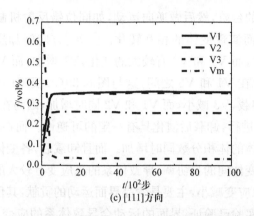

(c) [111]方向

图 6.30　沿不同方向卸载压应力后各马氏体变体体积分数的变化[23]

到的变化关系。三种情况下母相体积均有所减少,表明除了孪晶界面移动,还有母相/马氏体界面的运动。

### 8. 马氏体孪晶变体的再分布

沿[100]方向卸载压应力后,微观组织演化如图 6.31 所示。在 V2 和 V3 的界面优先形成母相,并增厚;到 830 步,局部区域 V3 通过马氏体/母相界面运动增厚,消耗掉母相,有些区域 V2 会从中间断开,向两端回缩,到一定程度,V3 也从中间断开,向两端缩小,母相区域增大;当母相增大到一定程度时,在其中会出现 V1 的形核和长大,并形成大片的单变体 V1,这时会从界面向 V1 中发射孪晶,形成 V3 的片层结构,大多从一侧界面向另外一侧长大,在初期的一片孪晶是从界面的两侧同时向中间生长,并在中间融合成一片 V3;V1 变薄,其中的 V3 也变薄,且分布不均匀,这是外场作用的结果;而 V2 变厚,其中的 V3 也变厚,更均匀。所以,外场使体系的内部组织重新分布,这是微观组织调控的一个有效方式。在形状记忆合金中,机械训练的目的就是调整材料的微观组织形态和分布。

上述过程的动力学演化曲线(各变体体积分数的变化)如图 6.32 所示,卸载过程对马氏体变体体积分数的影响较大。例如,V1 的变化存在三个阶段:孕育期(形核期)、快速长大期和自协调长大期。开始的 900 步主要是为了形核,此刻 V1 的体积分数几乎没有变化,但其他变体在变化,所以总的马氏体体积分数还是在变化;接下来的 500 步是 V1 快速长大的时间段,此时 V2 和 V3 也在发生变化,但相比而言,V1 的体积分数变化最大,V2 的体积分数变化最小;2000 步以后,各变体体积分数的变化就比较小了,但观察此刻的微观组织发现,各变体的形态还在发生变化(图 6.31),所以此阶段是马氏体各变体相互协调阶段,形态变化时为了进一步降低体系的能量,使体系更稳定。这个阶段也可以认为是内部结构弛豫的过程。

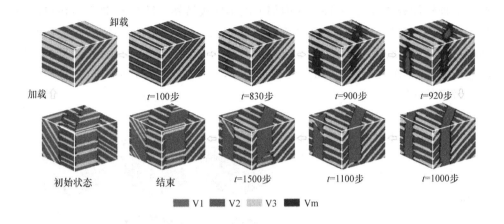

图 6.31　沿[100]方向卸载压应力后微观组织演化图[23]

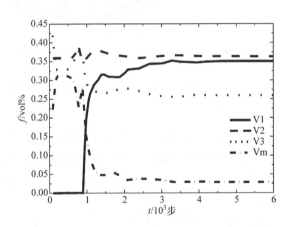

图 6.32　卸载压应力后的体积分数变化曲线[23]

# 6.4　循环应力下的马氏体形态学

## 6.4.1　循环拉应力[24]

一个循环表示在拉应力的作用下让体系运行 6000 步,然后去掉拉应力再让体系运行 6000 步。图 6.33(a) 中存在两种临界拉应力:使三种变体变成两种变体的临界拉应力;使两种变体变成一种变体的临界拉应力,三种变体变成一种变体。内耗实验证明,存在这样的临界拉应力,即使马氏体孪晶界面移动的临界拉应力,其他形状记忆合金中也存在这样的规律。Ni-Mn-Ga 中,外应力作用下可形成单变体。去掉外加载荷以后,一种变体内部可以再形成另外一种变体,即单变体可以变成两种变体,若整个计算体系都是单变体,只能回复到母相,而不能转化为三种变体或两种变体,如图 6.33(a)所示。图中,变体 V3 在 V1 和 V2 中处于不同的能量状态,在外应力作用下,V1 中的 V3 很快消失,而 V2 中的 V3 在 5000 步之后仍然存在较多的 V3。

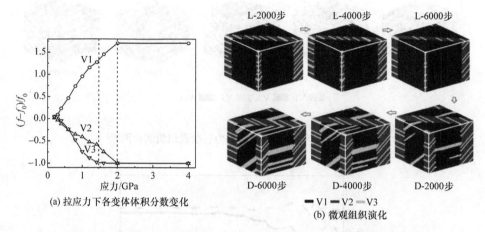

(a) 拉应力下各变体体积分数变化　　　　　　(b) 微观组织演化

图 6.33　拉应力下各变体体积分数的变化与不同阶段对应的微观组织
以及一个循环加载(L)—卸载(D)对应的微观组织演化

如图 6.33(b)所示,外加载荷去掉之后,变体 V2 迅速加厚,由此对 V1 产生了挤压作用,所以在 V1 中会产生新的孪晶,即 V3,起到协调的作用。变体 V2 中的 V3 变化不大,数目没有增加,片的厚度有少许增厚。变化较大的是变体 V1 中的 V3 的出现,并形成了相互平行的多片结构,这与上面提到的自协调特征相符合,在同一马氏体片内部没有相互交叉的马氏体片存在。而且还可以发现此变体的形成都是从 V1 和 V2 的界面出发,并终止于另外一个界面,在初期其长大和增厚是同时进行的,但当其一端抵达另外一个界面后,若还有剩余的能量,此马氏体片还会增厚,直到能量耗尽无法推动界面运动。

从图 6.34 中可以看出,经 25 次循环拉应力作用后,V2 和 V3 已变成片状的马氏体。当有载荷时,两变体就减小;当去掉拉应力后,两变体都会同时增厚,体积也会增加,当变体 V2 和 V3 相遇时,由于自协调效应,在 V2 中会形成 V3 来减小体系的能量,以达到一个相对稳定的状态。多次循环后,V2 和 V3 在 V1 内不停移动,而片层的厚度变化不大,始终保持片状的结构。这与记忆合金大多是片状结构特性一致,因为片状结构的马氏体界面具有较好的可移动性,而其他形状的马氏体如板条、蝶状和透镜状马氏体多不具有形状记忆效应。从序参量的变化情况看,应力作用下的界面比较陡峭,马氏体片越宽,界面越平直;在马氏体片的端部或几片马氏体的相交叉的区域,区域 V2 和区域 V1 序参量变化比较大,表明这些区域是

不稳定区域,多是界面移动的先行区域。实验中也往往看到界面运动都是在端部
先开始。

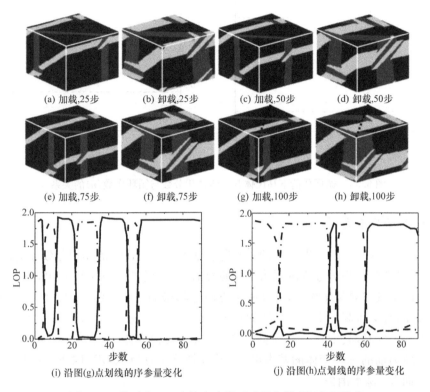

(a) 加载,25步　　(b) 卸载,25步　　(c) 加载,50步　　(d) 卸载,50步

(e) 加载,75步　　(f) 卸载,75步　　(g) 加载,100步　　(h) 卸载,100步

(i) 沿图(g)点划线的序参量变化　　　　　　(j) 沿图(h)点划线的序参量变化

图 6.34　体系在 100 次拉应力循环过程中微观组织的演化

变体间的自协调效应在最初的几次应力循环中表现比较明显,这可以从
图 6.35(a)和(b)中三个变体的体积分数的变化情况看出,开始几次循环,变体体
积分数的变化比较大,10 次循环以后就比较稳定了。因为外应力沿[100]方向,对
V1 的长大有利,而对 V2 和 V3 是不利的,但对这两种变体的压制作用是等价的,
所以多次循环后 V1 的体积分数最大,而 V2 和 V3 的体积分数较小且相等。相比
应力下的自协调作用,去应力后这种自协调效应比较明显:①V1 的体积分数减
小,V2 和 V3 的体积分数增加,这种变化主要来自变体间的自协调;②V1 的体积
分数几乎保持不变,而 V2 和 V3 的体积分数都在某个平衡位置上下波动,彼此消
长,这体现了 V2 和 V3 间的微小的自协调作用,这应当来自孪晶界面的自协调效
应。对于阻尼材料,提高材料的使用寿命是工程应用中必须考虑的一个重要问题。
良好的界面可移动性和有效的自协调机制,可使这类功能材料始终保持良好的阻
尼性能。利用孪晶界面的往返运动有效地阻止位错的形成和塞积,最终防止材料

产生裂纹并断裂,这在工程材料的安全使用上都有积极的意义。

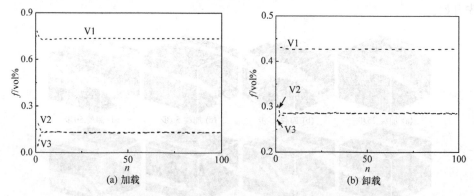

(a) 加载　　　　　　　　　　(b) 卸载

图 6.35　循环载荷下马氏体各变体体积分数与循环次数($n$)的关系

### 6.4.2　循环压应力[25]

从图 6.36 中可以看出,在[100]方向上施加压应力,V1 的体积分数逐渐减小,而 V2 和 V3 的体积分数逐渐增大。根据变体 Bain 畸变矩阵可以看出,三个变体沿各自的主轴方向是压缩的,另外两个方向是膨胀的。所以沿其中任何一个主轴方向加压,都会压制其中一个变体的长大,而促进另外两种变体的演化,当外压应力达到一定值时,其中一个变体会消失,而只有两种变体存在。图 6.36 中,图 A 是施加应力前的三种变体的基本组态,图 B 是外应力为 20GPa 时体系中只有 V2 和 V3,而 V1 基本消失。

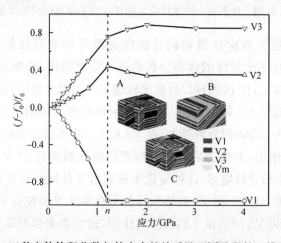

图 6.36　三种变体体积分数与外应力的关系及不同阶段的三维微观组织

对于此合金体系,当压应力大于12GPa时,就可以将变体 V1 完全转化为其他两种变体。当压应力比较小时,主要借助孪晶界面的移动来完成变体间的相互转化,对比图 6.36 中的图 A(施加应力前的状态)和图 C(外应力为 6GPa)可以看出,V2 和 V3 的厚度都有所增加。这和一般形状记忆合金中外应力下变体的取向变化机制一致,均是外力推动孪晶界面的运动实现变体的再取向。

Mn 基合金具有良好的双程形状记忆效应,应力循环 60 次均具有良好的记忆效应。对于其机制可能与其他记忆合金的训练机制大致相同,都是为了获得有利的变体群。图 6.37 是对模拟体系施加压应力循环 100 次的形貌结构演化图,具体的模拟过程是施加 20GPa 的压应力,运行 6000 步达到这一应力下的体系平衡状态,然后释放应力再运行 6000 步让其弛豫到无一年管理下的平衡状态,称为一个循环。

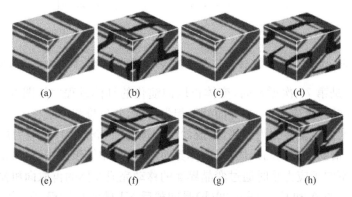

图 6.37　循环压应力下体系微观组织形貌的演化图

(a)、(c)、(e)和(g)-加载;(b)、(d)、(f)和(h)-卸载

从图 6.37(a)可以看出,第 25 次循环下两种变体的分布和形貌与第一次应力下的结果(图 6.36 中 B)已有较大的区别,细片状的 V3 减少,形成的片状结构变厚,表明应力作用下薄片结构会相互融合。但循环 100 次后仍然有少许薄片状的 V3 存在,对比图 6.37(a)和(g)可以看出,对于 V3,薄片融合到厚片的趋势还是非常明显的。但应力松弛后,并没有保持住这两种变体,而是以前消失的变体又出现了,在这方面具有较好的记忆效应,但位置和形貌都有差异,这与界面形核有关,而与一般的训练机制有所不同。

图 6.38 是每次应力释放到平衡状态后三种变体体积分数的变化情况。从图中可以看出,前面几次应力循环后对三种变体的体积分数影响比较大,后面几乎没有太大的变化;体积分数有微小的振动。热机训练是提高材料记忆效应的一个有效途径,其物理机制是形成单变体。从本章的模拟结果看,加载方向是[100]方向,有利于形成两种变体,前几次的循环模拟结果表明,体积分数有较大的变化,并逐

步向较稳定的体积分数靠近,到了一定的循环次数后,基本上其体积分数保持恒定,只有微小的波动,表明材料的微观结构具有一定的记忆效应。因此可以认为,除了形成有利的变体外,相变体积分数也具有记忆效应,这对深入分析热机训练对记忆效应改善的物理机制具有积极的作用。这种观点在以前没有人提出过。

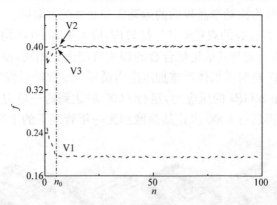

图 6.38　多次循环应力去掉后三种变体体积分数与循环次数的变化关系曲线

图 6.39 是第 75 次循环时,变体再取向演化的具体过程。从图 6.39(a) 中可看出,在较大的外压应力下,在界面处母相先出现,并且母相不断长大,在较短的时间内第三种变体完全转化为母相,形成两种变体,并包含母相;在应力的作用下随时间的延长,借助形成的马氏体/奥氏体界面运动,母相体积逐步缩小,形成大片的两变体。这不同于应力小时通过孪晶界面的移动完成变体的再取向机制有所差别(如图 6.36 中的 A 和 C)。图 6.39(b) 是卸载后 V1 的演化过程,包括非常明显的形核和长大过程。V1 在另外两个变体的界面处形核,由于界面处能量状态较高,有利于新相的形核,所以 V1 的形核应当属于缺陷形核机制。从图 6.39(b) 中可看出其长大依靠孪晶界面的推动来进行,是在两种变体的内部完成的,可以穿过两种变体。而母相体积没有太大的变化,几乎不变。这也是一种非常有趣的现象。而且由于界面形核具有一定的任意性,所以每次应力释放后界面形核的位置会有所不同,导致无应力下的平衡状态会有所差别,如图 6.37(b)、(d)、(f) 和 (h) 所示,应力释放后 V1 的位置和形貌有所差别,尽管体积分数变化不大。实验能观察到应力下马氏体的长大过程,但应力下变体的再取向还没有直接观察到。

对于图 6.39(b) 中 V1 的孪晶界面形核和长大过程,本节将从能量的角度进行分析。图 6.40 是应力卸载后体系能量随时间的变化情况。从图 6.40 中可以看出,其能量演化区间比较明显,分为 A、B 和 C 区,分别对应变体 V1 界面形核长大过程中的三个阶段:孕育期、形核区、长大区。A 区为孕育期,主要是应变能减小,表明体系有应力集中,而界面处往往是应力集中的地方。B 区是形核区,主要是孪晶界面形核,体系的化学自由能和应变能都在减小,特别是应变能减小的速度相比

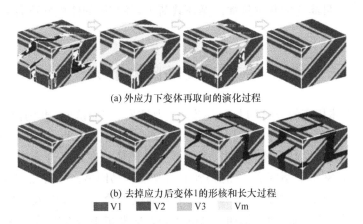

(a) 外应力下变体再取向的演化过程

(b) 去掉应力后变体1的形核和长大过程

■ V1　■ V2　▨ V3　□ Vm

图 6.39　外应力 (20GPa) 下变体再取向的演化过程以及
去掉应力后 V1 的形核和长大过程

A 区明显增大,而界面能由于 V1 在 V2 和 V3 中长大,有新的界面形成,所以这个阶段界面能是增加的。C 区则对应变体 1 的长大,此时体系的各部分能量变化逐步减慢,直到一个相对稳定的状态。一般合金中的马氏体相变形核过程非常短暂,很少有实验能捕捉到形核过程,导致马氏体相变的形核机制存在争议;而马氏体的长大可以通过原位电子显微镜观察到,大多是通过界面的移动来完成的。

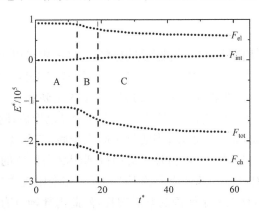

图 6.40　去应力后体系应变能、界面能、化学自由能、体系总能随约化时间的变化过程

本节利用相场研究了循环载荷下孪晶界面的迁移特性,数值模拟结果显示:小载荷下,马氏体孪晶界面具有较好的迁移性。在较大应力下,三种变体会变成两种变体,其微观结构的演化规律是:变体很快转化为母相,然后借助马氏体/奥氏体界面运动,完成两种变体的自协调,达到此应力下的平衡状态;当去掉载荷后,借助孪晶界面形核,第三种变体会在孪晶界面形核并长大,其长大依赖于孪晶界面的运动

来完成,符合能量演化的基本规律。循环载荷下,各变体的体积分数会保持一定的记忆性。

# 6.5 应变诱发马氏体相变[26]

诱发马氏体相变的方式包括热诱发、应力诱发、应变诱发、电场诱发、磁场诱发。对于应力、应变诱发马氏体相变,若外场施加的温度在 $M_s$ 以下,则得到的马氏体同时包括热诱发马氏体和应力、应变诱发马氏体。在记忆合金中为提高记忆效应,常常进行室温下预变形,这时得到的就是混合马氏体。只有当相变温度高于 $M_s$ 施加应力或应变,得到的马氏体才是完全的应力诱变马氏体或应变诱变马氏体。当温度高于某一温度时,施加再大的应力或应变也不会发生马氏体相变,这一特征温度定义为 $M_d$,它是由材料体系及合金成分决定的。相对于 $M_s$,$M_d$ 的测量要困难得多,而且诱发马氏体相变的临界应力或临界应变与温度的关系还不清楚。对于应变诱发马氏体相变,正应变或切应变是否存在差异,包括临界应变值与温度的关系、正应变与切应变诱发马氏体相变的机制等都还没有一个清楚的认识。下面利用相场方法,同时考虑基于温度的正应变和切应变诱发的马氏体相变,比较其内在差异。这对于系统认识应变诱发马氏体相变并建立相关理论具有重要的意义。

## 6.5.1 初始组织

图 6.41 给出了相变温度时的微观组织演化。从图中可以看出,马氏体相变主要发生在约化时间 $t<2000$ 步内。图 6.41 中的 A、B、C 分别对应 $t=1000$ 步、$t=1500$ 步、$t=10000$ 步时的微观组织三维形貌。A 图反映相变形核初期的微观组织,三种变体均在体系中形核,在有些区域可看到孪晶已形成;随着马氏体的长大,孪晶马氏体明显形成,如 B 图所示;当演化 10000 步后,三种变体间基本都形成了孪晶关系。Mn-Cu 合金的 TEM 实验观察均得到孪晶马氏体的相貌,单变体马氏体到目前为止还没有在 Mn 基合金中的 FCC-FCT 相变中观察到。内耗实验结果也表明在 220K 左右存在一个明确的孪晶内耗峰,此内耗峰具有频率依赖性,其峰位随振动频率的变化而变化,而马氏体/母相界面内耗峰与振动频率无关。$M_s$ 以上是不会发生热诱发马氏体相变的,一般采用较为灵敏的电阻法来测量相变的特征温度。但马氏体相变的形核阶段往往要高于实际测得的相变温度,而且第一片马氏体的形成也往往要高于这一温度,所以用原位电子显微镜观察到的马氏体相变与温度的关系与用电阻等其他方法得到的实验结果存在一定的差异。相场法模拟相变的微观组织变化可以同原位电子显微镜或原位光子显微镜的实验结果对比,但在模拟过程中的参数选择与参数设置上要参考其他实验的结果,如相变温

度、弹性模量、相变潜热等。将这些基于宏观实验结果的参数用于微观相场模拟，势必会导致一些模拟结果上的差异和不一致。所以，要严格地将模拟结果与实验结果进行比较是不太可能的，往往是以解释相变规律为主。

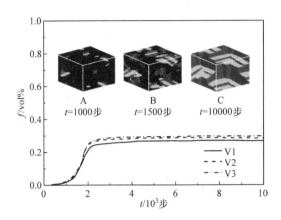

图 6.41　三种变体体积分数的变化及不同阶段对应的微观组织

### 6.5.2　正应变诱发马氏体相变

在 $M_s$ 以上可以发生应力诱发或应变诱发的马氏体，当温度高于 $M_d$ 以后应力或应变马氏体相变也不会发生。在此处的模拟中，当 $A^*(T)/A^*(M_s)>1.5$ 后，正应变诱发马氏体相变不会发生。图 6.42(a)和(b)分别是 $A^*(T)/A^*(M_s)=$ 1.05、$A^*(T)/A^*(M_s)=1.5$ 时相变动力学曲线，即相变体积分数与应变的关系，它们之间主要存在以下三个差异：①组织形貌。图 6.42(a)和(b)中的三维形貌图均为 2% 正应变时的组织形态，比较发现存在较大的差异，表明在不同的温度变形，尽管应变量相同，但形核位置和相变的路径会不相同。②相变体积分数。在相同的应变下，低温状态下可获得较多的马氏体，而高温下相变的形核率较低，高温下会有较多的母相存在。③临界应变。在高温下由于形核较困难，相变的能垒较大，相变难进行，所以需要较大的应变来促进相变的进行，这也是合理的实验结果。在两种情形下其临界应变由 0.5% 提高到 1.75%，增加了好几倍。

图 6.43 是(110)面的演化图，图 6.43(a)～(d)是低温下的截面图，图 6.43(e)～(h)是高温下的截面图。图 6.42 已给出，在高温下需要较高的应变才能形核，对应的演化时间也较长，低温下 500 步就已开始形核，而在高温下，则需要到 1500 步后较高的应变下才能形核，图 6.43(e)是 1800 步(110)面的二维形貌图。同时可以发现，在不同温度下，相变路径也不同，除了与形核位置有关外，与形核率也有关。高温下，相变的形核率比较低，而且在相同的应变下，高温下的形核率也应当比低温的要低。但增加高温下的应变可提高相变的形核率，

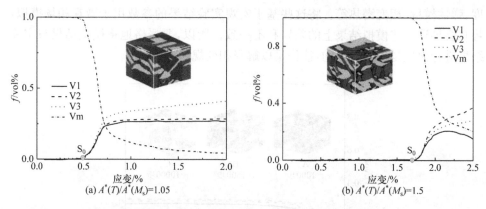

图 6.42　正应变下马氏体和母相体积分数的变化

图 6.43(e)对应的应变要高于图 6.43(a),所以看到的形核位置越多,形成的马氏体越多。

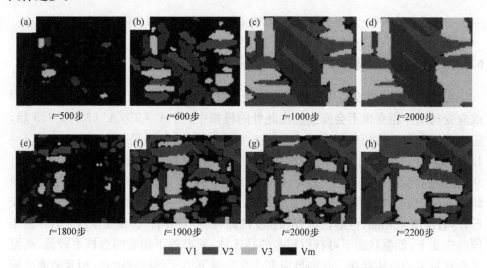

图 6.43　正应变下(110)面微观组织的演化

(a)~(d)中,$A^*(T)/A^*(M_s)$=1.05;(e)~(h)中,$A^*(T)/A^*(M_s)$=1.5

### 6.5.3　切应变诱发马氏体相变

　　相比于正应变,切应变也可以在 $M_s$ 以上诱发马氏体相变,如图 6.44 所示。根据马氏体相变的应变矩阵,主要是以 Bain 畸变为主,即三个主轴方向上的应变,当施加正应变时它们之间存在相互作用,其弹性相互作用对三种变体的形核和长大有关键的影响,因为在高温下的过冷度小,相变的化学驱动力小,不足以克服相变能垒,必须外界提供额外的驱动力才能促使相变的发生。当外界应变为切应变时,其应变矩阵与相变应变矩阵之间也会存在相互关联,同样会提供驱动力促使切应变诱发马氏体相变的发生。切应变对相变动力学的影响规律同正应变相似。高温下的临界切应变要高于低温下的切应变的临界值,但其增加幅度要小于正应变,其临界切应变由 0.62% 增加到 1%。

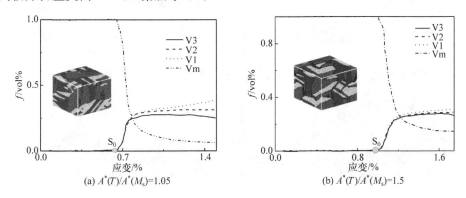

(a) $A^*(T)/A^*(M_s)=1.05$　　　　　　(b) $A^*(T)/A^*(M_s)=1.5$

图 6.44　切应变下各变体的体积分数的变化及终态微观组织

对比图 6.44(a)和(b),在相同的应变下,高温下的残余母相体积分数要大于低温下的母相体积分数。热诱发马氏体是一个变温相变,在 $M_s \sim M_f$ 温度范围内其体积分数随温度的升高而增加,当增加了额外的应变场后,其相变动力学也同热诱发的相变动力学相似。在不同温度下,切应变诱发马氏体的相变路径也不同,其规律与正应变一致,如图 6.45 所示。图 6.45(a)~(c)对应低温下(110)面二维微观组织的演化,表明三种变体等机会形核并长大,马氏体孪晶的形成均是在马氏体长大后形成的;图 6.45(d)~(f)对应于高温下的组织演化,在相同的应变下,低温的相变比高温的应变要快,表明温度对应变诱发马氏体相变动力学有明显的影响。

### 6.5.4　应变诱发马氏体相变的微观机制

从图 6.46 中可以看出,临界切应变尽管随温度的升高而增加,但随温度的变化比较平缓,而正应变随温度的变化比较大,特别是在高温时需要较大的应变才能诱发相变的发生,而在较低的温度时,临界切应变值要大于临界正应变值,表明在低温时正应变相比切应变易诱发 FCC-FCT 形变。经典相变理论认为,相变的形核率随温度的升高而增加,而且温度越低,相变的过冷度越大,所提供的化学驱动力越多,体系具有足够的能量来克服界面能、应变能等相变阻力,所以临界应变会随温度的升高而增加,表明高温下需要较大的应变才能诱发相变。由于本节模拟采用的马氏体相变应变以 Bain 畸变为主,所以正应变对其有直接的影响,相当于正应变直接改变相变的应变矩阵。在模拟过程中,当 $A^*(T)/A^*(M_s)$ 大于 1.5

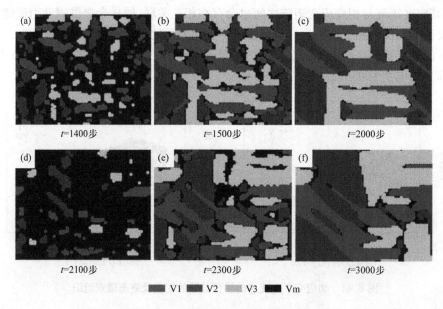

$t=1400$步　　　　　　　　$t=1500$步　　　　　　　　$t=2000$步

$t=2100$步　　　　　　　　$t=2300$步　　　　　　　　$t=3000$步

■ V1　■ V2　▨ V3　■ Vm

图 6.45　切应变下(110)面微观组织的演化
(a)～(c)中，$A^*(T)/A^*(M_s)=1.05$；(d)～(f)中，$A^*(T)/A^*(M_s)=1.5$

时，无论正应变还是切应变，均不能诱发马氏体相变，如图 6.46 所示，所以可以将此时 $A^*(T)$ 对应的温度定义为 $M_d$，即 $A^*(M_d)/A^*(M_s)=1.5$。马氏体相变的特征温度是由其合金成分决定的，外场包括应力应变场、电磁场对其有一定的影响，由此也可认为 $M_d$ 也是由材料成分最终决定的。不同的材料体系、不同的合金成分，其 $A^*(M_d)$ 和 $A^*(M_s)$ 均会出现变化，其 $A^*(M_d)/A^*(M_s)$ 也不同，但这个比值与合金成分、材料体系之间的变化规律还需要进一步的研究。当温度不变时，应力诱发相变或应变诱发相变是一个等温相变过程，当温度变化时，可以认为是应力或应变约束下的相变。过高的温度下，应力无法诱发相变，此处的模拟结果显示，正应变或切应变也无法诱发相变。

　　应变下的相变机制也是一个重要的问题。本节中没有考虑位错的影响，这是由理论模型的局限性决定的。对于热诱发的 FCC-FCT 马氏体相变，在相变初期，三种变体形核概率是等价的，由于弹性应变能的存在，马氏体变体在小尺寸下或在形核阶段就能形成马氏体孪晶，降低相变过程中的局域应变能，从而使相变得以顺利进行，如图 6.41 中的 A 图所示，实验中观察到的马氏体均为孪晶马氏体，结合模拟，可以认为对于热诱发 FCC-FCT 相变，主要是孪晶切变形核并长大，其示意图如图 6.47(a)所示，在早期马氏体孪晶即形成。对于高于 $M_s$ 的正应变诱发或切应变诱发 FCC-FCT 相变，相邻的马氏体核胚之间的距离比较大，马氏体之间比较分散，由于外应变场的存在，额外能量提供了部分驱动力，使得

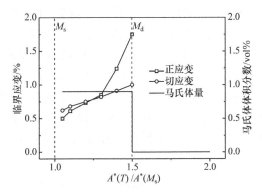

图 6.46　临界正应变、临界切应变及马氏体体积分数与参数
$A^*(T)/A^*(M_s)$ 的关系

马氏体单变体得以长大,而孪晶马氏体的形成是在马氏体长大后相互靠近后才
形成的,如图 6.43 和图 6.45 所示,其相变主要是借助马氏体/奥氏体界面推移
长大的,孪晶界面(TB)的移动也是在相变后期才发生,其相变过程示意图如
图 6.47(b)所示。

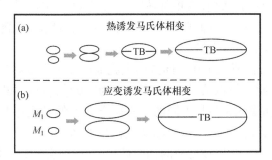

图 6.47　应变诱发马氏体相变的微观机制

# 6.6　小　结

(1) 利用二维相场方法研究了单晶和多晶中与晶粒尺寸关联的马氏体相变形
态学,同时研究比较了多变体/单变体导致的差异,并结合应力分布对其内在机理
进行了分析与讨论。发现随着晶粒尺寸的减小,单晶/多晶中马氏体相变的动力学
过程均受到抑制,马氏体形态呈现较大差异,其微观组织演化路径也不相同;对于
马氏体多变体,在相变过程中马氏体变体的长度受到限制,与晶粒尺寸具有较大的
关联性,而马氏体厚度受晶粒尺寸影响较小,对于单变体,马氏体向降低应变能的
方向长大,其长度和宽度等比例减小;在多晶中,每个晶粒内部的微观组织演化并

不相同,有的发生马氏体相变,有的不发生马氏体相变,在发生马氏体相变的晶粒中,马氏体形态及其分布也不相同;无论单晶还是多晶,晶粒尺寸大小均会改变相变过程中的应力分布,基于相变过程中的应力演化规律,发现多晶中的晶界对相变中的应变协调有重要的影响,它阻碍了相变应变的松弛,并减弱了各晶粒之间的相互协调,同时晶粒的取向差异将改变这一协调效应;体积膨胀效应使得相变应变无法通过多变体协调而抵消,对马氏体的生长方式和最终母相的稳定性有重要的影响。只有具有相同惯习面的孪晶才能形成变体交替的孪晶组织,呈现变体交替出现的生长方式。

(2)利用相场方法,系统研究了智能材料 Ni-Mn-Ga 合金的马氏体孪晶分别沿[100]、[110]、[111]三个方向施加拉应力后的微观组织演化动力学;发现拉应力施加方向决定了体系微观组织的演化路径及组织形态。沿[100]方向施加拉应力,可得到单变体体系;沿[110]方向施加拉应力,可得到双变体体系;沿[111]方向施加拉应力,可得到三变体体系;模拟得到切变模量和界面动力学因子对孪晶化临界应力的影响规律,与实验结果相符。发现界面动力学因子越大、切变模量越小,孪晶化临界应力越小,这与体系的能量和微观组织演化一致。拉应力释放后,曾经消失的变体会重新在孪晶界面形核并向马氏体内部长大,重新平衡后的微观组织会发生重新排列。通过加载—卸载循环可以实现智能材料内部微观组织的精细调控,从而对其力学性能进行控制。

(3)利用相场方法研究了在不同方向上施加连续压应力对马氏体微观组织的影响规律及相关机制。模拟结果表明,当应力为[100]、[111]和[110]三个方向的应力时,最终结构和演化路径是不同的。不同方向上的马氏体孪晶化的临界应力也不相同,同时它与界面动力学因子和切变模量有密切的关系。卸载后各变体之间的相关转化与自协调会导致材料的伪弹性,外加载荷会导致变体的增加或消失;变体的增加涉及变体的形核,一般马氏体相界面或孪晶界面往往是新变体优先形核的地方。

(4)采用相场法研究了不同温度下的正应变或剪切应变诱发马氏体相变。模拟结果表明,正常的应变和剪切应变可以在 $M_s \sim M_d$ 温度范围内诱发相变。计算出的临界应变随温度的升高而增大,而应变和剪切应变之间有很小的差异。本章探讨了应变诱发产生的机理,并发现其与热诱发的孪晶切变机理不同。

## 参 考 文 献

[1] 徐祖耀. 相变研究的展望与发展《材料形态学》雏议[J]. 热处理,2009,24(2):1-4.

[2] 徐祖耀. 相变与热处理[M]. 上海:上海交通大学出版社,2014.

[3] 戴起勋. 金属组织控制原理[M]. 北京:化学工业出版社,2009.

[4] Wang Y,Khachaturyan A G. Three-dimensional field model and computer modeling of mar-

tensitic transformations[J]. Acta Materialia,1997,45(2):759-773.

[5] Morito S,Saito H,Ogawa T,et al. Effect of austenite grain size on the morphology and crystallography of lath martensite in low carbon steels[J]. ISIJ International,2005,45(1): 91-94.

[6] Jin Y M,Artemev A,Khachaturyan A G. Three-dimensional phase field model of low-symmetry martensitic transformation in polycrystal:Simulation of $\zeta$ martensite in AuCd alloys [J]. Acta Materialia,2001,49(12):2309-2320.

[7] Malik A,Amberg G,Borgenstam A,et al. Effect of external loading on the martensitic transformation—A phase field study[J]. Acta Materialia,2013,61(20):7868-7880.

[8] Wang Y,Jin Y M,Cuitino A M,et al. Nanoscale phase field microelasticity theory of dislocations:Model and 3D simulations[J]. Acta Materialia,2001,49(10):1847-1857.

[9] Cui S S,Cui Y G,Wan J F,et al. Grain size dependence of the martensitic morphology—A phase-field study[J]. Computational Materials Science,2016,121:131-142.

[10] 徐祖耀. 相变原理[M]. 北京:科学出版社,2000.

[11] Artemev A,Jin Y M,Khachaturyan A G. Three-dimensional phase field model of proper martensitic transformation[J]. Acta Materialia,2001,49(7):1165-1177.

[12] Yeddu H K,Malik A,Gren J,et al. Three-dimensional phase-field modeling of martensitic microstructure evolution in steels[J]. Acta Materialia,2012,60(4):1538-1547.

[13] Ullakko K,Huang J K,Kantner C,et al. Large magnetic-fieldinduced strains in $Ni_2MnGa$ single crystals[J]. Applied Physics Letters,1996,69(13):1966-1968.

[14] Likhachev A A,Ullakko K. Magnetic-field-controlled twin boundaries motion and giant magneto-mechanical effects in Ni-Mn-Ga shape memory alloy[J]. Physics Letters A,2000, 275(1-2):142-151.

[15] Ma Y F,Li J Y. Magnetization rotation and rearrangement of martensite variants in ferromagnetic shape memory alloys[J]. Applied Physics Letters,2007,90(17):172504.

[16] Heczko O,Soroka A,Hannula S P. Magnetic shape memory effect in thin foils[J]. Applied Physics Letters,2008,93(2):022503.

[17] Martinov V V,Kokorin V V. The crystal structure of thermally- and stress-induced martensites in $Ni_2MnGa$ single crystals[J]. Journal of Physics (France) Ⅲ,1992,2(5): 739-749.

[18] Wu P P,Ma X Q,Zhang J X,et al. Phase-field simulations of stress-strain behavior in ferromagnetic shape memory alloy $Ni_2MnGa$ [J]. Journal of Applied Physics, 2008, 104 (7):073906.

[19] Chernenko V A,L'Vov V A,Mullner P,et al. Magnetic-field-induced superelasticity of ferromagnetic thermoelastic martensites:Experiment and modeling[J]. Physical Review B, 2004,69(13):1124-1133.

[20] Straka L,Lanska N,Ullakko K,et al. Twin microstructure dependent mechanical response in Ni-Mn-Ga single crystals[J]. Applied Physics Letters,2010,96(13):131903.

[21] 万见峰,张骥华,戎咏华. 应力下 $Ni_2MnGa$ 合金中马氏体变体再取向动力学的相场模拟[J]. 中国有色金属学报,2013,23(7):1954-1962.

[22] Tanaka Y, Himuro Y, Kainuma R, et al. Ferrous polycrystalline shape-memory alloy showing huge superelasticity[J]. Science,2010,327(5972):1488-1490.

[23] Cui Y G, Wan J F, Zhang J H, et al. Kinetics, mechanism and pathway of reorientation of multi-variants in Ni-Mn-Ga shape memory alloys under continuous compressive stress: Phase-field simulation[J]. Journal of Applied Physics,2012,112(9):094908.

[24] Cui Y G, Wan J F, Zhang J H, et al. Mechanism of reorientation and redistribution of multi variants in shape memory alloys under external field[J]. 中国材料进展,2012,31(3):39-42.

[25] Cui Y G, Wan J F, Man J, et al. The self-accommodation and rearrangement of martensite multi-variants under cyclic stress: Phase-field simulation[J]. Material Science Forum,2013,738-739:143-149.

[26] Cui Y G, Wan J F, Zhang J H, et al. Strain-induced phase transition in martensitic alloys: Phase-field simulation[C]. The 8th Pacific Rim International Congress on Advanced Materials and Processing,2013:2781-2790.

# 第 7 章  马氏体相界面科学与工程

## 7.1  引  言

　　界面对智能合金材料的性能有密切的影响。形状记忆合金的记忆效应来自于马氏体相变及其逆相变，相变的进行均依赖于相界面来进行；在正相变中包含界面的形成及迁移，在逆相变中包含界面的迁移及消失。对于磁性形状记忆合金，其磁控记忆效应的机理是磁场下马氏体/母相界面和马氏体孪晶界面的迁移导致的应变输出。磁场诱发马氏体孪晶界面的移动是大应变和大应力输出的根本原因，而磁场下界面两侧马氏体的 Zeeman 能差异为界面移动提供了足够的能量。一些实验结果表明，应力和磁场均可以导致马氏体变体的再取向，这种变体的取向变化主要是通过孪晶界面的运动来实现的。Mn 基合金的高阻尼性能是通过马氏体孪晶界面的运动损耗来完成的。所以界面的作用是非常重要的，既涉及科学问题，更与工程应用密切相关。

　　界面的性质包括界面热力学、界面动力学、界面力学、界面电子结构等，针对不同的性质，所采取的研究方法也不同。对于界面能，可采用热力学的方法进行计算；对于界面力学，可采用相场方法进行研究；对于界面动力学，可采用界面运动方程来分析；利用第一性原理可以对界面电子结构进行研究。因此，没有一种通用的方法能对界面的所有性质进行完整的分析。

## 7.2  马氏体相界面热力学

### 7.2.1  Fe-Mn-Si 合金的共格界面能

　　Fe-Mn-Si 合金的 FCC($\gamma$)→HCP($\varepsilon$)相变主要依赖于层错形核机制，其界面为完全共格界面（$\{111\}_{FCC}$∥$\{0001\}_{HCP}$），马氏体相变的切变特性决定了共格界面两侧的马氏体相和母相具有相同的合金浓度。离散点阵平面(discrete lattice plane, DLP)模型是计算完全共格界面能的一个经典模型[1-4]。最初提出这个模型主要是针对结构相同、有相同取向关系，而浓度不同的两相之间的共格界面问题(FCC-FCC、BCC-BCC)[1]。Ramanujan 等[2,3]对模型进行了一定的完善，使之能够计算具有不同结构的两相间的共格界面能（如 $\{111\}_{FCC}$∥$\{0001\}_{HCP}$ 和 $\langle 1\bar{1}0 \rangle_{FCC}$∥$\langle 11\bar{2}$

0)$_{HCP}$),当两相的浓度有比较明显的差别时,Ramanujan 等细致地考虑了界面区的扩散[2],若浓度梯度很小,则采用了近似的处理方法,忽略了界面扩散的影响[3],这种处理方法是对模型的一个重要补充。间隙原子的存在使系统更加复杂,Yang 等[4]在二元置换型合金的基础上添加了一种间隙原子,从合金元素的种类上对模型进行了有意义的推广,计算并分析了 FCC(Fe-Cr-N)/B$_1$(CrN)的共格界面能。离散点阵平面模型在发展和完善的同时依旧存在两个重要的局限,一是对多元合金的处理存在困难,若将二元简单地推广到多元,势必引起难以控制的误差,特别是在计算合金的形成能时要特别注意;再就是所处理的两相必须具有不同的浓度,这样在界面区存在成分的扩散,而合金成分的浓度梯度在模型的运用中又是非常重要的。下面在前人工作的基础上对模型进行改进,解决模型自身发展中长期遗留下的两个局限性,以便能分析 Fe-Mn-Si 合金的共格界面能。

### 1. 计算模型

#### 1) 多元置换型合金的共格界面能的一般描述[5]

所考虑的对象为完全共格的 FCC($\gamma$)相和 HCP($\varepsilon$)相的界面区。DLP 模型[1-3]将界面看成由 $2J$ 个与界面平行的平面组成的过渡区,在第 $1\sim J$ 平面内的体系接近 FCC 相,$J+1\sim 2J$ 平面接近 HCP 相,所以界面可认为由类 $\gamma$ 区、类 $\varepsilon$ 区和两者的结合面($\gamma\varepsilon$ 区)组成。对于二元和多元界面体系,其共格界面能($\sigma$)均可表示为[6]

$$\sigma = \Omega - \Omega^{h\gamma} - \Omega^{he} \tag{7.1}$$

其中,$\Omega$ 是共格界面区的热力势函数;$\Omega^{h\gamma}$、$\Omega^{he}$ 分别是无限大单相区 $\gamma$ 相和 $\varepsilon$ 相的热力学势函数。共格界面的势函数 $\Omega$ 可表示为

$$\Omega = E - TS - \sum_{\theta}(\mu_{\theta}^{\gamma}N_{\theta}^{\gamma} + \mu_{\theta}^{\varepsilon}N_{\theta}^{\varepsilon}) \tag{7.2}$$

其中,$E$、$T$ 和 $S$ 分别为界面区的内能、温度和熵;$\mu_{\theta}^{k}$ 和 $N_{\theta}^{k}$ 是 $k$ 相($k=\gamma,\varepsilon$)中 $\theta$ 组元($\theta=1,2,\cdots$)的化学势函数和相应的摩尔分数。共格界面体系的内能 $E$ 为

$$E = E_s + E_f \tag{7.3}$$

其中,$E_s$ 为标准态的内能;$E_f$ 为界面体系的形成能。对于 $E_s$,有

$$E_s = \sum_{\theta}(N_{\theta}^{\gamma}h_{\theta}^{0\gamma} + N_{\theta}^{\varepsilon}h_{\theta}^{0\varepsilon}) \tag{7.4}$$

$h_{\theta}^{0k}(k=\gamma,\varepsilon)$ 为 $k$ 结构 $\theta$ 型原子标准态的能量。根据共格界面的结构特征,共格界面的形成能 $E_f$ 表示为

$$E_f = E_{\gamma\gamma} + E_{\varepsilon\varepsilon} + E_{\gamma\varepsilon} \tag{7.5}$$

其中,$E_{\gamma\gamma}$、$E_{\varepsilon\varepsilon}$ 和 $E_{\gamma\varepsilon}$ 分别为类 $\gamma$ 区、类 $\varepsilon$ 区和 $\gamma\varepsilon$ 区的内能。共格界面熵 $S$ 是标准态的熵和位形熵的总和[2]:

$$S = \sum_{\theta=1}^{n}(N_{\theta}^{\gamma}S_{\theta}^{0\gamma} + N_{\theta}^{\varepsilon}S_{\theta}^{0\varepsilon}) - n_{s}^{\gamma}k_{B}\sum_{i=1}^{J}\sum_{\theta=1}^{n}x_{\theta i}^{\gamma}\ln x_{\theta i}^{\gamma} - n_{s}^{\varepsilon}k_{B}\sum_{i=J+1}^{2J}\sum_{\theta=1}^{n}x_{\theta i}^{\varepsilon}\ln x_{\theta i}^{\varepsilon} \tag{7.6}$$

$S_{\theta}^{0k}$ 是组元 $\theta(\theta=1,2,\cdots,n)$ 在 $k(k=\gamma,\varepsilon)$ 相中的标准熵，$x_{\theta i}^{k}$ 是 $\theta$ 型原子在 $i$ 平面内的摩尔分数，$n_{s}^{k}$ 是 $k$ 相中单位面积的原子数，$k_{B}$ 是 Boltzmann 常量。在分析 Al-Ag 合金的共格界面时[3]，考虑到各组元在 FCC 相和 HCP 相之间只有很小的浓度梯度，所以认为组元 $\theta$ 在 $1\sim J$ 平面、$J+1\sim 2J$ 平面内相同，近似满足：

$$\begin{aligned} x_{\theta i}^{\gamma}&=N_{\theta}^{\gamma}, \quad 1\leqslant i\leqslant J\\ x_{\theta i}^{\varepsilon}&=N_{\theta}^{\varepsilon}, \quad J+1\leqslant i\leqslant 2J \end{aligned} \tag{7.7}$$

上述近似对智能材料 Fe-Mn-Si 这样的多元体系完全实用。在这一近似条件下得到的多元体系的共格界面能表达式为

$$\sigma = \Omega - \Omega^{hy} - \Omega^{he} = E - E^{hy} - E^{he} \tag{7.8}$$

它和二元界面体系具有相同的关系式，所以只要知道二元或多元体系的内能 $E(II)$ 或 $E(M)$，就能得到相应的共格界面能 $\sigma(II)$ 或 $\sigma(M)$。

2) $E(II)$ 和 $E(M)$ 之间的关系

单相体系的热力学势函数($\Omega^{k}(k=\gamma,\varepsilon)$)就是相应体系的 Gibbs 自由能 $\Delta G^{k}$，所以有

$$\Omega^{k} = \Delta G^{k} \tag{7.9}$$

根据规则溶液模型，多元体系的 Gibbs 自由能为

$$\Delta G^{k} = \sum_{\theta=1}^{n}N_{\theta}^{k0}G_{\theta}^{k} + RT\sum_{\theta=1}^{n}N_{\theta}^{k}\ln N_{\theta}^{k} + {}^{E}G^{k} + {}^{MG}G^{k} \tag{7.10}$$

其中，${}^{0}G_{\theta}^{k}$ 是 $\theta$ 组元在非磁性状态 $k$ 结构的摩尔自由能。${}^{E}G^{k}$、${}^{MG}G^{k}$ 分别为多元体系的超额自由能和磁性自由能。根据 Chou 模型[7]，多组元超额自由能 ${}^{E}G^{k}$ 可建立在二元体系基础上：

$$^{E}G^{k} = \sum_{i,j}W_{i,j}^{k}\,{}^{E}G_{i,j}^{k}, \quad i,j = 1,2,\cdots;i\neq j \tag{7.11}$$

其中，${}^{E}G_{i,j}^{k}$ 和 $W_{i,j}^{k}$ 分别是二元系 $ij$ 的混合超额自由能和权重因子。单相的热力学势函数 $\Omega^{k}(k=\gamma,\varepsilon)$ 为

$$\Omega^{k} = E^{k} - TS^{k} - \sum_{\theta}\mu_{\theta}^{k}N_{\theta}^{k} \tag{7.12}$$

界面的磁性问题是复杂的，在忽略磁性的前提下，将式(7.10)~式(7.12)代入式(7.9)，化简后就得到多元体系内能 $E^{k}(M)$ 的表达式：

$$E^{k}(M) = \sum_{\theta}(\mu_{\theta}^{k}N_{\theta}^{k} + N_{\theta}^{k0}G_{\theta}^{k}) + \sum_{i,j}W_{i,j}^{k}\,{}^{E}G_{i,j}^{k} + P_{s}(M) + Q_{s}(M) \tag{7.13}$$

其中，$P_{s}(M)$ 和 $Q_{s}(M)$ 是多元体系中与标准原子能和熵有关的函数。而二元体系 $ij$ 的 $E^{k}(ij)$ 为

$$E^{k}(ij) = \sum_{i,j}(\mu_{\theta}^{k}N_{\theta}^{k} + N_{\theta}^{k0}G_{\theta}^{k}) + {}^{E}G_{i,j}^{k} + P_{s}(ij) + Q_{s}(ij) \tag{7.14}$$

其中，$P_s(ij)$、$Q_s(ij)$ 是二元体系 $ij$ 中与标准原子能和熵有关的函数。若多元体系有 $n$ 个组元，它共可分为 $C_n^2$ 个 $ij$ 二元系，即共有 $C_n^2$ 个类似式(7.14)的方程，和方程(7.13)联立成方程组，消除 $^EG_{i,j}^k$ 项，可得到 $E^k(M)$ 和 $E^k(ij)$ 之间的关系为

$$E^k(M) = \sum_{i,j} W_{i,j}^k E^k(ij) + F^k \tag{7.15}$$

其中，$F^k$ 是一个与 $W_{i,j}^k$ 无关的函数。所以，多元共格界面体系的内能可写为

$$E(M) = \sum_{i,j} \left[ W_{i,j}^\gamma E^{\gamma\gamma}(ij) + W_{i,j}^\varepsilon E^{\varepsilon\varepsilon}(ij) \right] + E^{\gamma\varepsilon}(M) + F^\gamma + F^\varepsilon \tag{7.16}$$

其中，$E^{kk}(ij)$、$E^{\gamma\varepsilon}(M)$ 分别是界面区类 $k$ 区和中间 $\gamma/\varepsilon$ 区的内能。

3) $\sigma$ 的计算关系式

由式(7.15)、式(7.16)和式(7.9)得到多元体系的共格界面能表达式为

$$\sigma = \sum \left\{ W_{i,j}^\gamma \left[ E^{\gamma\gamma}(ij) - E^{h\gamma}(ij) \right] + W_{i,j}^\varepsilon \left[ E^{\varepsilon\varepsilon}(ij) - E^{h\varepsilon}(ij) \right] \right\} + E^{\gamma\varepsilon}(M) \tag{7.17}$$

Chou 模型[7] 给出了多元系中组元 $i$、$j$ 在相关二元 $ij$ 体系中的摩尔分数，即

$$X_{i(ij)} = N_i + \sum_{\substack{p=1 \\ p \neq i,j}}^n N_p \xi_{i\langle ij \rangle}^{(p)} \tag{7.18a}$$

$$X_{j(ij)} = N_j + \sum_{\substack{p=1 \\ p \neq i,j}}^n N_p \xi_{j\langle ij \rangle}^{(p)} \tag{7.18b}$$

其中，$\xi_{i\langle ij \rangle}^{(p)}$ 和 $\xi_{j\langle ij \rangle}^{(p)}$ 代表组元 $p$ 在 $ij$ 二元体系中分别对组元 $i$、$j$ 的相似系数。假定在任意 $ij$ 二元体系中，组元 $i$、$j$ 的摩尔分数为 $y_1$、$y_m$，它们满足条件 $y_1 + y_m = 1$，所以有

$$y_1 = \frac{X_{i(ij)}}{X_{i(ij)} + X_{j(ij)}} \tag{7.19a}$$

$$y_m = \frac{X_{j(ij)}}{X_{i(ij)} + X_{j(ij)}} \tag{7.19b}$$

由于 FCC 相和 HCP 相有不同的相似系数[8,9]，所以有 $y_1^\gamma \neq y_1^\varepsilon$、$y_m^\gamma \neq y_m^\varepsilon$ 成立。

基于以上分析，对任意 $ij$ 二元体系

$$E^{\gamma\gamma}(ij) = \frac{1}{2} n_s^\gamma \sum_{x=1}^J \sum_{y=1}^J Z_{xy} \left[ \frac{1}{2} e_{ii}^\gamma (y_1^\gamma + y_1^\varepsilon) + \frac{1}{2} e_{jj}^\gamma (y_m^\gamma + y_m^\varepsilon) + \Delta e^\gamma (y_1^\gamma y_m^\varepsilon + y_m^\gamma y_1^\varepsilon) \right] \tag{7.20a}$$

$$E^{\varepsilon\varepsilon}(ij) = \frac{1}{2} n_s^\varepsilon \sum_{x=J+1}^{2J} \sum_{y=J+1}^{2J} Z_{xy} \left[ \frac{1}{2} e_{ii}^\varepsilon (y_1^\gamma + y_1^\varepsilon) + \frac{1}{2} e_{jj}^\varepsilon (y_m^\gamma + y_m^\varepsilon) + \Delta e^\varepsilon (y_1^\gamma y_m^\varepsilon + y_m^\gamma y_1^\varepsilon) \right] \tag{7.20b}$$

$$E^{\gamma\varepsilon}(ij) = \frac{1}{2} n_s^\gamma \sum_{x=1}^J \sum_{y=J+1}^{2J} Z_{xy} \left[ \frac{1}{4} (e_{ii}^\gamma + e_{ii}^\varepsilon)(y_1^\gamma + y_1^\varepsilon) + \frac{1}{4} (e_{jj}^\gamma + e_{jj}^\varepsilon)(y_m^\gamma + y_m^\varepsilon) \right.$$

$$+\frac{1}{2}(\Delta e^{\gamma}+\Delta e^{\varepsilon})(y_l^{\gamma}y_m^{\varepsilon}+y_m^{\gamma}y_l^{\varepsilon})\Big] \tag{7.20c}$$

其中，$e_{ii}^k$、$e_{jj}^k$（$k=\gamma,\varepsilon$）是组元 $i$、$j$ 的结合能，存在下列关系[2]：

$$e_{ii}^k=\frac{\Delta H_i^k(\mathrm{J/mol})}{\dfrac{Z^k}{2}N_{\mathrm{AV}}(\mathrm{bonds/mol})}$$

同理有

$$e_{jj}^k=\frac{\Delta H_j^k(\mathrm{J/mol})}{\dfrac{Z^k}{2}N_{\mathrm{AV}}(\mathrm{bonds/mol})} \tag{7.21}$$

其中，$\Delta H_i^k$、$\Delta H_j^k$ 是组元 $i$、$j$ 的焓，$Z^k$ 是中心原子的最近邻原子数，$N_{\mathrm{AV}}$ 是 Avogadro 常量。而 $\Delta e^k=e_{ij}^k-\dfrac{1}{2}(e_{ii}^k+e_{jj}^k)$，由于 $e_{ij}^k$ 无法从实验数据中获得，常通过式（7.22）计算[2]：

$$\Delta e^k(\mathrm{J/bond})=\frac{\omega_{i,j}^k(\mathrm{J/mol})}{Z^kN_{\mathrm{AV}}} \tag{7.22}$$

其中，$\omega_{i,j}^k$ 是 $k$ 相中 $i$、$j$ 二元规则溶液常数。Ramanujan 等[2]都是从相图中经过转化后得到的，给理论计算带来了不必要的麻烦，而从规则溶液模型中可直接得到这个参数

$$\omega_{i,j}=A_{ij}^0+A_{ij}^1(y_l-y_m)+A_{ij}^2(y_l-y_m)^2 \tag{7.23}$$

其中，$A_{ij}^2$ 表示二元系混合超额自由能的系列参数，与组分无关而仅与温度有关。

另外一项 $E^{\gamma\varepsilon}(M)$ 仿照式（7.11）写成

$$E^{\gamma\varepsilon}(M)=\sum_{i,j}W_{i,j}^{\gamma\varepsilon}E^{\gamma\varepsilon}(ij) \tag{7.24}$$

其中，$W_{i,j}^{\gamma\varepsilon}$ 为中间 $\gamma\varepsilon$ 区二元体系的组合系数。从以上的分析中可以看出，对 $\gamma\varepsilon$ 区 $e_{ii}^{\gamma\varepsilon}$、$e_{jj}^{\gamma\varepsilon}$、$\Delta e^{\gamma\varepsilon}$ 都采用了近似平均的处理方法，此处也采用近似平均 $W_{i,j}^{\gamma\varepsilon}=0.5$ $(W_{i,j}^{\gamma}+W_{i,j}^{\varepsilon})$。

综合以上分析得到 $\sigma$ 的直接关系式

$$\begin{aligned}
\sigma=&\frac{1}{2}(-Z_b^{\gamma})n_s^{\gamma}\sum_{i,j}W_{i,j}^{\gamma}\Big[\frac{1}{2}e_{ii}^{\gamma}(y_l^{\gamma}+y_l^{\varepsilon})+\frac{1}{2}e_{jj}^{\gamma}(y_m^{\gamma}+y_m^{\varepsilon})+\Delta e^{\gamma}(y_l^{\gamma}y_m^{\varepsilon}+y_m^{\gamma}y_l^{\varepsilon})\Big]\\
&+\frac{1}{2}(-Z_b^{\varepsilon})n_s^{\varepsilon}\sum_{i,j}W_{i,j}^{\varepsilon}\Big[\frac{1}{2}e_{ii}^{\varepsilon}(y_l^{\gamma}+y_l^{\varepsilon})+\frac{1}{2}e_{jj}^{\varepsilon}(y_m^{\gamma}+y_m^{\varepsilon})+\Delta e^{\varepsilon}(y_l^{\gamma}y_m^{\varepsilon}+y_m^{\gamma}y_l^{\varepsilon})\Big]\\
&+Z_f n_s^{\gamma}\sum_{i,j}\frac{1}{2}(W_{i,j}^{\gamma}+W_{i,j}^{\varepsilon})\Big[\frac{1}{4}(e_{ii}^{\gamma}+e_{ii}^{\varepsilon})(y_l^{\gamma}+y_l^{\varepsilon})+\frac{1}{4}(e_{jj}^{\gamma}+e_{jj}^{\varepsilon})(y_m^{\gamma}+y_m^{\varepsilon})\\
&+\frac{1}{2}(\Delta e^{\gamma}+\Delta e^{\varepsilon})(y_l^{\gamma}y_m^{\varepsilon}+y_m^{\gamma}y_l^{\varepsilon})\Big]
\end{aligned} \tag{7.25}$$

其中，$Z_b^k$、$Z_f$ 分别为中间区的断键数和成键数，满足 $Z_f n_s^\gamma = 0.5(Z_b^\gamma n_s^\gamma + Z_b^\varepsilon n_s^\varepsilon)$。

### 2. 计算参数的选择

利用以上改进模型可以计算多元置换合金体系的共格界面能($\sigma$)。主要研究智能材料 Fe-Mn-Si 合金的 $\sigma$，所涉及的参数一一列出。

(1) 合金的点阵参数取自文献[10]，$a = 0.359\text{nm}$。

(2) Dinsdale[11]归纳了多种元素在不同相结构中的 Gibbs 自由能。根据

$$G = a + bT + cT\ln T + \sum dT^n \tag{7.26}$$

可得到 $a$、$b$、$c$、$d$ 各相关常数（$n$ 取 2、3、−1），而焓 $H$ 符合以下关系：

$$H = a - cT - \sum (n-1)dT^n \tag{7.27}$$

各组元的焓的表达式如表 7.1 所示。

**表 7.1　Fe、Mn 和 Si 三种组元的焓的表达式**

| 相 | 组元 | 表达式 |
|---|---|---|
| $\gamma$ | Fe | $H_{\text{Fe}}^\gamma = -236.7 + 24.6643 \times T + 0.00375752 \times T^2 + 1.178538 \times 10^{-9} \times T^3 + 154717 \times T^{-1}$ |
| | Mn | $H_{\text{Mn}}^\gamma = -3439.3 + 24.5177 \times T + 6.0 \times 10^{-3} \times T^2 + 139200 \times T^{-1}$ |
| | Si | $H_{\text{Si}}^\gamma = 42837.391 + 22.8317533 \times T + 1.912904 \times 10^{-3} \times T^2 + 7.104 \times 10^{-9} \times T^3 + 353334 \times T^{-1}$ |
| $\varepsilon$ | Fe | $H_{\text{Fe}}^\varepsilon = -2480.08 + 24.6643 \times T + 0.00375752 \times T^2 + 1.178538 \times 10^{-8} \times T^3 + 154717 \times T^{-1}$ |
| | Mn | $H_{\text{Mn}}^\varepsilon = -4439.3 + 24.5177 \times T + 6.0 \times 10^{-3} \times T^2 + 139200 \times T^{-1}$ |
| | Si | $H_{\text{Si}}^\varepsilon = 41037.391 + 22.8317533 \times T + 1.912904 \times 10^{-3} \times T^2 + 7.104 \times 10^{-9} \times T^3 + 353334 \times T^{-1}$ |

(3) 二元系混合超额自由能的参数如表 7.2[8,9]所示。

**表 7.2　二元系混合超额自由能的参数表**

| 相 | | $A_{ij}^0$ | $A_{ij}^1$ | $A_{ij}^2$ |
|---|---|---|---|---|
| $\gamma$ | Fe-Mn | $-7762 + 3.865T$ | $-259$ | 0 |
| | Mn-Si | $-125248 + 41.16T$ | $-142708$ | 89.907 |
| | Fe-Si | $-88555 + 2.94T$ | $-7500$ | 0 |
| $\varepsilon$ | Fe-Mn | $-5582 + 3.865T$ | $-273$ | 0 |
| | Mn-Si | $-123468 + 41.16T$ | $-142708$ | 89.907 |
| | Fe-Si | $-86775 + 2.94T$ | $-7500$ | 0 |

(4) 组元的相似系数 $\xi_{i(ij)}^{(p)}$ 定义为[7]

$$\xi_{i(ij)}^{(p)} = \frac{\eta(ij, ip)}{\eta(ij, ip) + \eta(ji, jp)} \tag{7.28}$$

$\eta(ij, ip)$ 是与 $ij$、$ip$ 两个二元系的超额 Gibbs 自由能有关的函数。在 Fe-Mn-Si 合

金中各相似系数如表 7.3 所示[8,9]。

**表 7.3　γ 相和 ε 相的相似系数表**

| γ 相 | ε 相 |
| --- | --- |
| $\xi_{Fe(FeMn)}^{Si}=\dfrac{5.566\times10^8-2.917\times10^5\times T+46.255\times T^2}{7.745\times10^8-2.868\times10^5\times T+46.283\times T^2}$ | $\dfrac{5.605\times10^8-2.927\times10^5\times T+46.255\times T^2}{7.805\times10^8-2.877\times10^5\times T+46.283\times T^2}$ |
| $\xi_{Mn(MnSi)}^{Fe}=\dfrac{2.178\times10^8+4.982\times10^5\times T+0.0285\times T^2}{3.497\times10^8-8.837\times10^5\times T+48.609\times T^2}$ | $\dfrac{2.200\times10^8+5.007\times10^5\times T+0.0285\times T^2}{3.519\times10^8-8.835\times10^5\times T+48.609\times T^2}$ |
| $\xi_{Si(FeSi)}^{Mn}=\dfrac{1.319\times10^8-9.335\times10^4\times T+48.580\times T^2}{6.885\times10^8-3.851\times10^4\times T+94.834\times T^2}$ | $\dfrac{1.319\times10^8-9.335\times10^4\times T+48.580\times T^2}{6.924\times10^8-3.861\times10^4\times T+94.834\times T^2}$ |

### 3. 计算结果与分析

#### 1) 温度的影响

DLP 模型中没有考虑共格界面的应变能,只分析了化学部分的应变能。一般合金元素的结合能与温度有关,所以可根据式(7.25)得到合金的共格界面能与温度的相互关系。图 7.1 给出了智能材料 Fe-25Mn-10Si(at%)合金的共格界面能 σ 在 200～700K 温度范围内的变化曲线。从图中可以看出,Fe-25Mn-10Si 合金的共格界面能 σ 随温度的升高而变大,这与 Al(rich)-Ag 合金 σ 的计算结果[2]完全相反。对于 Al-Ag 合金,在 600～760K 范围内,随温度升高,合金的界面能均有所下降;其所采用的焓、熵却是一个与温度无关的常数,重点是考虑了合金成分在界面区的扩散,温度变化,界面区的浓度有一个平衡分布,界面两侧差异的缩小导致界面能随温度的升高而减小。在其随后的工作中[3],忽略界面扩散的影响,但没有给出此时的计算结果,这些有待于实验证明。本书计算主要是马氏体相变,没有扩散,这是二者最根本的区别。

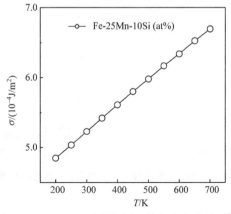

图 7.1　Fe-Mn-Si 中共格界面能与温度的关系[5]

　　层错机制在 Fe-Mn-Si 合金相变中占主导地位。若将层错看成两个 $\gamma/\varepsilon$ 界面的叠加，则层错能近似等于 $2\sigma$。而层错能（$\gamma$ 相中的层错）是随温度的升高而增加的，这一结论在 Co-Ni、Fe-Cr-Ni 和 Fe-Mn-Cr-C 等合金中已得到了相关实验的证明，所以从层错能的角度间接可以认为智能材料 Fe-Mn-Si 合金的共格界面能是随温度的升高而增加的。另外从数值的大小看，Fe-Mn-Si 合金的 $\sigma < 1\text{mJ/m}^2$，比 Al(rich)-Ag 合金的 $\sigma$ 小一个数量级，这种计算结果是可能的。Fe-Cr-Ni 合金的层错能一般为几十兆焦每平方米，其共格界面能在 $10\text{mJ/m}^2$ 左右；与之相比，Fe-Mn-Si 合金的层错能则只有几兆焦每平方米，所以其共格界面能 $\sigma_{\text{Fe-Mn-Si}}$ 接近 $1\text{mJ/m}^2$，还是比较可靠的。

　　2）合金成分的影响

　　图 7.2 和图 7.3 分别是智能材料 Fe-Mn-Si 合金在 400K 时的共格界面能随 Mn、Si 含量的变化曲线。从图中可以看出，Fe-Mn-Si 合金的共格界面能随 Mn 含量的增加而增加，Si 则降低共格界面能。这和两种元素对合金层错能的影响规律一致。Li 等[12]将 Fe-Mn-Si 基合金的层错能 $\gamma_0$ 表示为各组元的函数：

$$\gamma_0 = 28.87 + 0.21\text{Mn}\% - 4.45\text{Si}\% + 1.64\text{Ni}\% - 1.1\text{Cr}\% \qquad (7.29)$$

其中，Mn、Si 含量前的系数相反说明两种元素对层错能的不同影响结果。而且 Si 的相关系数值比 Mn 的大，表明 Si 对层错能的降低作用比 Mn 的升高作用大。比较图 7.2 和图 7.3，可得到曲线的斜率 $\text{d}\sigma/\text{dMn}\%$、$\text{d}\sigma/\text{dSi}\%$，每增加 1% 的 Mn，其 $\sigma$ 变化约为 $1.125 \times 10^{-5}\text{mJ/m}^2$，而每增加 1% 的 Si，其 $\sigma$ 变化约为 $2.914 \times 10^{-5}\text{mJ/m}^2$，显然 Si 的作用比 Mn 大。

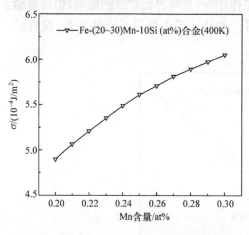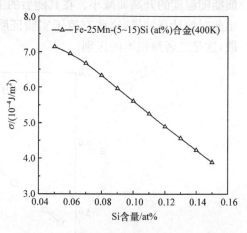

图 7.2　界面能与 Mn 含量之间的关系曲线　　　图 7.3　界面能与 Si 含量之间的关系曲线

3）相变点处的共格界面能

马氏体相变的临界驱动力（$\Delta G_{ch}^{\gamma \to \varepsilon}$）是为了克服形核时的应变能、界面能、相变时的体积膨胀能以及界面运动时的摩擦耗散能。表 7.4 给出了几种 Fe-Mn-Si 合金在马氏体相变温度处的共格界面能和临界驱动力。从表 7.4 中可以看出，在临界驱动力中共格界面能所占的比例比较小（<10%），这表明相变过程中界面不可能成为相变时的主要阻力，主要还是应变能。马氏体的长大过程是依赖于界面不断向前推移来完成的，也可认为是旧界面不断转化为马氏体相并同时形成新界面的过程，界面能的大小直接关系到相变的难易程度，界面能越小，新界面越易形成，相变时所受到的阻碍越小。众所周知，Fe-Mn-Si 合金容易发生应力诱发马氏体相变，这和合金的低共格界面能有重要的关系。Fe-Mn-Si 合金属于低层错能合金，相变时体积膨胀很小。徐祖耀提出其 FCC($\gamma$)→HCP($\varepsilon$)相变的临界驱动力可表示为

$$\Delta G = A\gamma_0 + B \tag{7.30}$$

其中，$A$ 和 $B$ 是与材料有关的常数，$B$ 主要是应变能，这也说明合金的界面能比较小。

**表 7.4 $M_s$ 温度点的界面能 $\sigma$[5]**

| 合金/wt% | $M_s$/K | $\Delta G_{ch}^{\gamma \to \varepsilon}$/(J/mol) | $\sigma$/(J/mol) | $\sigma/\Delta G_{ch}^{\gamma \to \varepsilon}$ |
|---|---|---|---|---|
| Fe-24.0Mn-6.0Si | 378 | −84.79 | 6.55 | 7.73% |
| Fe-28.0Mn-6.0Si | 343 | −154.94 | 6.97 | 4.50% |
| Fe-30.3Mn-6.06Si | 330 | −147.43 | 7.11 | 4.82% |
| Fe-36.9Mn-3.37Si | 348 | −122.11 | 8.98 | 7.36% |

## 7.2.2 含 N 的 Fe-Mn-Si 基合金的共格界面能

在智能材料 Fe-Mn-Si 基形状记忆合金中加入间隙原子（N 或 C）是提高记忆效应的有效途径。Ullakko 等[13]用内耗法对含 N 的 Fe-Mn-Si 基合金进行了研究，认为加入 N 后马氏体与母相的界面迁移能力提高。Ariapour 等[14]认为 N 对位错具有钉扎作用，降低了位错的运动能力，而马氏体/母相共格界面就是位错本身。两者对 N 影响异相界面迁移能力的结论完全相反。考虑到界面能的大小是衡量界面运动能力强弱的重要依据之一，若能够定量计算并分析 N 对异相共格界面的影响规律，将非常有利于今后智能材料的合金设计以及对实验现象的解释。由于智能材料中 N 含量不大（$w_N$<0.3%），所以这类合金依旧发生 FCC($\gamma$)→HCP($\varepsilon$)相变，其共格界面依旧为 $\{111\}_{FCC}$ // $\{0001\}_{HCP}$。下面将 Smirnov 统计模型[15]引入 DLP 模型中，使之能够处理 N 与多元置换原子间的交互作用，并对含 N 的 Fe-Mn-Si 基合金共格界面能进行理论计算。

### 1. 计算模型

#### 1) 共格界面能的表示

Cahn 等[6]提出的共格界面能 $E_{int}$ 计算关系式(7.1)具有普适性,对多元置换型和间隙型合金体系均能适用。在 FCC 合金中,间隙原子(N 或 C)一般都处于八面体间隙位,将这些间隙格点位置重新组成另外一套点阵结构(间隙原子亚点阵)。事实上间隙原子不可能全部占据亚点阵位置,因此在这套亚点阵中必定存在空位,可将这种空位看成另外一种间隙原子。对于包含间隙原子和置换原子的多元体系,可将它们对界面能的贡献进行分离,相应的共格界面能表示为以下三部分之和:

$$E_{int} = E_s + E_i + E_{si} \tag{7.31}$$

其中,$E_s$、$E_i$ 和 $E_{si}$ 分别为共格界面体系中置换原子与置换原子、间隙原子与间隙原子以及置换原子与间隙原子之间的相互作用对共格界面能的贡献。前面的工作已解决了多元置换型体系的界面能问题[16],下面则重点分析式(7.31)中的 $E_i$ 和 $E_{si}$。

#### 2) 计算 $E_i$

间隙原子和空位都属于八面体间隙位置,这些位置共同构成了一个新的亚点阵结构,其格点位置分别被相同的空位和相同的间隙原子占据。在这套点阵中,可近似将空位作为一种间隙原子来处理,这种结构的间隙原子密排面位于原 FCC 结构的两原子密排面{111}中间。马氏体相变属于切变型相变,无论是间隙原子还是置换原子均以集团方式整体运动,这样可以保证各原子面内间隙原子的浓度相同。参照多元置换型合金的共格界面能的计算模型,可得到多元全部由间隙原子组成的点阵结构的共格界面能[16]

$$\begin{aligned}
E_i = &\frac{1}{2}(-Z_b^A)E_I^A \sum_{z,v} W_{z,v}^A \left[ \frac{1}{2} E_{z,z}^A (x_z^A + x_z^B) + \frac{1}{2} E_{v,v}^A (x_v^A + x_v^B) \right. \\
&\left. + \Delta E^A (x_z^A x_v^B + x_v^A x_z^B) \right] \\
&+ \frac{1}{2}(-Z_b^B)E_I^B \sum_{z,v} W_{z,v}^B \left[ \frac{1}{2} E_{z,z}^B (x_z^A + x_z^B) + \frac{1}{2} E_{v,v}^B (x_v^A + x_v^B) \right. \\
&\left. + \Delta E^B (x_z^A x_v^B + x_v^A x_z^B) \right] \\
&+ Z_f E_I^A \sum_{z,v} \frac{1}{2}(W_{z,v}^A + W_{z,v}^B) \left[ \frac{1}{4}(E_{z,z}^A + E_{z,z}^B)(x_z^A + x_z^B) \right. \\
&\left. + \frac{1}{4}(E_{v,v}^A + E_{v,v}^B)(x_v^A + x_v^B) + \frac{1}{2}(\Delta E^A + \Delta E^B)(x_z^A x_v^B + x_v^A x_z^B) \right]
\end{aligned} \tag{7.32}$$

其中,$Z$ 是键数,$W$ 是二元体系的组合系数,$x$ 是组元的摩尔分数,$E_I$ 是键能,$E$ 是组元的结合能；A 和 B 分别表示在 FCC 相、HCP 相中间隙原子构成的点阵类型，下标 b 和 f 分别表示体材料和界面区，下标 $z$、$v$ 表示不同的组元。具体的共格界面能计算中，需要间隙原子形成能的实验数据。

3）计算 $E_{si}$

$E_{si}$ 是置换原子与间隙原子之间的交互作用，由于置换原子与空位之间的相互作用缺乏实验数据支持，在下面的分析中忽略它们的作用。因此，存在如下关系：

$$E_{si} = E_{si}^0 - E_{si}^{\gamma,0} - E_{si}^{\varepsilon,0} \tag{7.33}$$

其中，$E_{si}^0$、$E_{si}^{\gamma,0}$、$E_{si}^{\varepsilon,0}$ 分别为界面区、$\gamma$ 相和 $\varepsilon$ 相中置换原子与间隙原子的交互作用总和。在 FCC 结构中，与间隙原子最近邻的是 6 个置换原子（间距为 $a/2$），没有其他间隙原子，而一个间隙原子与 6 个置换原子的交互作用 $E_v^0$ 为

$$E_v^0 = \sum_{\theta=1}^n (n_\theta)_v E_{\theta,v} \tag{7.34}$$

其中，$(n_\theta)_v$ 为第 $\theta$ 种置换原子在 6 个位置中的个数，$E_{\theta,v}$ 是第 $\theta$ 种置换原子与第 $v$ 种间隙原子的交互作用。由于这种交互作用相对独立，所有原子间的交互作用可以通过对 $E_v^0$ 叠加得到，如同 Yakubtsov 的描述[17]。由此可得到一个间隙原子平面的这类交互作用（下面以 4 种置换原子、$m$ 种间隙原子为例）。

$$E_{si}^1 = \sum_{v=1}^m \left\{ \sum_{p=0}^6 \sum_{z=0}^6 \left[ (n_1)_z E_{1,v} + (n_2)_z E_{2,v} + (n_3)_z E_{3,v} + (n_4)_z E_{4,v} \right] (n_v)_p \right\} \tag{7.35}$$

$$(n_1)_z + (n_2)_z + (n_3)_z + (n_4)_z = 6 \tag{7.36}$$

$$\sum_{p=0}^6 (n_v)_p = x_v \tag{7.37}$$

其中，$x_v$ 是一层原子面内第 $v$ 种间隙原子的摩尔分数。不失一般性，假定有一个间隙原子面位于共格界面的正中央，这样就可将 $E_{si}$ 集中到中心间隙原子平面和与之相邻的两置换原子密排面上，有

$$E_{si} = E_{si}^{C,1} - \frac{1}{2}(E_{si}^{\gamma,1} - E_{si}^{\varepsilon,1}) \tag{7.38}$$

方程（7.34）对中心间隙原子平面的交互作用 $E_{si}^{C,1}$ 也适用。

4）问题的简化

以上是对马氏体相变类型的多元体系共格界面能的最通俗表述。多元合金体系一般只含有一种间隙原子，而且间隙原子所占原子分数比较小，所以间隙原子间的交互作用可以忽略，满足 $E_i \approx 0$。Smirnov[15] 认为在 FCC 相和 HCP 相中只有一种间隙原子占据八面体间隙位时，满足如下关系：

$$\sum_{p=1}^6 \sum_{\theta=1}^n (n_\theta)_p (n_v)_p = \frac{6 x_v x_\theta \exp\left(\dfrac{E_{\theta,v}}{RT}\right)}{\sum_z x_z \exp\left(\dfrac{E_{z,v}}{RT}\right)} \tag{7.39}$$

将式(7.35)和式(7.39)代入式(7.38)中可得到如下方程：

$$E_{si} = \frac{6x_v \sum\limits_z x_z E_{z,v}^{C} \exp\left(\dfrac{E_{z,v}^{C}}{RT}\right)}{\sum\limits_z x_z \exp\left(\dfrac{E_{z,v}^{C}}{RT}\right)} - \frac{3x_v \sum\limits_z x_z E_{z,v}^{\gamma} \exp\left(\dfrac{E_{z,v}^{\gamma}}{RT}\right)}{\sum\limits_z x_z \exp\left(\dfrac{E_{z,v}^{\gamma}}{RT}\right)} - \frac{3x_v \sum\limits_z x_z E_{z,v}^{\varepsilon} \exp\left(\dfrac{E_{z,v}^{\varepsilon}}{RT}\right)}{\sum\limits_z x_z \exp\left(\dfrac{E_{z,v}^{\varepsilon}}{RT}\right)}$$

$$\tag{7.40}$$

其中，$R$ 和 $T$ 分别是物理常数和温度；$E_{z,v}^{C}$ 是处于中间位置的间隙原子与置换原子的作用，近似满足 $E_{z,v}^{C} = \dfrac{1}{2}(E_{z,v}^{\gamma} + E_{z,v}^{\varepsilon})$。

### 2. 参数的选取

下面主要计算智能材料 Fe-Mn-Si-N 合金的共格界面能，所需的参数主要是间隙原子与置换原子的交互作用。一般 $E_{z,v}^{\gamma}$ 较容易得到，而 $E_{z,v}^{\varepsilon}$ 可根据式(7.4)进行取值[10]

$$E_{z,v}^{\varepsilon} = \Delta G_{z,v}^{\gamma \to \varepsilon} + E_{z,v}^{\gamma} \tag{7.41}$$

根据 Kaufman[18] 提出的近似关系式：

$$\varepsilon_{z,v} \approx 6\left[1 - \exp\left(\frac{E}{RT}\right)\right] \tag{7.42}$$

其中，$\varepsilon_{z,v}$ 是组元 $z$、$v$ 之间的交互作用系数，$E$ 与组元 $z$、$v$ 之间的交互作用有关，对于 Si、N，$E = -(E_{Fe\text{-}N}^{\gamma} - E_{Si\text{-}N}^{\gamma})$。查阅文献[19]可得到 $\varepsilon_{z,v}$，根据方程(7.41)可得到 $E$。

### 3. 计算结果与讨论

从图 7.4(a)中可以看出，智能材料 Fe-Mn-Si 基合金的共格界面能随间隙原子 N 含量的增加而增加；N 对共格界面能的主要贡献来自于 N 同置换原子间的相互作用，而完全由置换原子构成的 $E_s$ 在 N 含量变化过程中并没有明显变化。A 曲线是 Fe-Mn-Si-N 体系的变化曲线，而 B 曲线是含 Cr 的合金体系，表明 Cr 降低合金的共格界面能。图 7.4(b)是智能材料 Fe-Mn-Si 基合金马氏体/母相共格界面能中的 $E_{int}$ 与温度的变化关系，发现 $E_s$ 随温度的升高而增加，而 $E_{si}$ 则相反；由于 $E_s$ 的变化比较大，所以最终导致 $E_{int}$ 随温度的升高而增加。与间隙原子 C 相比，N 同置换原子的交互作用比 C 小，计算得到含 C 的 Fe-Mn-Si 基合金的共格界面能大于含 N 的共格界面能，如图 7.5(a)所示。图 7.5(b)是合金共格界面能与温度的关系曲线，C 和 N 掺杂的界面能与温度的变化规律相同。包含间隙原子 C 的 Fe-Cr-Ni-N(C)合金和 Fe-Mn-Cr-0.4C 合金的层错能均随温度的升高而增加，这表明间隙原子的作用和置换原子一致。

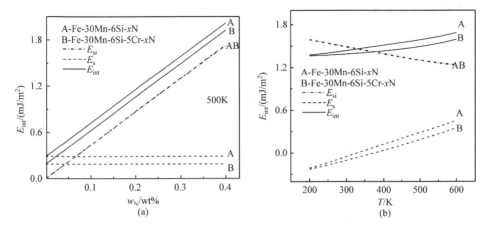

图 7.4　两种合金的 $E_{int}$ 随 $w_N$ 和 $T$ 的变化曲线

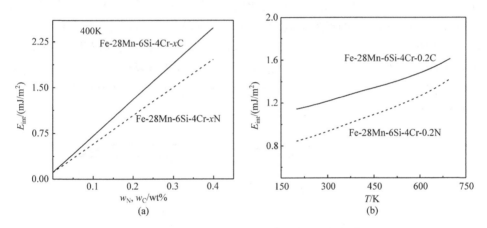

图 7.5　$w_N$、$w_C$ 与 $T$ 对两种合金的 $E_{int}$ 的影响

根据 Fe-Mn-Si-Cr-Ni-0.2N 合金的内耗特征 $Q^{-1}$,比较不含 N 的此类合金的内耗,发现前者的内耗峰比后者低,认为 N 并没有阻碍相界面的运动,反而提高了界面的运动能力[13]。从 DSC 热分析的角度也可研究界面的运动能力与 N 之间的关系,在对比研究了 $w_N$ 质量分数分别为 0.26% 和 0.01% 的 Fe-Mn-Si 基合金发生 ε→γ 相变时的放热现象后,发现低 N 合金的放热量大于高 N 合金,认为 N 对界面位错具有钉扎作用,降低了相变的体积分数,而共格界面就是位错本身[14]。二者对 N 影响相界面的结论尽管相反,但所观察到的实验现象是一致的。根据相变过程中相界面运动导致内耗损失的关系式如下:

$$Q^{-1} = \frac{g^2}{2} \frac{\mu \Delta G^*}{(\Delta G - \Delta G_R)^2} \frac{d\varphi}{dT} \frac{\dot{T}}{\omega} \tag{7.43}$$

其中,$g$ 为耦合因子,$\mu$ 为试样的切变模量,$\varphi$ 为马氏体相的体积分数,$\omega$ 为振动频

率,$\dot{T}$ 是温度变化速率,$\Delta G$、$\Delta G_R$、$\Delta G^*$ 分别为相变驱动力、相变阻力和动力学参数。在同一实验条件下,$Q^{-1}\propto d\varphi$,所以内耗实验表明 N 降低了马氏体的形成量,而 DSC 更直观地证明了相变量少放热就少的结论。

# 7.3　马氏体相界面的电子结构

### 7.3.1　马氏体孪晶界面的电子结构[20]

基于密度泛函理论,利用第一性原理赝势平面波方法,交换关联能函数采用广义梯度近似(GGA),赝势取倒易空间表征中的 PBE 超软赝势(ultrasoft-potential)。平面波的能量截断值为 200eV,$k$ 点空间为 $0.05\text{Å}^{-1}$,$k$ 点网格数取 $2\times2\times2$,快速 Fourier 网格数取为 $30\times30\times30$,计算全部在倒易空间进行,能量自恰计算精度为 $2\times10^{-6}\text{eV}$,几何优化计算中的能量计算精度为 $2\times10^{-5}\text{eV}$,力常数精度为 $0.05\text{eV/atom}$。马氏体的点阵常数为:$a=b=5.90\text{Å}$,$c=5.54\text{Å}$。马氏体(110)孪晶界面和(011)孪晶界面结构如图 7.6 所示,纯净界面超胞包含 9 层共 82 个原子。掺杂原子 Fe 或 Co 被置于界面的中心位置,分别计算掺杂界面和纯净界面的电子结构,并进行对比以考虑掺杂原子对界面的影响,包括界面能、平均原子磁矩、界面电子态等。

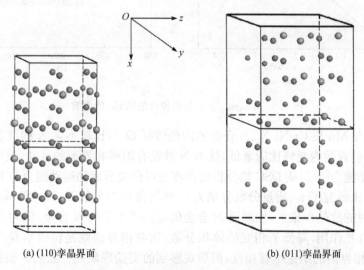

(a) (110)孪晶界面　　　　　　　　　　(b) (011)孪晶界面

图 7.6　马氏体(110)孪晶界面和(011)孪晶界面的超胞结构图

### 1. 马氏体孪晶界面能

计算中定义孪晶界面能等于单位面积上的包含孪晶超胞总能与正常体系总能之差。根据具体结构的对称性，(110)和($1\bar{1}0$)马氏体孪晶是等价的，而($10\bar{1}$)、(011)和($01\bar{1}$)马氏体孪晶是等价的，从图 7.6 中可以看出，(110)孪晶与(011)孪晶结构有较大的差异，这就决定了二者的孪晶界面能不同。在具体计算时比较了弛豫前后的孪晶界面能大小，如表 7.5 所示。从表中可以看出，(011)孪晶的界面能比(110)孪晶的要小 1.9J/m²，而且经过原子弛豫后两种孪晶界面能均降低了近 30%，这说明孪晶界面必定存在一定的原子结构调整或者是孪晶界面应变自协调，从而降低孪晶界面的能量，使其更稳定。所以，孪晶界面能应当由两部分构成，即基于合金成分的化学能部分和基于原子结构弛豫的应变协调能部分，由于本书的计算是总体计算，所以还难以分开二者对孪晶界面能各自的贡献。

**表 7.5　两种孪晶弛豫前后的共格界面能($\gamma$)[20]**

| 马氏体孪晶边界 | 界面能/(J/m²) | |
| --- | --- | --- |
| | 未弛豫 | 弛豫 |
| (110) 孪晶 | 5.68 | 4.06 |
| (011) 孪晶 | 3.78 | 2.65 |

### 2. 马氏体孪晶界面总态密度

孪晶界面的结构稳定性一方面可以从能量上来加以分析，也可以从孪晶界面的总态密度上来进行一个电子级别的统计分析。(110)和(011)马氏体孪晶界面的总态密度如图 7.7 所示。从图中可以看出，对于(110)孪晶，在费米能级之上 0.4eV 处存在一个赝能隙，而(011)孪晶并没有出现赝能隙，无论是否弛豫这个赝能隙对(110)都存在，这种赝能隙在其他 Ni-Al 合金中也存在。弛豫后(110)孪晶和(011)孪晶在费米能级处的态密度均有所降低，表面在此能态的电子态数降低，处于费米表面嵌套的不稳定电子数目减少有利于结构的稳定化。所以从电子结构的角度可以解释弛豫后的孪晶界面结构更稳定。

### 3. 马氏体孪晶界面自旋态密度

马氏体孪晶界面的磁性对磁控记忆效应非常重要，磁场下推动马氏体孪晶界面的移动可以导致应变的输出，而应变输出的大小与相变应变相关，应变输出的快慢则是由孪晶界面对磁场响应的快慢决定的；磁性小的界面需要较大的磁场才能

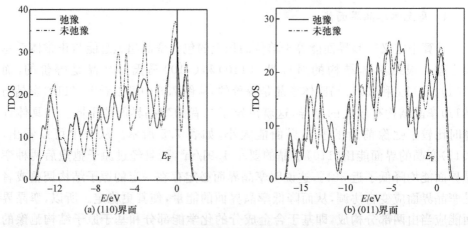

图 7.7　两种孪晶界面的总态密度(TODS)[20]

启动界面的运动,界面能越小,界面的可迁移能力越大,所以需要计算界面能,同时要考虑其磁性的大小,这有利于界面工程应用。从图 7.8 中可以看出,弛豫前后费米能级处的自旋态密度有非常大的变化,这表明结构弛豫对马氏体孪晶界面的磁性有重要的影响。表 7.6 给出了弛豫前后,(110)孪晶界面和(011)孪晶界面上原子的磁矩,发现弛豫后 Ni、Mn、Ga 各原子的磁矩均有较大的变化,特别是 Ni、Mn 磁性原子的磁矩变化高达 30%,所以孪晶界面处的原子磁矩与马氏体集体内部以及母相的原子磁矩并不相同,这是由孪晶界面的电子结构决定的。

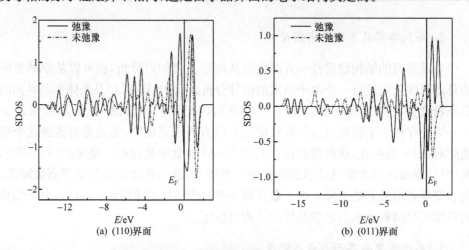

图 7.8　两种孪晶界面的自旋态密度(SDOS)[20]

**表 7.6　两种孪晶界面的磁矩[20]**　　　　　（单位：emu）

| 原子 | (110) 孪晶的磁矩 | | (011) 孪晶的磁矩 | | 马氏体的磁矩 | |
| --- | --- | --- | --- | --- | --- | --- |
| | 未弛豫 | 弛豫 | 未弛豫 | 弛豫 | 实验[21] | 理论[22] |
| Ni | 0.43 | 0.57 | 0.39 | 0.42 | 0.36 | 0.4 |
| Mn | 3.23 | 3.08 | 3.17 | 3.01 | 2.83 | 3.43 |
| Ga | 0.01 | 0.0225 | 0.03 | 0.04 | −0.06 | −0.04 |

**4. 马氏体孪晶界面电子密度**

图 7.9 给出了(110)孪晶界面和(011)孪晶界面的电子密度,因为二者孪晶界面上的原子结构不同,所以二者的电子密度也是不相同的。对于(110)孪晶界面,其(X,Y)面上同时存在 Ni、Mn、Ga 三种原子,而(011)孪晶界面上只有 Ni、Mn 两种原子。图 7.9(a)中的 Ni-Mn 原子间的键合强度要高于 Ni-Ga 和 Mn-Ga,即 Ni-Mn 之间更容易成键。图 7.9(b)中也表明 Ni-Mn 原子间比较容易构成共价键以提高原子间的结合强度,尽管会提高位错滑移的阻力,降低合金的塑形。

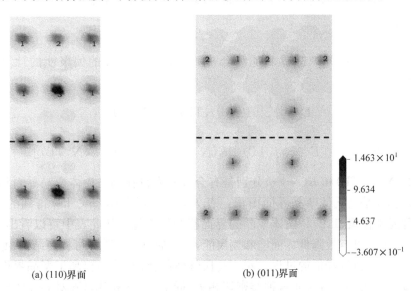

(a) (110)界面　　　　　　　　　　(b) (011)界面

图 7.9　两种孪晶界面的(X,Y)面的电子密度[20]

图中 1,2,3 分别代表 Ni 原子、Mn 原子和 Ga 原子

## 7.3.2　过渡金属掺杂对马氏体孪晶界面电子结构的影响

合金元素对智能材料 Ni-Mn-Ga 合金的结构相变、记忆效应和磁性均会产生影响。Fe 元素对磁场下合金热弹马氏体相变和磁相变均会产生影响,发现相变应

变达到 $4\%$[23]。Koho 等[24]研究了 Ni-Mn-Ga 合金相变产物的晶体结构类型、马氏体相变特征温度和磁控形状记忆效应等与 Fe 掺杂浓度之间的变化规律,并在 $Ni_{49.9}Mn_{28.3}Ga_{20.1}Fe_{1.2}$ 合金中获得了 $5.5\%$ 的相变应变。热循环对相变温度有一定的影响,在磁场下对 $Ni_{2.16}Fe_{0.04}Mn_{0.80}Ga$ 合金进行热循环处理后,发现热循环可提高这种合金的相变应变[25]。Khovailo 等[26]利用 DSC 和磁性测量研究了 Fe 和 Co 掺杂对 Ni-Mn-Ga 合金相变温度的影响,认为影响相变温度的主要原因是掺杂后合金电子浓度发生变化。通过研究富 Mn 的 Ni-Mn-Ga 合金,发现 Mn 元素对相变具有一定的钉扎效应[27]。这些研究都没有涉及合金元素对马氏体孪晶界面电子结构的影响。目前的研究工作主要集中在对 Ni-Mn-Ga 合金的母相及马氏体变体的电子结构进行第一性原理计算,很少涉及马氏体孪晶界面。前面已利用密度泛函理论(DFT)对智能材料 Ni-Mn-Ga 合金的(110)和(011)马氏体孪晶界面的电子结构进行了计算和分析[20]。在其基础上,下面重点研究合金元素 Fe 和 Co 对(110)马氏体孪晶界面的掺杂效应及电子结构。掺杂原子 Fe 或 Co 被置于界面的中心位置,分别计算纯净界面和掺杂界面的电子结构,通过对比分析这两种掺杂原子分别对(110)马氏体孪晶界面的界面能、原子平均磁矩、电子态等的影响。

## 1. 界面能和偏聚能[28]

掺杂后的马氏体孪晶界面能和合金元素在孪晶界面的偏聚能的计算公式如下[29]:

$$E_{TB}^i = \frac{1}{S}[E(N+i,TB) - E(N+i)] \tag{7.44}$$

$$\Delta E_{TB}^i = \frac{1}{S}\{[E(N+i,TB) + E(N)] - [E(N+i) + E(N,TB)]\} \tag{7.45}$$

其中,$E(N+i,TB)$ 和 $E(N+i)$ 分别是有合金元素钉扎的马氏体孪晶界面和体材料的总能,$S$ 是马氏体孪晶界面面积。表 7.7 是根据上述公式计算得到的 Fe 和 Co 两种元素偏聚(110)马氏体孪晶的界面能和偏聚能。从此表中可以看出,经过几何结构优化可有效降低界面能和偏聚能,表明通过原子弛豫可提高结构稳定性,这是一个能量自发降低的过程。对于马氏体孪晶界面,掺杂提高了孪晶界面的能量,其变化的大小与合金元素种类密切相关;同 Fe 元素相比,Co 对界面的钉扎效应更大。计算结果表明,Co 在(110)孪晶晶界的偏聚能比 Fe 的偏聚能大,即 Co 易在界面偏聚,这对于合金设计与开发具有积极的指导作用。对智能材料 Ni-Mn-Ga 合金,磁场通过诱发马氏体孪晶界面运动可获得大的应变输出。所以基于能量考虑,在相同的磁场下,Fe 掺杂的孪晶界面比 Co 掺杂的孪晶界面更容易运动,这非常有利于提高磁控器件的响应速度。

表 7.7　(110)马氏体孪晶界面能和合金元素的偏聚能[28]

| (110) 晶界 | 晶界能/(J/m²) | | 偏聚能/eV | |
| --- | --- | --- | --- | --- |
| | 优化前 | 优化后 | 优化前 | 优化后 |
| Fe 掺杂 | 8.56 | 5.82 | −12.5 | −2.4 |
| Co 掺杂 | 10.3 | 6.74 | −15.1 | −3.8 |

## 2. 磁矩

外磁场驱动马氏体孪晶界面运动的能量主要来源于孪晶界面两侧的 Zeeman 能差异,因此在定量计算这种能量差时必须弄清界面处各原子的磁矩。计算中只能得到孪晶界面处各原子的平均磁矩的大小,而无法得到马氏体孪晶界面各原子磁矩的矢量图,所以不能直观地观察到孪晶界面处的磁畴分布,这有待于用其他方法进行研究。计算结果及前人的实验数据均表明,智能材料 Ni-Mn-Ga 合金的磁性主要来自于 Mn 原子,其次是 Ni 原子,而 Ga 对合金磁性的贡献最小;在马氏体孪晶界面处合金元素对界面磁性贡献的大小也将按照 Mn、Ni、Ga 顺序依次减弱。表 7.8 给出了(110) 马氏体孪晶界面处各原子的平均磁矩的理论计算值。从表中可以看出,几何结构优化前后,马氏体孪晶界面的磁性均主要来自于 Mn 原子的贡献,其次是 Ni 和 Ga。另外发现掺杂后 Mn 原子的平均磁矩均增加,相比 Co 掺杂,Fe 掺杂对马氏体孪晶界面磁性的影响更大,Fe 或 Co 的掺杂降低了孪晶界面中 Ni 和 Ga 的原子磁矩,但降低的幅度小于孪晶界面中 Mn 原子磁矩的增幅。

表 7.8　(110)马氏体孪晶界面处各原子的平均磁矩[28]　　(单位:emu)

| (110) 晶界 | 掺杂前的平均原子磁矩 | | Fe 掺杂后的平均原子磁矩 | | Co 掺杂后的平均原子磁矩 | |
| --- | --- | --- | --- | --- | --- | --- |
| | 优化前 | 优化后 | 优化前 | 优化后 | 优化前 | 优化后 |
| Ni | 0.43 | 0.57 | 0.46 | 0.395 | 0.44 | 0.381 |
| Mn | 3.229 | 3.08 | 3.230 | 3.461 | 3.224 | 3.306 |
| Ga | 0.01 | 0.0225 | 0.065 | −0.0325 | −0.004 | −0.008 |
| Fe | — | — | 4.11 | 2.66 | — | — |
| Co | — | — | — | — | 3.53 | 2.11 |

## 3. 键级

键级是表示原子间结合强度的一种有效量度。根据密立根(Mulliken)占据数分析,键级定义为

$$\text{BO}(l-m) = \sum_n \sum_{\alpha\beta} N_n c_{n\alpha l} c_{n\beta m} \int \psi_{\alpha l}^*(r) \psi_{\beta m}(r) \, \mathrm{d}r \tag{7.46}$$

其中，$c_{n\alpha l}$ 和 $c_{n\beta m}$ 表示原子轨道线形组合重叠的系数，$\int \psi_{\alpha l}^*(r)\psi_{\beta m}(r)dr$ 表示 $\alpha$ 原子和 $\beta$ 原子轨道间的重叠积分。对于(110)马氏体孪晶界面处原子间的结合强度，可以从掺杂原子与界面处最近邻异类原子间的键级来进行分析比较，计算结果如表 7.9 所示。从表 7.9 中可以看出，经过几何结构优化后，掺杂原子 Fe 或 Co 与 Ni 原子间的键级最大，这主要是由于 Ni 离掺杂原子(Fe 或 Co)最近；而且 BO$_{Fe-Ni}$ 和 BO$_{Co-Ni}$ 均为正值，这表明 Fe-Ni 和 Co-Ni 原子间主要形成共价键，而其他键级均为负值，表明这些原子间主要是以反键轨道为主，即以金属键相结合。经过结构优化后的 BO$_{Co-Ni}$＞BO$_{Fe-Ni}$、$|$BO$_{Co-Mn}|$＞$|$BO$_{Fe-Mn}|$、$|$BO$_{Fe-Ni}|$＞$|$BO$_{Fe-Mn}|$，这表明在(110)马氏体孪晶界面中掺杂原子 Co 同周围原子的结合强度比 Fe 要强，即过渡金属 Co 在马氏体孪晶界面的掺杂效应要比过渡金属 Fe 显著。

**表 7.9　(110)马氏体孪晶界面处原子间的键级**[28]

| 键级 | 未优化 | 优化后 |
| --- | --- | --- |
| BO$_{Fe-Ni}$ | 0.04 | 0.19 |
| BO$_{Fe-Mn}$ | 0.01 | −0.03 |
| BO$_{Fe-Ga}$ | −0.19 | −0.06 |
| BO$_{Co-Ni}$ | 0.03 | 0.25 |
| BO$_{Co-Mn}$ | 0.01 | −0.06 |
| BO$_{Co-Ga}$ | 0.07 | −0.08 |

**4. 总态密度和自旋态密度**

图 7.10(a) 是经过几何结构优化后纯净界面和两种掺杂界面的总态密度(TDOS)。从图中可以看出，在费米能级($E_F$)处纯净孪晶界面的 TDOS 依次大于 Fe 掺杂、Co 掺杂孪晶界面的 TDOS；而 $E_F$ 处的 TDOS 大小与孪晶界面的结构稳定性密切相关，TDOS 越大的结构越易失稳，这和前面计算的马氏体孪晶界面能反映的规律一致；Co 掺杂的孪晶界面结构相对是最稳定的，需要较大的能量才能推动此类界面的运动。图 7.10(b)是纯净孪晶界面和 Fe/Co 掺杂后的孪晶界面经几何优化后得到的稳定孪晶界面的自旋态密度(SDOS)图。根据 SDOS 可研究体系的磁性特征，特别是在 $E_F$ 处的 SDOS 大小。相比纯净界面，Co 掺杂的马氏体孪晶界面在 $E_F$ 处的 SDOS 有所增加，但依旧为负值，而 Fe 掺杂使马氏体孪晶界面在 $E_F$ 处的 SDOS 由负值变为正值，这表明 Fe 掺杂对界面磁结构的影响总体要大于 Co 的掺杂效应。

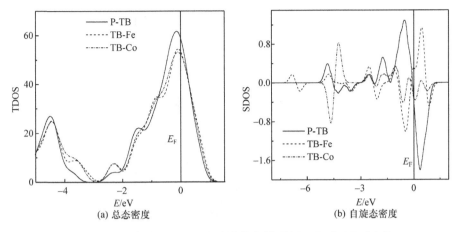

图 7.10　纯净界面(P-TB)和两种掺杂界面(TB-Fe 和 TB-Co)的
总态密度和自旋态密度[28]

### 5. 分态密度

　　基于以上磁矩的计算结果分析,发现掺杂原子对(110)马氏体孪晶界面区中 Mn 原子影响最大。图 7.11 给出了经过几何结构优化后纯净孪晶界面和掺杂孪晶界面中 Mn 原子 3d、4s 和 4p 轨道的局域态密度(PDOS)。过渡金属原子的磁矩主要来自于 3d 轨道中未成对的电子,Mn、Fe、Co 均属于过渡金属。从图 7.11 中可以看出,相比 Co 掺杂,Fe 掺杂对马氏体孪晶界面区 Mn 原子的价电子轨道的影响大,特别是 3d 轨道的局域态密度相对纯净界面的有明显的改变,这同前面的磁矩计算结果(表 7.5)一致。

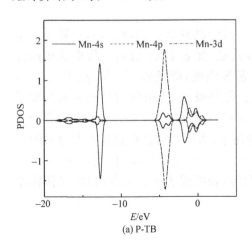

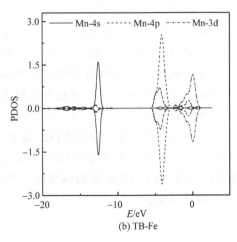

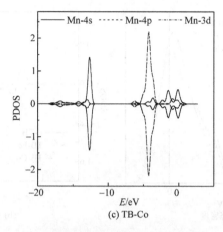

图 7.11　纯净界面和掺杂界面中 Mn 原子 3d、4s 和
4p 轨道的局域态密度[28]

### 7.3.3　稀土元素掺杂对马氏体孪晶界面电子结构的影响

在 Ni-Mn-Ga 合金中添加稀土元素(Sm、Tb)可有效提高应变输出,并对马氏体相变产生影响[30,31]。这些合金元素及合金化设计既改变了体系的合金元素分布,同时对界面包括马氏体孪晶界面产生影响。基于上面的马氏体孪晶界面的电子结构的计算方法,可以研究这两种稀土元素对马氏体孪晶界面的影响,从而通过界面工程为新材料的设计提供基础支持和理论参考。下面主要研究稀土元素掺杂(110)马氏体孪晶界面的电子结构变化。

#### 1. 稀土元素掺杂后的(110)孪晶界面能[32]

相比于纯(110)马氏体孪晶界面,掺杂后孪晶界面能均增加,而且稀土元素 Tb 的掺杂导致的界面能的增加大于 Sm 元素,如表 7.10 所示。晶格弛豫同样有利于降低稀土元素掺杂后的马氏体孪晶界面能,降低幅度可以达到 50%,这表明稀土元素掺杂会导致孪晶界面较大的晶格畸变,这可能与稀土元素的原子半径较大有直接的关系。同时给出掺杂元素的偏聚能,其大小表示这种合金元素是否有利于偏聚到界面缺陷处,偏聚能越小,表明在合金化过程中此合金元素越容易在马氏体孪晶界面处偏聚。从表 7.10 中可以看出,稀土元素 Sm 的偏聚能的绝对值小于 Tb 元素的偏聚能的绝对值,表明前者更容易在(110)马氏体孪晶界面处偏聚。

表 7.10　稀土元素掺杂后的(110)马氏体孪晶界面能[32]

| (110) 孪晶 | 孪晶界面能/(J/m²) | | 偏聚能/eV | |
|---|---|---|---|---|
| | 未弛豫 | 弛豫 | 未弛豫 | 弛豫 |
| Sm 掺杂 | 16.8 | 8.2 | −8.4 | −1.8 |
| Tb 掺杂 | 39.3 | 20.5 | −16.5 | −3.1 |

### 2. 稀土元素掺杂后的键级

在考虑掺杂效应的过程中,Tb 原子和 Sm 原子被放置在(110)孪晶界面的中间位置,这样计算原子间的成键特性(键级)时可以只考虑掺杂原子同周围的 Ni、Mn、Ga 三类原子间的相互作用。计算得到的键级如表 7.11 所示。从表中可以看出,晶格弛豫后各键级有较大的变化,以提高马氏体孪晶界面的稳定性,包括原子间的结合强度等。另外,Tb 和 Sm 两种稀土元素均非常倾向于同 Ni 原子形成键合作用,属于成键轨道。而同 Mn、Ga 原子更倾向于形成较小的反键轨道。无论在马氏体孪晶界面形成成键轨道还是反键轨道,Sm 稀土元素的效果都比 Tb 要强,其键级均大于 Tb 稀土元素的作用效果。

表 7.11　中心原子与最近邻 Ni、Mn、Ga 原子间的键级[32]

| 键级 | 未弛豫 | 弛豫 |
|---|---|---|
| $BO_{Tb-Ni}$ | 0.08 | 0.17 |
| $BO_{Tb-Mn}$ | 0.24 | −0.04 |
| $BO_{Tb-Ga}$ | −0.18 | −0.09 |
| $BO_{Sm-Ni}$ | 0.015 | 0.26 |
| $BO_{Sm-Mn}$ | 0.01 | −0.10 |
| $BO_{Sm-Ga}$ | −0.04 | −0.12 |

### 3. 稀土元素掺杂后的孪晶界面原子磁矩

对于孪晶界面的磁性,可以直接计算得到相应的界面原子磁矩,如表 7.12 所示。晶格弛豫会改变界面处各原子的原子磁矩,无论是否掺杂均如此。对于稀土元素掺杂的效应,从表 7.12 中可以看出,掺杂前后孪晶界面处的 Ni、Mn、Ga 的原子磁矩有较大的变化,特别是 Ni、Mn 这两种磁性原子的磁矩在掺杂前后明显不同。相比而言,Tb 原子更容易影响 Mn 原子的磁矩,并使之增加,而 Sm 原子更容易影响 Ni 原子的磁矩,并使之降低。

表 7.12　孪晶边界的平均原子磁矩[32]　　　　　　　（单位：emu）

| (110) 孪晶 | 掺杂前的磁矩 | | Tb 掺杂后的磁矩 | | Sm 掺杂后的磁矩 | |
|---|---|---|---|---|---|---|
| | 未弛豫 | 弛豫 | 未弛豫 | 弛豫 | 未弛豫 | 弛豫 |
| Ni | 0.43 | 0.57 | 0.51 | 0.403 | 0.48 | 0.381 |
| Mn | 3.229 | 3.08 | 3.320 | 3.602 | 3.239 | 3.306 |
| Ga | 0.01 | 0.0225 | 0.045 | 0.035 | −0.010 | −0.006 |
| Tb | — | — | 8.14 | 6.542 | — | — |
| Sm | — | — | — | — | 2.03 | 1.61 |

**4. 稀土元素掺杂后的局域态密度**

从表 7.12 中可以看出，Mn 原子的磁矩较大，对马氏体孪晶界面的磁性有较大的贡献。所以下面重点考虑掺杂前后 Mn 原子的局域态密度的变化。因为在具体计算过程中发现，Mn 原子的 3d、4s、4p 轨道对其与周围原子形成相互作用，以改变材料的结构稳定性。计算结果如图 7.12 所示，图 7.12(a) 是 Mn 原子 3d、4s 和 4p 轨道的局域态密度，从图中可以看出 Mn 原子的 3d 轨道处于费米能级附近，而 4s、4p 轨道均在费米能级以下，所以对孪晶界面磁性贡献较大的应当是 3d 轨道。掺杂稀土元素后，Mn 原子 4s 轨道和 4p 轨道的局域态密度变化不大，而对 3d 轨道的影响最大，出现了较多的能级，相比而言，Tb 原子对 Mn 原子 3d 轨道的影响要大于对 Sm 稀土原子的影响效果。这与上面的界面原子磁矩的计算是一致的。

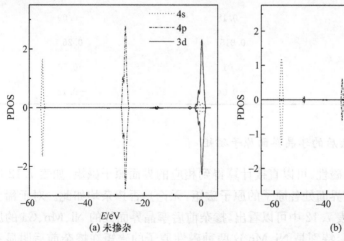
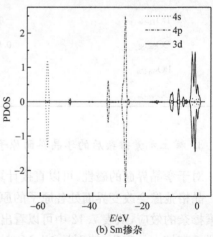

(a) 未掺杂　　　　　　　　　　　(b) Sm 掺杂

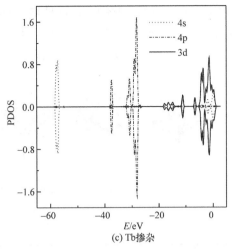

图 7.12　Mn 原子 4s、4p 和 3d 轨道的局域态密度（PDOS）[32]

# 7.4　马氏体相界面应力[33]

形状记忆合金的记忆效应是由马氏体相变及其逆相变决定的。一旦马氏体形核，就形成了异相界面，马氏体借助此异相界面的迁移来长大，而马氏体逆相变则主要是通过相界面的逆向运动来完成的。在界面迁移过程中，由于马氏体和母相晶格常数及晶体结构均不相同，所以相界面运动会造成材料局部区域的应变能发生变化，导致材料内部应力分布不均匀。当相界面运动停止后，在界面附近会存在应力集中，这是马氏体内部裂纹及界面裂纹形成的主要原因。实验观察到高碳针状马氏体沿马氏体片会产生微裂缝，有横穿马氏体片的，也有沿马氏体片的，这与相界面应力有密切关系。在智能材料中马氏体/母相、马氏体孪晶界面也往往是应力集中的地方。本节利用相场方法模拟 Mn-Cu 合金中 FCC-FCT 马氏体相变过程中相界面应力的演化过程。

## 7.4.1　初始组织状态

图 7.13 给出了相变过程中的微观组织演化图，同时给出了相变动力学的相关信息，包括三种变体体积分数的变化以及不同时间的相变速度，这里用单位时间内马氏体的体积分数变化来表示（$dV/dt$）。在前 2000 步内，马氏体完成了相变形核及长大，然后就是体系内部组织的相互协调，从而使体系的能量进一步降低，达到最稳定的状态。对于相变的快慢，从 $dV/dt$-$t$ 曲线可以看出，在开始阶段，相变速度随时间的增加而增加，当 $t=1500$ 步时，相变速度最大，然后逐步减小，几乎接近为零，但并不表示体系内部组织没有变化。图 7.13 的 A 对应 $t=1500$ 步时的体系微

观组织的三维形貌图,这时相变只有 30vol% 左右,这是相变的初级阶段;图 7.13 中的 B 是 $t=2000$ 步时的微观组织三维形貌图,这时相变达到了 90vol% 左右,表明马氏体相变已基本在体系内完成,从图中可以看出在一些区域形成马氏体孪晶。

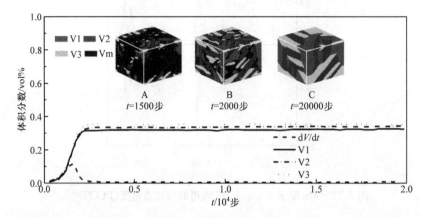

图 7.13　三种变体体积分数与约化时间的关系曲线及初始微观组织的演化图[33]

图 7.13 中的 C 是运行 $t=20000$ 步后的微观组织,可看出三种变体在体系中形成了较好的孪晶结构,而且界面比较平直。在相变过程中有两个重要问题:自促发形核和自协调效应模拟结果显示,一些核胚明显是后来形成的,从模拟的角度看,此时没有噪声的影响,也没有预置核胚,那么这些新的核胚是如何产生的? 自促发形核可以给出较合理的解释。但自促发的机理是什么? 应当是相变初期,形成的微小马氏体改变了附近体系的微观应力状态,从而导致应力诱发马氏体相变,这些要从下面的模拟得到解释。自马氏体相变大部分完成后,其微观组织还在逐步演化,表明体系的能量并不是最低,这时就要通过自协调效应来降低能量。

### 7.4.2　二维界面应力分析

图 7.14(a)是 $t=500$ 步时体系(100)孪晶界面的二维微观组织图,从图中可以看出,此时主要是处于形核阶段,马氏体核胚初步形成,而且各核胚之间有一定的距离,这时是没有孪晶核胚的,表明马氏体形核不需要孪晶切变形核。这样可以单独研究各核胚附近的应力场,特别是马氏体与奥氏体界面附近的应力分布,并排除孪晶界面的影响。从对应的图 7.14(f)中可以看出,在图 7.14(a)中各马氏体核胚区,均存在相应的具有一定厚度的异相界面应力区,对比结果表明两者的应力方向相反,所以此时核胚的形成伴随着拉应力和压应力,由于马氏体和母相的点阵常数不同,对于大部分马氏体相变,其体积会增加,这样对马氏体会产生压应力,对母相基体会产生拉应力,此拉应力可以定义为界面应力偶。在图 7.14(f)的中下部区域也出现了应力变化区,但对应图 7.14(a)没有出现马氏体核胚,这极有可能是自

促发形核区,对应图 7.14(b)($t=1500$ 步)。可以看出,在相应区域出现了微小的马氏体组织,模拟发现自促发形核是存在的。

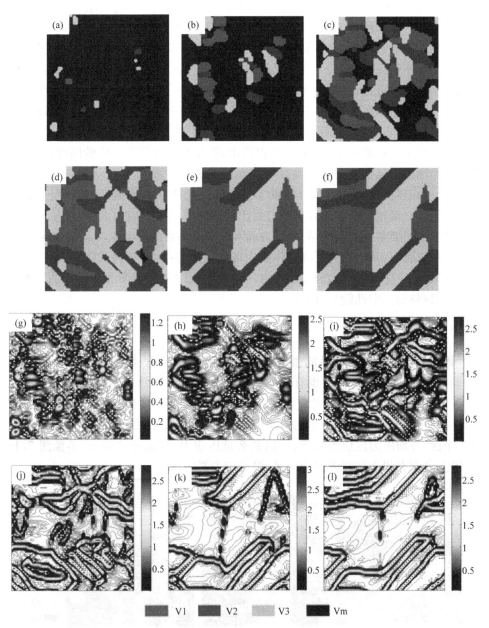

图 7.14　二维微观组织(a)~(f)和平均应力分布图(g)~(l)[33]

(a)和(g)对应 $t=500$ 步;(b)和(h)对应 $t=1000$ 步;(c)和(i)对应 $t=1500$ 步;(d)和(j)对应 $t=2000$ 步;

(e)和(k)对应 $t=10000$ 步;(f)和(l)对应 $t=20000$ 步;应力单位为 100MPa[33]

随着马氏体的长大,相邻两片马氏体逐步靠近,同类型的马氏体则相互融合,不同类型的马氏体变体则形成孪晶马氏体,从图 7.14(b)可以看出这种微小的孪晶马氏体组织,在这个阶段既有马氏体/母相界面,也有马氏体孪晶界面,从对应的图 7.14(g)中可以看出,马氏体/母相的界面应力场非常明显,而马氏体孪晶界面的应力场弱得多,这是一个主要差别。还有一个特征就是对于一片马氏体,其表面应力状态并不是完全相同,一些区域是压应力,一些区域是拉应力。由于马氏体的界面并不规则平直,所以其界面应力区也不是规则的,从图 7.14(g)和(h)中均可证实这一点。当体系运行 10000 步后,马氏体长大很多,马氏体孪晶界面逐步变大,也平直了许多(图 7.14(i)和(j)),这时的界面主要是孪晶界面,而马氏体/母相界面逐步减少。从图 7.14(i)和(j)可以看出,孪晶界面也具有一定的厚度,并且一个孪晶界面区内包括界面拉应力区和界面压应力区。图 7.14(f)和(g)中主要是马氏体/母相界面区,而图 7.14(i)和(j)主要是马氏体孪晶界面区,对比两个标尺发现,马氏体/母相界面区的界面应力要比马氏体孪晶界面应力大 3~4 倍。孪晶界面的形成主要是自协调的结果,一方面可以降低体系的应变能,另一方面从应力的角度可以看出,其也是为了降低体系内部的应力集中,由于马氏体/母相界面的应力要大,整个体系的应力分布不均匀,而孪晶的形成则可降低整个体系的平均应力,这对材料的力学性能是有利的。

### 7.4.3　切变模量的影响

体系的弹性模量对体系的微观组织会有明显的影响,如图 7.15(a)~(c)所示,同时对相应的界面应力也有影响,如图 7.15(d)~(f)所示。以上均是演化20000 步后的组织图及相应的应力状态图。由于微观组织有较大的差别,所以其内部的应力状态也不相同。相比(100)界面,(010)界面中的孪晶界面应力主要包含一个区,界面应力区应当减薄,所以要么是压应力,要么是拉应力,不像图 7.14(i)和(j)会存在界面的双界面应力区,没有应力偶区。

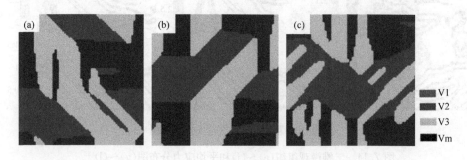

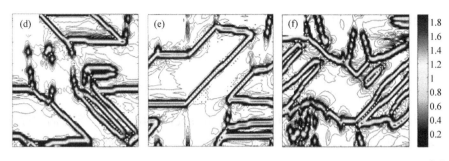

图 7.15　切变模量($G$)对(010)界面二维微观组织(a)~(c)和内应力(d)~(f)的影响[33]
(a)和(d)对应 $G=25$GPa;(b)和(e)对应 $G=30$GPa;(c)和(f)对应 $G=35$GPa

# 7.5　马氏体相界面动力学

## 7.5.1　马氏体长大的二维界面运动方程[34]

马氏体相变中存在简单的切变,但单一的切变并不能完成母相结构到马氏体结构的转变。所以有必要考虑马氏体的长大过程。二维马氏体的长大包括两个同时进行的过程:横向长大和纵向加厚。

考虑到:

(1) FCC 结构一个原胞包含 4 个原子,分别属于两种点阵位置;BCC 结构一个原胞包含 1.5 个原子,也分别属于两种点阵位置。

(2) 根据马氏体相变晶体学表象理论,存在惯习面-不变应变平面。

假定:二维正方晶格中的一个原胞包含两个不同的原子,沿 $x$ 方向排列,沿 $y$ 方向具有等同周期。即用二维晶格的振动近似模拟界面的二维运动,如图 7.16 所示。

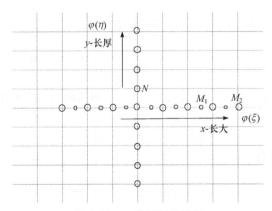

图 7.16　二维原子晶格图

系统的哈密顿量为

$$H = \sum_{i,j} \left\{ \frac{M_1}{2} u_{ij}^2 + \frac{M_2}{2} v_{ij}^2 + \frac{M_1+M_2}{2} w_{ij}^2 + c\,(u_{ij}-v_{i-1j})^2 \right.$$
$$\left. + c\,(u_{ij}-v_{ij})^2 + d\,(w_{ij}-w_{ij-1})^2 + V \right\} \tag{7.47}$$

其中,$c$、$d$ 分别为 $x$、$y$ 方向原子间的交互作用参数,$V$ 为晶体势。惯习面的存在一定程度上说明系统的变化趋向最低能量状态,根据哈密顿原理可得到界面的运动方程。

界面的运动方程为

$$\begin{cases} M_1 \dfrac{\mathrm{d}^2 u}{\mathrm{d}t^2} + 4c(u-v) - \dfrac{1}{4}\gamma a^2 \dfrac{\mathrm{d}^2 u}{\mathrm{d}x_1{}^2} + \dfrac{\mathrm{d}V}{\mathrm{d}x_1} = 0 \\[2mm] M_2 \dfrac{\mathrm{d}^2 v}{\mathrm{d}t^2} + 4c(v-u) - \dfrac{1}{4}\gamma a^2 \dfrac{\mathrm{d}^2 v}{\mathrm{d}x_2{}^2} + \dfrac{\mathrm{d}V}{\mathrm{d}x_2} = 0 \\[2mm] (M_1+M_2)\dfrac{\mathrm{d}^2 w}{\mathrm{d}t^2} - \mathrm{d}b^2 \dfrac{\mathrm{d}^2 w}{\mathrm{d}y^2} + \dfrac{\mathrm{d}V}{\mathrm{d}y} = 0 \end{cases} \tag{7.48}$$

其中,$a$ 为 $x$ 方向的点阵常数,$b$ 为 $y$ 方向的点阵常数。解方程的关键是对势函数的选取。

$\dfrac{\mathrm{d}V}{\mathrm{d}x_1}$、$\dfrac{\mathrm{d}V}{\mathrm{d}x_2}$、$\dfrac{\mathrm{d}V}{\mathrm{d}y}$ 的选择过程如下。

(1) 根据一维双原子链模型,即势函数 $V(u) = -\dfrac{A}{2}u^2 + \dfrac{B}{4}u^4$($A$、$B>0$)。在二维晶格中,假定在 $x$ 方向存在这种形式的势函数,而 $y$ 方向存在的势对其是一种微扰,定义

$$\begin{cases} \dfrac{\mathrm{d}V}{\mathrm{d}x_1} = -Au + Bu^3 + C_0\left(C_1 \dfrac{\mathrm{d}w}{\mathrm{d}x_1} + C_2 \dfrac{\mathrm{d}^2 w}{\mathrm{d}x_1^2} + C_3 \dfrac{\mathrm{d}^2 w}{\mathrm{d}y\mathrm{d}x_1}\right) \\[2mm] \dfrac{\mathrm{d}V}{\mathrm{d}x_2} = D_0\left(C_1 \dfrac{\mathrm{d}w}{\mathrm{d}x_2} + C_2 \dfrac{\mathrm{d}^2 w}{\mathrm{d}x_2^2} + C_3 \dfrac{\mathrm{d}^2 w}{\mathrm{d}y\mathrm{d}x_2}\right) \end{cases} \tag{7.49}$$

(2) 根据一维单原子链的势函数 $V(x) = \dfrac{(1-r)^2(1-\cos x)}{1+r^2+2r\cos x}$,其中 $r$ 为势场调节参数。假定 $x$ 方向对 $y$ 方向的微扰体现在对势场调节参数 $r$ 的影响中,考虑到

$$\frac{(1-r)^2}{1+r^2+2r\cos x} \geqslant \frac{(1-r)^2}{(1+|r|)^2}, \quad |r|<1$$

令 $r=\cos u$,则有

$$\frac{\mathrm{d}V}{\mathrm{d}y} = \frac{(1-\cos u)^2}{(1+|\cos u|)^2}\sin w \tag{7.50}$$

将式(7.49)代入式(7.48)得

$$\begin{cases} M_1\dfrac{\mathrm{d}^2u}{\mathrm{d}t^2}-\dfrac{1}{4}\gamma a^2\dfrac{\mathrm{d}^2u}{\mathrm{d}x^2}-Au+Bu^3+C_0\left(C_1\dfrac{\mathrm{d}w}{\mathrm{d}x}+C_2\dfrac{\mathrm{d}^2w}{\mathrm{d}x^2}+C_3\dfrac{\mathrm{d}^2w}{\mathrm{d}y\mathrm{d}x}\right)=0 \\[2mm] M_2\dfrac{\mathrm{d}^2v}{\mathrm{d}t^2}-\dfrac{1}{4}\gamma a^2\dfrac{\mathrm{d}^2v}{\mathrm{d}x^2}+D_0\left(C_1\dfrac{\mathrm{d}w}{\mathrm{d}x_2}+C_2\dfrac{\mathrm{d}^2w}{\mathrm{d}x_2^2}+C_3\dfrac{\mathrm{d}^2w}{\mathrm{d}y\mathrm{d}x_2}\right)=0 \\[2mm] (M_1+M_2)\dfrac{\mathrm{d}^2w}{\mathrm{d}t^2}-\mathrm{d}b^2\dfrac{\mathrm{d}^2w}{\mathrm{d}y^2}+\dfrac{(1-\cos u)^2}{(1+|\cos u|)^2}\sin w=0 \end{cases}$$

$$(7.51)$$

假定 $x$ 方向上两原子的位移相同,取 $u=v=\varphi(\xi)$,$w=\psi(\eta)$,以上方程可写成

$$\begin{cases} \left(M_1v_0^2-\dfrac{1}{4}\gamma a^2\right)\dfrac{\mathrm{d}^2\varphi}{\mathrm{d}\xi^2}-A\varphi+B\varphi^3+C_0\left(C_1\dfrac{\mathrm{d}\psi}{\mathrm{d}\xi}+C_2\dfrac{\mathrm{d}^2\psi}{\mathrm{d}\xi^2}+C_3\dfrac{\mathrm{d}^2\psi}{\mathrm{d}\eta\mathrm{d}\eta}\right)=0 \\[2mm] \left(M_2v_0^2-\dfrac{1}{4}\gamma a^2\right)\dfrac{\mathrm{d}^2\varphi}{\mathrm{d}\xi^2}+D_0\left(C_1\dfrac{\mathrm{d}\psi}{\mathrm{d}\xi}+C_2\dfrac{\mathrm{d}^2\psi}{\mathrm{d}\xi^2}+C_3\dfrac{\mathrm{d}^2\psi}{\mathrm{d}\eta\mathrm{d}\eta}\right)=0 \\[2mm] \left[(M_1+M_2)v_1^2-\mathrm{d}b^2\right]\dfrac{\mathrm{d}^2\psi}{\mathrm{d}\eta^2}+\dfrac{(1-\cos\varphi)^2}{(1+|\cos\varphi|)^2}\sin\psi=0 \end{cases}$$

$$(7.52)$$

## 7.5.2　方程的求解

1. $C_2=C_3=0$

方程组(7.52)中第一、二个方程的解为

$$\begin{cases} \varphi=\varphi_0\tanh\left(\dfrac{\xi}{K}\right) \\[3mm] \dfrac{\mathrm{d}\psi}{\mathrm{d}\xi}=\dfrac{n_1m_2\varphi-n_1m_3\varphi^3}{m_1n_2-m_4n_1} \end{cases}$$

$$(7.53)$$

方程组(7.52)中第三个方程的解为

$$\psi=\psi_0\arctan\left[\exp\left(B\dfrac{1-\cos\varphi}{1+|\cos\varphi|}\eta\right)\right]$$

$$(7.54)$$

将方程(7.53)代入方程(7.54)得到:

$$\psi=\psi_0\arctan\left\{\exp\left\{B\dfrac{1-\cos\left[\varphi_0\tanh\left(\dfrac{\xi}{K}\right)\right]}{1+\left|\cos\left[\varphi_0\tanh\left(\dfrac{\xi}{K}\right)\right]\right|}\eta\right\}\right\}$$

$$(7.55)$$

所以 $\varphi$、$\psi$ 分别具有孤立子解,且相互关联:

$$\begin{cases} \varphi(\xi)=\varphi(x-vt) \\ \psi(\eta)=\psi(y-ut) \end{cases}$$

界面的位置由 $x$、$y$、$t$ 共同决定或由 $\xi$、$\eta$ 决定,下面进一步得到它们之间的关系。

独立解方程(7.53)后得

$$\psi = h_1 \left[ \tanh\left(\frac{\xi}{K}\right) \right]^2 + h_2 \tanh\left(\frac{\xi}{K}\right) + h_3 \ln\left| \cosh\left(\frac{\xi}{K}\right) \right| + C \qquad (7.56)$$

其中，函数 $\ln\left| \cosh\left(\frac{\xi}{K}\right) \right|$ 是发散的，所以有 $h_3 = 0$，即

$$\psi = h_1 \left[ \tanh\left(\frac{\xi}{K}\right) \right]^2 + h_2 \tanh\left(\frac{\xi}{K}\right) + C \qquad (7.57)$$

方程(7.51)、方程(7.53)、方程(7.55)都具有孤立子的特征，如图 7.17～图 7.19 所示，但并不能完全反映二维界面的特征。

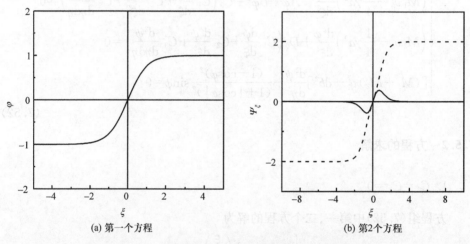

(a) 第一个方程　　　　　　　　　(b) 第2个方程

图 7.17　方程组(7.51)中第一个方程的孤立子图和
第二个方程的两种可能(由相关系数符号决定)

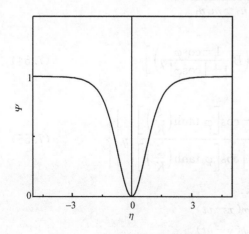

图 7.18　方程(7.53)的示意图

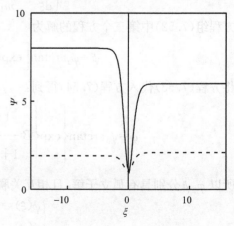

图 7.19　方程(7.55)的示意图

方程(7.53)和方程(7.55)等价,可得到 $\xi$、$\eta$ 的关系:

$$\psi_0 \arctan\left\{\exp\left\{B\,\frac{1-\cos\left[\varphi_0\tanh\left(\dfrac{\xi}{K}\right)\right]}{1+\left|\cos\left[\varphi_0\tanh\left(\dfrac{\xi}{K}\right)\right]\right|}\eta\right\}\right\}$$

$$=h_1\left[\tanh\left(\frac{\xi}{K}\right)\right]^2+h_2\tanh\left(\frac{\xi}{K}\right)+C$$

显式关系为

$$\eta=\frac{1}{B}\frac{1+\left|\cos\left[\varphi_0\tanh\left(\dfrac{\xi}{K}\right)\right]\right|}{1-\cos\left[\varphi_0\tanh\left(\dfrac{\xi}{K}\right)\right]}\ln\left\{\tan\left\{\frac{h_1\left[\tanh\left(\dfrac{\xi}{K}\right)\right]^2+h_2\tanh\left(\dfrac{\xi}{K}\right)+C}{\psi_0}\right\}\right\}$$

$$(7.58)$$

其中,$\xi$、$\eta$ 的关系反映了在某一时刻界面在二维平面上的位置,它反映了界面的静态特征。方程(7.56)的关系如图 7.20 所示,从图 7.20 中可看出在界面的最右端出现异常,它预示着界面端部存在应力集中,马氏体有强烈的加厚趋势。这对应于界面位错模型中界面处存在较强的位错交互作用。

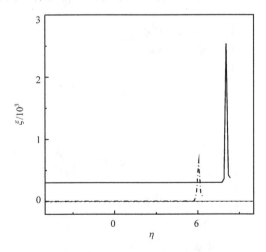

图 7.20 方程(7.56)的示意图

也可以得到界面上某一点的波动曲线,如图 7.21 所示。图 7.21 是马氏体长大的平面示意图。交叉波的内部区域是马氏体区,实现和虚线是界面过渡区,虚线以外是母相区。交叉波在自身运动的同时不断地扩展。

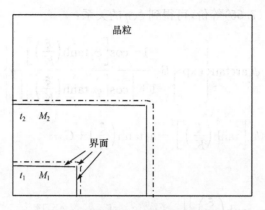

图 7.21  马氏体长大的平面示意图

**2. $C_1 = 0$**

存在两种形式的二级微扰，即 $\dfrac{\mathrm{d}^2\psi}{\mathrm{d}\xi^2}$、$\dfrac{\mathrm{d}^2\psi}{\mathrm{d}\eta\mathrm{d}\xi}$，相应得到两种方程组。

当 $C_3 = 0$ 时，有

$$\begin{cases} m_1 \dfrac{\mathrm{d}^2\varphi}{\mathrm{d}\xi^2} - m_2\varphi + m_3\varphi^3 + m_4 \dfrac{\mathrm{d}^2\psi}{\mathrm{d}\xi^2} = 0 \\[3mm] n_1 \dfrac{\mathrm{d}^2\varphi}{\mathrm{d}\xi^2} + n_2 \dfrac{\mathrm{d}^2\psi}{\mathrm{d}\xi^2} = 0 \\[3mm] p_1 \dfrac{\mathrm{d}^2\psi}{\mathrm{d}\eta^2} + p_2 \left( \dfrac{1-\cos^2\varphi}{1+|\cos\varphi|} \right) \sin\psi = 0 \end{cases} \tag{7.59}$$

或当 $C_2 = 0$ 时，有

$$\begin{cases} m_1 \dfrac{\mathrm{d}^2\varphi}{\mathrm{d}\xi^2} - m_2\varphi + m_3\varphi^3 + m_4 \dfrac{\mathrm{d}^2\psi}{\mathrm{d}\eta\mathrm{d}\xi} = 0 \\[3mm] n_1 \dfrac{\mathrm{d}^2\varphi}{\mathrm{d}\xi^2} + n_2 \dfrac{\mathrm{d}^2\psi}{\mathrm{d}\eta\mathrm{d}\xi} = 0 \\[3mm] p_1 \dfrac{\mathrm{d}^2\psi}{\mathrm{d}\eta^2} + p_2 \left( \dfrac{1-\cos^2\varphi}{1+|\cos\varphi|} \right) \sin\psi = 0 \end{cases} \tag{7.60}$$

下面分别考虑这两个方程组。

(1) 方程(7.59)的初步解为

$$
\begin{cases}
\varphi = \varphi_0 \tanh\left(\dfrac{\xi}{K}\right) \\[2mm]
\dfrac{\mathrm{d}^2\psi}{\mathrm{d}\xi^2} = \dfrac{n_1 m_2 \varphi - n_1 m_3 \varphi^3}{m_1 n_2 - m_4 n_1} \\[2mm]
\psi = \psi_0 \arctan\left\{ \exp\left\{ B \dfrac{1 - \cos\left[\varphi_0 \tanh\left(\dfrac{\xi}{K}\right)\right]}{1 + \left|\cos\left[\varphi_0 \tanh\left(\dfrac{\xi}{K}\right)\right]\right|} \eta \right\} \right\}
\end{cases}
\tag{7.61}
$$

依据方程组(7.61)可初步判断 $\varphi$-$\xi$、$\dfrac{\mathrm{d}^2\psi}{\mathrm{d}\xi^2}$-$\xi$、$\psi$-$\eta$ 符合孤立子的特征。

对方程组(7.61)中的第二个方程积分,同理可得到 $\psi$-$\xi$ 的关系:

$$
\psi = h_0 \tanh\left(\frac{\xi}{K}\right) + H
\tag{7.62}
$$

而方程(7.61)第三个方程和(7.62)等价,所以有

$$
\eta = \frac{1}{B} \frac{1 + \left|\cos\left[\varphi_0 \tanh\left(\dfrac{\xi}{K}\right)\right]\right|}{1 - \cos\left[\varphi_0 \tanh\left(\dfrac{\xi}{K}\right)\right]} \ln\left\{ \tan\left[\frac{h_0 \tanh\left(\dfrac{\xi}{K}\right) + H}{\psi_0}\right] \right\}
\tag{7.63}
$$

这种情况和一级微扰的界面特征相似(略)。

(2) 方程(7.60)的初步解为

$$
\begin{cases}
\varphi = \varphi_0 \tanh\left(\dfrac{\xi}{K}\right) \\[2mm]
\dfrac{\mathrm{d}^2\psi}{\mathrm{d}\eta\,\mathrm{d}\xi} = \dfrac{n_1 m_2 \varphi - n_1 m_3 \varphi^3}{m_1 n_2 - m_4 n_1} \\[2mm]
\psi = \psi_0 \arctan\left\{ \exp\left\{ B \dfrac{1 - \cos\left[\varphi_0 \tanh\left(\dfrac{\xi}{K}\right)\right]}{1 + \left|\cos\left[\varphi_0 \tanh\left(\dfrac{\xi}{K}\right)\right]\right|} \eta \right\} \right\}
\end{cases}
\tag{7.64}
$$

依据方程组(7.64)可初步判断 $\varphi$-$\xi$、$\dfrac{\mathrm{d}^2\psi}{\mathrm{d}\eta\,\mathrm{d}\xi}$-$\xi$、$\psi$-$\eta$ 符合孤立子的特征。

对方程组(7.64)第二个方程一次积分得到:

$$
\frac{\mathrm{d}\psi}{\mathrm{d}\eta} = e_1 \left[\tanh\left(\frac{\xi}{K}\right)\right]^2 + e_2 \tanh\left(\frac{\xi}{K}\right) + e_3 \ln\left|\mathrm{ch}\left(\frac{\xi}{K}\right)\right| + e_0
$$

而 $\psi$、$\eta$ 满足孤立子特征,所以有 $e_3 = 0$。上述方程进一步简化为

$$
\frac{\mathrm{d}\psi}{\mathrm{d}\eta} = e_1 \left[\tanh\left(\frac{\xi}{K}\right)\right]^2 + e_2 \tanh\left(\frac{\xi}{K}\right) + e_0
\tag{7.65}
$$

将方程(7.64)第三个方程代入方程(7.65)中,即可得到 $\xi$、$\eta$ 之间的关系为

$$\eta=\frac{1}{M}\text{arcsech}\left\{\frac{e_1\left[\tanh\left(\frac{\xi}{k}\right)\right]^2+e_2\tanh\left(\frac{\xi}{k}\right)+e_0}{\frac{1}{2}M\psi_0}\right\} \tag{7.66}$$

其中

$$M=B\,\frac{1-\cos\left[\varphi_0\tanh\left(\frac{\xi}{K}\right)\right]}{1+\left|\cos\left[\varphi_0\tanh\left(\frac{\xi}{K}\right)\right]\right|}$$

方程(7.66)的示意如图 7.22 所示,类似于薄片马氏体。

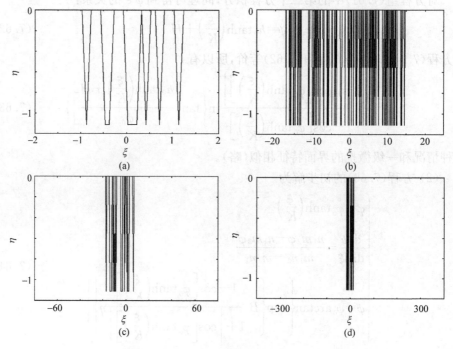

图 7.22    方程(7.66)的 $\eta$-$\xi$ 演化示意图:(a)→(b)→(c)→(d)

## 7.6    马氏体相变的界面吸引子模型[35]

相界面的运动是马氏体长大的核心问题之一。通过对马氏体相界面的研究有利于深入理解马氏体相变的物理本质。从位错的角度可认为马氏体相界面由两类位错构成[36]:①共格位错,主要是为了完成晶格点阵变形,保持界面晶面和晶向的

连续性;②反共格位错,主要是为了产生简单切变,形成平面点阵不变应变,并根据位错的力学平衡建立一个表征异相界面的运动方程,其中具有能量耗散的拖曳机制占据重要地位。根据界面的四种受力,从经典牛顿力学出发可得到异相界面运动方程,并可利用内耗实验方法研究 Cu-Al-Zn-Ni 合金中界面运动的黏滞性[37]。若把相界面看成一个弹-塑性的连续介质层,界面运动就会引起摩擦耗散,即克服界面摩擦所消耗的能量,它以放热的形式加以体现[38]。Wang 等[39]基于实验计算得到智能材料 Ni-Mn-Ga 合金在相界面运动中的摩擦功约为 13.14J/mol,这和 Cu 基合金中计算得到的界面摩擦相当。在没有相界面摩擦时,相界面可作为孤立子存在;当界面存在摩擦时,界面孤立子特征必将发生很大的变化,而实际的相界面是存在界面摩擦的,这已得到实验的支持。吸引子是非线性科学中的一个概念,用来描述非线性问题的稳定性。下面通过对相界面运动方程进行分析,得到马氏体相界面是吸引子的结论。

### 7.6.1 界面运动方程[35]

相界面受到四种力的作用[37]:①界面运动时所受到的黏滞力$\left(-\Gamma\dfrac{\mathrm{d}x}{\mathrm{d}t}, \Gamma \text{是黏}\right.$

滞系数$\left.\right)$;②由于缺陷钉扎引起的恢复力($k_0 x$, $k_0$ 是钉扎力系数);③最近邻界面之间的交互作用($F_I$);④界面组态力($F_C$)。充分考虑这四种力,从经典的牛顿力学出发得到相界面的运动方程为

$$m\frac{\mathrm{d}^2 x}{\mathrm{d}t^2} + \Gamma\frac{\mathrm{d}x}{\mathrm{d}t} + k_0 x - F_I = F_C \tag{7.67}$$

界面位错的形成主要是为了释放异相界面形成过程中的应变能,可利用马氏体界面结构的位错模型来预测界面的运动特性[36],将连续分布的一列位错或表面位错作为界面。根据位错的力学平衡得到一个表征相界面的运动方程如下:

$$F_A^{\mathrm{net}} = -(\Delta g - \Delta g_f) + \gamma K = m\frac{\mathrm{d}^2 x}{\mathrm{d}t^2} + B_a\frac{\mathrm{d}x}{\mathrm{d}t} \tag{7.68}$$

其中,$F_A^{\mathrm{net}}$、$\Delta g$、$\Delta g_f$、$\gamma$ 和 $K$ 分别为界面的有效驱动力、化学驱动力(施加外力时还有应变能)、摩擦力、表面张力和平均曲率,$m$ 为界面的质量,$B_a$ 为界面拖曳系数。

### 7.6.2 相平面分析

方程(7.67)和方程(7.68)可用以下方程来描述:

$$\frac{\mathrm{d}^2 x}{\mathrm{d}t^2} + \eta\frac{\mathrm{d}x}{\mathrm{d}t} = F(x) \tag{7.69}$$

其中,$\eta > 0$。运动界面的能量($E$)是动能和势能的总和,可表示为

$$E = \frac{1}{2}\left(\frac{\mathrm{d}x}{\mathrm{d}t}\right)^2 + \int - F(x)\mathrm{d}x \tag{7.70}$$

界面能随时间的变化关系如下：

$$\frac{\mathrm{d}E}{\mathrm{d}t} = \frac{\mathrm{d}x}{\mathrm{d}t}\frac{\mathrm{d}^2 x}{\mathrm{d}t^2} - F(x)\frac{\mathrm{d}x}{\mathrm{d}t} = -\eta\left(\frac{\mathrm{d}x}{\mathrm{d}t}\right)^2 \tag{7.71}$$

$$\frac{\mathrm{d}E}{\mathrm{d}t} < 0 \tag{7.72}$$

所以界面的能量并不守恒，即相界面不在一个等能面上运动，界面总能的衰减是界面能量耗散的必然结果。为了进一步了解界面的特性，令 $\mathrm{d}x/\mathrm{d}t = y$，代入方程(7.69)得到如下等价方程组：

$$\begin{cases} \dfrac{\mathrm{d}x}{\mathrm{d}t} = y \\ \dfrac{\mathrm{d}y}{\mathrm{d}t} = -\eta y + F(x) \end{cases} \tag{7.73}$$

由界面位置 $x$、界面速度 $y$ 可构成一个平面 $(x, y)$，称为马氏体相界面的相平面。在这个相空间，界面体积变化率为

$$\mathrm{div}\hat{V} = \frac{\partial(\mathrm{d}x/\mathrm{d}t)}{\partial x} + \frac{\partial(\mathrm{d}y/\mathrm{d}t)}{\partial y} = -\eta \tag{7.74}$$

所以有

$$\mathrm{div}\hat{V} < 0 \tag{7.75}$$

式(7.72)和式(7.75)表明界面相是能量耗散系统，界面的相体积是压缩的，所以决定了最后相界面必被吸引到一个有限的空间中，这就是吸引子。因此，具有界面摩擦的相界面是吸引子。

### 7.6.3　界面运动方程的解

吸引子具有四种类型：定常吸引子、周期吸引子、拟周期吸引子、奇怪吸引子[40]。上面根据界面的运动方程得到马氏体相界面是吸引子，但要知道其类型，必须解出界面的运动方程。下面分别对式(7.67)和式(7.68)进行求解。

1) 解方程(7.67)

方程(7.67)可表示为

$$\frac{\mathrm{d}^2 X}{\mathrm{d}t^2} + \zeta\frac{\mathrm{d}X}{\mathrm{d}t} + \omega^2 X = 0 \tag{7.76}$$

其中，$X = x - \dfrac{F_\mathrm{I} + F_\mathrm{C}}{k_0}$，$\zeta = \dfrac{\Gamma}{m}$，$\omega^2 = k_0$，并且有 $\dfrac{\mathrm{d}X}{\mathrm{d}t} = \dfrac{\mathrm{d}x}{\mathrm{d}t}$ 成立，而且 $\zeta$ 比较小，利用平均法得到方程(7.76)的严格解为

$$X(t) = a_0 e^{-\frac{\zeta}{2}t} \cos\left[ \left( \omega^2 - \frac{1}{4}\zeta^2 \right)^{\frac{1}{2}} t + \theta_0 \right] \tag{7.77}$$

其中,$a_0$、$\theta_0$ 是常数。对 $X$ 求导,即可得到界面的运动速度为

$$V(t) = \frac{dX}{dt} = -a_0 e^{-\frac{\zeta}{2}t} \left\{ \frac{\zeta}{2} \cos\left[ \left( \omega^2 - \frac{1}{4}\zeta^2 \right)^{\frac{1}{2}} t + \theta_0 \right] \right.$$

$$\left. + \left( \omega^2 - \frac{1}{4}\zeta^2 \right)^{\frac{1}{2}} \sin\left[ \left( \omega^2 - \frac{1}{4}\zeta^2 \right)^{\frac{1}{2}} t + \theta_0 \right] \right\} \tag{7.78}$$

初始条件为

$$\begin{cases} X(0) = X_0 \\ V(0) = V_0 \end{cases} \tag{7.79}$$

根据初始条件可得到 $a_0$、$\theta_0$ 的值为

$$\begin{cases} |a_0| = \sqrt{X_0^2 + \dfrac{V_0 + \dfrac{\zeta}{2}X_0}{\omega^2 - \dfrac{1}{4}\zeta^2}} \\[4mm] \theta_0 = \arctan\left( -\dfrac{V_0 + \dfrac{\zeta}{2}X_0}{X_0 \sqrt{\omega^2 - \dfrac{1}{4}\zeta^2}} \right) \end{cases} \tag{7.80}$$

马氏体的长大是在核胚形成后进行的,所以上面的 $X_0$ 应当是核胚沿惯习面法线方向的半径 $R_0$,而 $V_0$ 是核胚刚形成的即时速度。根据热激活理论可得到:

$$V_0 = c e^{-\frac{\Delta G_a}{RT}} \left( 1 - e^{-\frac{\Delta G_{ch}}{RT}} \right) \tag{7.81}$$

其中,$c$、$\Delta G_a$、$\Delta G_{ch}$ 分别是切变波速、形核激活能、母相与马氏体相的自由能之差。

根据 $X$ 和 $V$ 的关系可得到相平面,如图 7.23 所示,箭头方向表示速度变化的方向,最终到达一点,称为焦点。图 7.24 是速度与时间的关系,具有振荡的特性,所以界面吸引子是焦点型定常吸引子。应力诱发马氏体相变存在伪弹性,也有人认为马氏体具有橡皮条特性,这有力地证明了相界面在去掉外应力后,在某一位置附近来回振动;由于界面摩擦造成能量的耗散,界面最终停留在这个位置,也就是马氏体界面的最终位置。它与外应力去掉那一刻的界面位置的间距是振动的振幅,或弹性变形量。

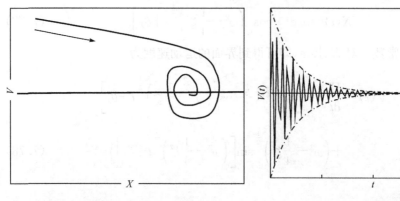

图 7.23　方程(7.67)的相平面　　　　　图 7.24　$V$-$t$ 关系曲线

2) 解方程(7.68)

将 $V=\mathrm{d}x/\mathrm{d}t$ 代入方程(7.68)得到

$$m\frac{\mathrm{d}V}{\mathrm{d}t}+B_\mathrm{a}V=F_\mathrm{A}^\mathrm{net} \tag{7.82}$$

以上方程的解就是界面的速度：

$$V=\frac{F_\mathrm{A}^\mathrm{net}}{B_\mathrm{a}}+C\mathrm{e}^{-\frac{B_\mathrm{a}}{m}t} \tag{7.83}$$

$C$ 为方程积分后的常数，根据初始条件 $V(0)=V_0$ 可消去 $C$，得到方程的速度为

$$V=\frac{F_\mathrm{A}^\mathrm{net}}{B_\mathrm{a}}+\left(V_0-\frac{F_\mathrm{A}^\mathrm{net}}{B_\mathrm{a}}\right)\mathrm{e}^{-\frac{B_\mathrm{a}}{m}t} \tag{7.84}$$

此处的 $V_0$ 通过式(7.81)求得。$B_\mathrm{a}$ 是拖曳系数，存在以下关系：

$$\begin{cases} B_\mathrm{a}\approx\dfrac{B_1}{d} \\[2mm] B_1=\alpha\delta\dfrac{k_\mathrm{B}T}{\Omega c} \end{cases} \tag{7.85}$$

其中，$B_1$ 为声子拖曳系数，$d$ 为滑移面的间距，$\alpha$ 为声子对位错所呈角分布的几何因素，$\delta$ 为单位长度的散射断面，$k_\mathrm{B}$ 为 Boltzmann 常量，$T$ 为热力学温度，$\Omega$ 为原子体积，$c$ 为切变波速度。

从方程(7.67)的相平面可以看出，速度最终降到 A 点，此处 $X$ 和 $V$ 均为常数，如图 7.25 所示。从图 7.26 可以看出，界面的速度也没有出现振动，所以这类界面是结点型定常吸引子。热诱发马氏体相变中大多存在相变塑性，理论上应当存在弹性,但由于这种弹性很小,不足以使相界面出现明显的振动,所以热诱发马氏体的伪弹性不存在。但实验中发现,经过长时间的时效,会出现马氏体的稳定化[16],这从侧面说明随时间的增长,马氏体界面更趋近于它的稳定态。

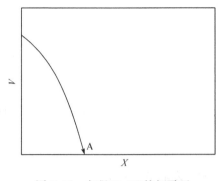
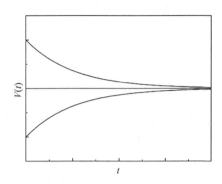

　　　　图 7.25　方程(7.67)的相平面　　　　　　　图 7.26　V-t 关系曲线

### 3) 高速运动界面

考虑到黏性流体在相对速度很大时,将产生平方阻尼,令 $\zeta = \xi \left| \dfrac{\mathrm{d}X}{\mathrm{d}t} \right|$($\xi$ 为小量),代入方程(7.67)得到如下关系式:

$$\frac{\mathrm{d}^2 X}{\mathrm{d}t^2} + \xi \left| \frac{\mathrm{d}X}{\mathrm{d}t} \right| \left( \frac{\mathrm{d}X}{\mathrm{d}t} \right) + \omega^2 X = 0 \tag{7.86}$$

对上述方程的相分析得

$$\frac{\mathrm{d}E}{\mathrm{d}t} = -\xi \left| \frac{\mathrm{d}X}{\mathrm{d}t} \right| \left( \frac{\mathrm{d}X}{\mathrm{d}t} \right)^2 < 0 \tag{7.87}$$

$$\mathrm{div}\hat{V} = -\xi \left| \frac{\mathrm{d}X}{\mathrm{d}t} \right| - \xi \frac{\mathrm{d}X}{\mathrm{d}t} = \begin{cases} 0, & \frac{\mathrm{d}X}{\mathrm{d}t} < 0 \\ -2\xi \left| \frac{\mathrm{d}X}{\mathrm{d}t} \right| < 0, & \frac{\mathrm{d}X}{\mathrm{d}t} > 0 \end{cases} \tag{7.88}$$

方程(7.87)说明此时的界面能量不守恒。方程(7.88)中,当界面速度为负值时,没有相体积的收缩,在界面速度大于 0 时,则存在体积的收缩。在整个过程中,依旧存在相体积的收缩,所以此时的马氏体界面仍然是吸引子。

利用相同的方法得到方程(7.86)的一次近似解为

$$X(t) = \frac{a_0}{1 + \dfrac{4\xi\omega a_0}{3\pi} t} \cos(\omega t + \theta_0) \tag{7.89}$$

对之求导得到界面的速度为

$$V(t) = \frac{dX(t)}{dt} = -\frac{a_0\omega\sin(\omega t + \theta_0)}{1 + \frac{4\xi\omega a_0}{3\pi}t} - \frac{4(a_0)^2\xi\omega\cos(\omega t + \theta_0)}{3\pi\left(1 + \frac{4\xi\omega a_0}{3\pi}t\right)^2} \tag{7.90}$$

根据初始条件(7.79),得到 $a_0$ 和 $\theta_0$ 的近似解:

$$\begin{cases} |a_0| = \sqrt{X_0^2 + \dfrac{V_0^2}{\omega^2}} \\ \theta_0 = \arctan\left(-\dfrac{V_0}{X_0\omega}\right) \end{cases} \tag{7.91}$$

其中,$X_0$ 和 $V_0$ 的含义与上面相同。根据其相平面和 $V$-$t$ 关系得到具有平方阻尼的马氏体界面是焦点型定常吸引子。

# 7.7　马氏体界面的耗散结构模型

马氏体的长大是依靠相界面的运动来进行的。大多研究者认为界面在运动的过程中存在界面摩擦,并用不同的方法对摩擦时的能量损失进行了计算,但是对这个能量损失的物理本质不能给出合理的解释。有人认为,界面移动时从界面前方流进的声子数大于来自后面的声子数,从而导致能量的损失,但是它不能解释这个能量损失是不可逆的特性,因为在马氏体的逆相变中同样存在能量的损失,而且在 Fe-Mn-Si 合金中这项能量损失很大,一个重要证据是合金的热滞大多超过 100K。这种"摩擦"不同于其他宏观物体的摩擦是发生在两相接触的表面(如固体在液态和气体中运动时的摩擦),而是在运动界面的内部就静悄悄地耗散。下面根据相界面的特性,建立马氏体相变中运动相界面的耗散结构模型,并对一些实际问题进行讨论。

## 7.7.1　构成耗散结构的条件

耗散结构是普利高津于 1965 年首先提出的,随后建立了耗散结构理论[41,42]。相对平衡结构是"死"的有序化结构(如晶体和液体),耗散结构则是"活"的有序化结构,如相干图像的激光束、化学反应中的有序结构、动物本身以及一个城市的有序性,在一定条件下,都可看成是非平衡状态下耗散结构的实例。但构成耗散结构必须满足以下条件:

(1) 体系属于开放体系,和外界存在物质和能量的交换;

(2) 体系远离非平衡状态;

(3) 体系内部存在非线性动力学机制。

### 7.7.2　运动相界面的结构模型

#### 1. 相界面是耗散结构

对热诱发马氏体相变,推动相界面运动的作用力是化学驱动力 $\Delta G_{ch}$;当存在外部应力时,相界面的驱动力中将增加外加应变能 $\Delta G_\sigma$,即运动的相界面和外界存在能量交换,另外相界面的一个重要作用是把一定结构的母相变成另一种结构的马氏体,所以相界面在运动中是一个开放体系;金属及合金的塑性变形是一个典型的远离热力学平衡的非线性过程,马氏体相变时的相变塑性是由相界面的运动引起的,从位错的角度,相界面由位错组成,数学意义上的位错是孤立子。因此,相界面在运动时是耗散结构,是一个耗散系统。

#### 2. 相界面的动力学方程[43]

徐祖耀[44]等将孤立子理论应用到热弹性合金的马氏体相变中,并得到了马氏体的界面运动方程。但对于那些不属于此类相变的相界面的运动方程没有讨论,所以这个方程是一个理想的界面运动方程,它没有考虑能量的耗散、晶格的微扰以及当发生应力诱发马氏体相变时外力的作用,故不能作为具有耗散结构的相界面的运动方程。下面针对这三个问题对原方程进行改进,以期得到满足耗散条件的动力学方程。

三个假定:

(1) 在阻尼振动中的摩擦用 $m\dfrac{\mathrm{d}\varphi}{\mathrm{d}t}$ 来表征($m$ 为摩擦系数),所以将相界面的能量耗散相定义为 $M\dfrac{\mathrm{d}\varphi}{\mathrm{d}t}=M\varphi_t$,$M$ 是耗散系数。

(2) 用晶格的微扰来取代周期性势场的影响,将 $r$ 取为 0,晶格的微扰定义为 $N\dfrac{\mathrm{d}\varphi}{\mathrm{d}t}=M\varphi_x$,$N$ 为扰动参数。

(3) 当体系存在恒定的外部应力时,在界面运动方程中用 $F$ 表示,$F$ 为常数。

根据这三个假定,可得到相界面的运动方程为

$$\varphi_{tt}-C^2\varphi_{xx}+M\varphi_t+N\varphi_x+\omega_0^2\sin\varphi=F \tag{7.92}$$

令 $\varphi(x,t)=\varphi(x-vt)=\varphi(\zeta)$,对式(7.92)化简得到:

$$(v^2-C^2)\varphi_{\zeta\zeta}+(M-N)\varphi_\zeta+\omega_0^2\sin\varphi=F \tag{7.93}$$

方程(7.92)或方程(7.93)即具有耗散特性的相界面运动方程。当 $M=vN=F=0$ 时,方程为热弹马氏体的理想界面方程,此时的相界面不具有耗散性,方程的解是孤立子;当 $M=vN=0$,$F\neq0$ 时,方程为存在恒定外部应力的界面方程,相界面没

有耗散性,对方程(7.93)化简得

$$\varphi_{\zeta\zeta}+A\sin\varphi=B \tag{7.94}$$

其中,$A=\omega_0^2/(v^2-C^2)$,$B=F/(v^2-C^2)$。方程(7.94)的解已经不是孤立子。

当 $M=0$,$vN\neq0$ 时,相界面具有耗散性,在界面的移动中存在能量的损失,这是一种摩擦,后面时刻系统的总能比前一时刻的小,所以此时的界面不是耗散结构,而仅属于耗散系统,只有当 $M\neq0$ 时运动的相界面才可能具有真正的耗散结构,因为 $F$ 的值对最后的结果有影响。取 $F=0$,即界面没有受到应力的作用,且 $M-vN\neq0$,得到此时的界面方程为

$$(v^2-C^2)\varphi_{\zeta\zeta}+(M-N)\varphi_\zeta+\omega_0^2\sin\varphi=0 \tag{7.95}$$

将方程(7.94)转化为方程组:

$$\begin{cases}\varphi_\zeta=\psi \\ (v^2-C^2)\psi_\zeta+(M-N)\psi+\omega_0^2\sin\varphi=0\end{cases} \tag{7.96}$$

在相平面上,式(7.96)的轨线满足方程:

$$\frac{\mathrm{d}\psi}{\mathrm{d}\varphi}=\frac{1}{C^2-v^2}[(M-Nv)\psi+\omega_0^2\sin\varphi] \tag{7.97}$$

上述方程的奇点为

$$\begin{cases}\varphi=k\pi, \quad |k|=0,1,2,\cdots \\ \psi=0\end{cases}$$

奇点对应于稳定或不稳定的平衡状态;几乎对于一切起始条件,该系统都趋近于一种稳定的平衡状态,且方程(7.95)没有周期运动。而根据耗散结构的定义,耗散结构属于稳定的非平衡状态,所以 $F$ 等于 0 的假设不正确。事实也正是如此,界面运动时除化学驱动力外,还有界面前后两相由于点阵常数的不同所附加的应变能,这正是 $F$ 的起因。存在应力作用的界面方程为

$$\frac{\mathrm{d}\psi}{\mathrm{d}\varphi}=\frac{1}{C^2-v^2}[(M-Nv)\psi+\omega_0^2\sin\varphi-F] \tag{7.98}$$

它的每一个解都在 $(-\infty,+\infty)$ 上有定义,且如果存在周期解,则这些解的周期一定是 $2\pi$。当 $F>\omega_0^2$ 时,方程(7.93)不具有奇点,系统处于非平衡状态,此时的运动界面必是耗散结构。

## 7.8　小　结

(1) 将 Chou 氏模型引入 DLP 模型中,可以有效地处理多元置换型合金中马氏体与奥氏体这类具有相同化学成分和不同结构体系的共格界面能。利用改进的 DLP 模型对智能材料 Fe-Mn-Si 合金的 $\{111\}_{FCC}/\!/\{0001\}_{HCP}$ 共格界面能进行了计算和分析。结果表明,合金的共格界面能随温度的升高而增加,这与温度对合金的

层错能有相同的影响规律,而且其大小接近 $1mJ/m^2$,Fe-Mn-Si 合金属于低层错能($\gamma_0$)合金,其 $\gamma_0$ 一般只有几兆焦每平方米,所以这种结果符合实际情况。合金成分对共格界面能有不同的影响,Mn 增加合金的共格界面能,Si 的作用相反,且 Si 的影响程度比 Mn 的要大,这与 Mn、Si 元素对 Fe-Mn-Si 合金层错能的影响规律一致。对于 Fe-Mn-Si 合金,体系的共格界面能作为马氏体相变临界驱动力 $\Delta G_{Ms}^{\gamma \to \varepsilon}$ 中的阻力项所占的比例较小。

(2) 在改进的多元置换型 DLP 模型中引入 Smirnov 统计模型,从而可计算智能材料 Fe-Mn-Si-N($w_N < 0.5wt\%$)合金的 $\{111\}_{FCC} // \{0001\}_{HCP}$ 共格界面能。计算结果表明 N 增加合金的界面能;随温度的升高,间隙原子和多元置换原子之间的作用减弱,而置换原子的作用随温度升高增加的程度较前者大,最终导致共格界面能随温度升高而增加。相同含量的 C 对共格界面能的影响大于 N 的作用,原因是 C 同置换原子的交互作用比 N 的影响大。

(3) 利用第一性原理计算比较了 Ni-Mn-Ga 合金的(110)和(011)马氏体孪晶的电子结构;计算结果表明,结构弛豫有利于提高孪晶界面的结构稳定性,且对孪晶界面的磁性有较大的影响,包括马氏体孪晶界面的自旋态密度、磁矩、界面电子密度等;(110)马氏体孪晶的界面大于(011)马氏体孪晶的界面能。

(4) 利用密度泛函理论计算了 Ni-Mn-Ga 合金中 Fe 和 Co 两种过渡金属元素对(110)马氏体孪晶界面的掺杂效应及电子结构。计算结果表明,在提高孪晶界面能和界面钉扎效应方面,Co 的掺杂效应比强于 Fe 掺杂,主要是由原子间的结合强度不同造成的;对于马氏体孪晶界面的磁性,Fe 掺杂对界面磁结构的影响要明显比 Co 掺杂效果好,这主要是由孪晶界面区 Mn 原子的磁矩变化比较大导致的。

(5) 利用第一性原理研究了稀土元素 Sm 和 Tb 对(110)马氏体孪晶电子结构的影响,同时比较了二者对孪晶界面能、界面键级、界面原子磁矩以及界面局域态密度的影响规律;研究比较了稀土元素在(110)马氏体孪晶界面的偏聚能;Mn 对马氏体孪晶界面的磁性贡献较大,稀土元素会对 Mn 原子的磁性产生直接的影响。

(6) 相场模拟结果证实,马氏体形核和长大阶段马氏体/母相界面是应力集中的地方;在自协调形成马氏体孪晶过程中,马氏体孪晶界面逐步成为主要界面,应力集中主要出现在孪晶界面。相比两种界面,异相界面应力大于孪晶界面应力3～4倍。在相变形核阶段,局部区域的界面应力集中会诱发新的核胚出现,这是自促发形核的物理机理,即局部区域的内应力诱发形核,同时考虑了材料切变模量对微观组织及界面应力的影响。

(7) 界面运动是马氏体长大的核心问题之一。实际相界面的运动中存在界面摩擦。包含界面摩擦的相界面运动与理想相界面的运动具有不同的非线性特征:从马氏体相界面的运动方程出发,利用相平面分析,得到具有界面摩擦的马氏体相界面是定常吸引子；应力诱发马氏体的相界面趋向为焦点型定常吸引子；热诱发马氏体的相界面趋向为结点型定常吸引子。

（8）马氏体相变中，运动的相界面可构成耗散结构，具有耗散结构相界面的运动方程为 $\varphi_{tt}-C^2\varphi_{xx}+M\varphi_t+N\varphi_x+\omega_0^2\sin\varphi=F,M\neq0,N\neq0,F>\omega_0^2$。

## 参 考 文 献

[1] Cahn J, Kikuchi R. Theory of domain walls in ordered structures—I. Properties at absolute zero [J]. Journal of Physics and Chemistry of Solids, 1961, 20(1): 94-109.

[2] Ramanujan R, Lee J, Le Goues F, et al. A discrete lattice plane analysis of the energy of coherent {0001}$_{HCP}$ · {111}$_{FCC}$, ⟨1120⟩$_{HCP}$ · ⟨110⟩$_{FCC}$ interfaces [J]. Acta Metallurgica, 1989, 37(1): 3051-3059.

[3] Ramanujan R, Lee J, Aaronson H. A discrete lattice plane analysis of the interfacial energy of coherent FCC: HCP interfaces and its application to the nucleation of $\gamma$ in Al-Ag alloys [J]. Acta Metallurgica and Materialia, 1992, 40(12): 3421-3432.

[4] Yang Z G, Enomoto M. A discrete lattice plane analysis of coherent f. c. c. /B1 interfacial energy [J]. Acta Materialia, 1999, 47(18): 4515-4524.

[5] 万见峰, 陈世朴, 徐祖耀. Fe-Mn-Si 基合金共格界面能的离散点阵平面分析[J]. 上海交通大学学报, 2001, 35(3): 360-363.

[6] Cahn J W, Hoffman D W. Vector thermodynamics for anisotropic surfaces: Curved and faceted surfaces[J]. Acta Metallurgica, 1974, 22(10): 1205-1214.

[7] Chou K C. A general solution model for predicting ternary thermodynamic properties [J]. CALPHAD, 1995, 19(3): 315-325.

[8] Li L, Hsu T Y. Gibbs free energy evaluation of the FCC($\gamma$) and HCP($\varepsilon$) phases in Fe-Mn-Si alloys [J]. CALPHAD, 1997, 21(3): 443-448.

[9] Jin X J, Xu Z Y, Li L. Critical driving force for martensitic transformation FCC($\gamma$)→HCP($\varepsilon$) in Fe-Mn-Si shape memory alloys [J]. Science in China, 1999, 42(3): 266-274.

[10] 戎利建, 平德海, 李依依, 等. Fe-Mn-Si-Cr-Ni 记忆合金形变组织的 TEM 研究[J]. 金属学报, 1995, 31(9): 399-404.

[11] Dinsdale A T. SGTE data for pure elements [J]. CALPHAD, 1991, 15(4): 317-425.

[12] Li J, Zheng W, Jiang Q. Stacking fault energy of iron-base shape memory alloys [J]. Materials Letters, 1999, 38(4): 275-277.

[13] Ullakko K, Jakovenko P T, Gavriljuk V G. High-strength shape memory steels alloyed with nitrogen [J]. Scripta Materialia, 1996, 35(4): 473-478.

[14] Ariapour A, Yakubtsov I, Perovic D D. Effect of nitrogen on shape memory effect of a Fe-Mn-based alloy [J]. Materials Science and Engineering A, 1999, 262(1): 39-49.

[15] Smirnov A A. The Molecular Kinetic Theory of Metals[M]. Moscow: Nauka, 1966.

[16] 万见峰,陈世朴,徐祖耀. 含氮的 Fe-Mn-Si 基合金共格界面能的理论计算[J]. 上海交通大学学报,2005,39(7):1094-1097,1101.

[17] Yakubtsov I A,Ariapour A,Perovic D D. Effect of nitrogen on stacking fault energy of FCC iron-based alloys[J]. Acta Materialia,1999,47(4):1271-1279.

[18] Kaufman L,Bernstein H. Computer Calculation of Phase Diagram[M]. New York:Academic Press,1970.

[19] Brožp K I,Sopoušek J,Gruner W. Thermodynamic investigation of the austenite and the delta ferrite in the system Fe-Cr-Mn-N[J]. Steel Research,1996,67(1):26-33.

[20] Zhao Z M,Wan J F,Wang J N. Ab-initio study of electronic structure of martensitic twin boundary in $Ni_2MnGa$ alloy[J]. Materials Transactions,2016,57(4):477-480.

[21] Brown P,Bargawi A,Crangle J,et al. Direct observation of a band Jahn-Teller effect in the martensitic phase transition of $Ni_2MnGa$ [J]. Journal of Physics Condensed Matter,1999,11(24):4715.

[22] Ayuela A,Enkovaara J,Nieminen R. Ab initio study of tetragonal variants in $Ni_2MnGa$ alloy[J]. Journal of Physics Condensed Matter,2002,14(21):5325-5336.

[23] Cherechukin A A,Dikshtein I E,Ermakov D I,et al. Shape memory effect due to magnetic field-induced thermoelastic martensitic transformation in polycrystalline Ni-Mn-Fe-Ga alloy [J]. Physics Letters A,2001,291(2-3):175-183.

[24] Koho K,Söderberg O,Lanska N,et al. Effect of the chemical composition to martensitic transformation in Ni-Mn-Ga-Fe alloys [J]. Materials Science and Engineering A,2004,378(1-2):384-388.

[25] Cherechukin A A,Khovailo V V,Koposov R V,et al. Training of the Ni-Mn-Fe-Ga ferromagnetic shape-memory alloys due cycling in high magnetic field[J]. Journal of Magnetism and Magnetic Materials,2003,258-259:523-525.

[26] Khovailo V V,Abe T,Koledov V V,et al. Influence of Fe and Co on phase transitions in Ni-Mn-Ga alloys [J]. Materials Transactions,2003,44(12):2509-2512.

[27] Enkovaara J,Heczko O,Ayuela A,et al. Coexistence of ferromagnetic and antiferromagnetic order in Mn-doped Ni2MnGa[J]. Physical Review B,2003,67(21):212405.

[28] 万见峰,费燕琼,王健农. 合金元素对 $Ni_2MnGa$ 合金马氏体(110)孪晶界面电子结构的影响[J]. 物理学报,2006,55(5):2444-2448.

[29] Yang R,Zhao D,Wang Y,et al. Effects of Cr,Mn on the cohesion of the γ-iron grain boundary [J]. Acta Materialia,2001,49(6):1079-1085.

[30] Tsuchiya K,Tsutsumi A,Ohtsuka H,et al. Modification of Ni-Mn-Ga ferromagnetic shape memory alloy by addition of rare earth elements [J]. Materials Science and Engineering A,2004,378(1-2):370-376.

[31] 郭世海,张羊换,赵增祺,等. Ni-Mn-Ga-RE (RE=Tb,Sm) 合金的马氏体相变和磁感生应变[J]. 中国稀土学报,2003,21(6):668-671.

[32] Wan J F,Fei Y Q,Wang J N. Effects of rare earth on the electronic structure of (110) twin

martensite boundary for Ni₂MnGa alloy[J]. Journal of Rare Earths, 2006, 24 (S2): 798-802.

[33] Wan J F, Cui Y G, Zhang J H, et al. Investigation of interfacial stress during the structural transition by using phase-field method[C]. Internation Conference on Material and Material Engineering, Chicago, 2014: 214-219.

[34] 万见峰,陈世朴. 马氏体长大的二维界面运动方程[C]. 第九届全国固态相变、凝固及应用学术会议,宁波,2010: 96-97.

[35] 万见峰,陈朴,徐祖耀. 马氏体相变的界面吸引子模型[J]. 材料研究学报,2005,19(1): 84-89.

[36] Grujicic M, Olson G, Owen W. Mobility of martensitic interfaces [J]. Metallurgical and Materials Transactions A, 1985, 16(10): 1713-1722.

[37] 张志方,沈惠敏,黄以能,等. Cu-Al-Zn-Ni 合金中与界面运动有关的内耗[J]. 金属学报, 1996,32(10): 1009.

[38] Deng Y, Ansell G S. Investigation of thermoelastic martensitic transformation in a Cu-Zn-Al alloy[J]. Acta Metallurgica, 1990, 38(1): 69-76.

[39] Wang W H, Chen J L, Liu Z H, et al. Thermal hysteresis and friction of phase boundary motion in ferromagnetic Ni₅₂-Mn₂₃-Ga₂₅ single crystals[J]. Physical Review B, 2002, 65 (1): 012416.

[40] Gikeo I. Dynamical Systems and Nonlinear Oscillations[M]. Singapore: World Scientific, 1986.

[41] Donnely R J, Herman R, Prigogine I. Non-equilibrium Thermodynamics, Variational Techniques and Stability[M]. Chicago: University of Chicago Press, 1966.

[42] Prigogine I, Glansdorff P. Variational properties and fluctuation theory [J]. Physica, 1965, 31(8): 1242-1256.

[43] 万见峰,陈世朴. 马氏体运动相界面的耗散结构模型[J]. 应用物理,2012,2(4): 150-152.

[44] 徐祖耀. 马氏体相变与马氏体[M]. 北京: 科学出版社,1999.

# 第 8 章　FCC-FCT 马氏体相变的表面形貌学研究

## 8.1　引　　言

相比传统的智能材料,即形状记忆合金如 Ni-Ti、Cu-Zn-Al 等[1],磁性形状记忆合金由于具有响应速度快等优点,在执行器、传感器等方面具有重要的应用前景,并引起广泛的关注。磁性形状记忆合金发展到今天,主要有两大类:铁磁性形状记忆合金和反铁磁性形状记忆合金。铁磁性形状记忆合金以 Ni-Mn-Ga 为代表,包括 Ni-Fe-Ga、Co-Ni、Fe-Ni-Co-Ti、Fe-Pt 等,除了马氏体相变外,其磁性相变是顺磁(高温)→铁磁性(低温)相变;反铁磁性形状记忆合金主要是 Mn 基合金,包括 Mn-Cu、Mn-Ni、Mn-Fe 等,另外 Fe-Mn-Si 基合金也属于反铁磁性形状记忆合金,其磁性相变为顺磁(高温)→反铁磁性(低温)相变。相比而言,铁磁性形状记忆合金的研究,无论是实际应用还是基础理论,都更加系统,更加全面,而反铁磁形状记忆合金正逐步得到重视和发展。

目前智能材料 Mn-Cu 合金中的磁性形状记忆效应还比较低,可恢复应变只有1.6%,而且需要较大的磁场(约 3.8T),而压缩应力下的可恢复应变只有 0.2%,相比而言,Ni-Mn-Ga 合金的却能达到 12%[2]。所以,Mn 基反铁磁性形状记忆合金有两个问题需要解决:①提高记忆效应;②降低磁场强度。在 Ni-Mn-Ga 合金研究中适当增加外应力场,可有效降低磁场强度到 1T 以下。在 Ni-Mn-Ga 合金研究中发现,磁场诱发变体重排导致的应变输出要小于磁场诱发逆相变导致的应变输出;先借助外应力实现变体的重排,再利用磁场推动马氏体孪晶界面的运动,实现逆相变的发生。Mn-Cu 合金作为反铁磁性记忆合金,磁性记忆也是如此,但由于FCC-FCT 马氏体相变应变非常小,若是依靠变体重排,其记忆效应就更小,所以必须依赖马氏体逆相变,从而提高磁控记忆效应。不同预应变对 Mn 基合金中 FCC-FCT 逆相变会有直接的影响。若是工业应用这种材料,Mn 基合金必须有效解决好上述两个问题。

智能材料 Mn 基合金中的马氏体相变为 FCC-FCT 相变[3],尽管是一种非常简单的结构相变类型,但所涉及的基础理论研究依然不够完善,主要包括:①FCC-FCT 相变机制,目前有三种观点——软模机制、孪晶切变机制和磁诱发应变释放机制。当马氏体相变温度($M_s$)与反铁磁相变温度($T_N$)相差比较大时,Mn 基合金中的磁诱发应变释放机制就不一定适用。由于实验中观察到大量的孪晶马氏体,孪晶切变具有一定的可靠性。②相变的级别,FCC-FCT 马氏体相变是一级相变还是二级相变目前还有疑问,逆相变是否也是一级相变或二级相变都还需要相关的实验依据。③在 FCC-FCT 相变晶体学方面还存在疑问,是 Bain 畸变,还是孪晶切变? 电镜观察显示母相中的马氏体均为孪晶马氏体,内耗实验显示低温的内耗峰为孪晶内耗峰,由光学显微镜也观察到 FCC-FCT 相变的动态过程,而点阵常数的连续变化显示通过 Bain 畸变即可完成此类相变,这种相变路径是最为简洁的一种方式。这些均需要更多的实验验证及理论分析。

## 8.2 基于孪晶切变的 FCC-FCT 马氏体相变晶体学

马氏体相变晶体学是马氏体相变理论中的重要研究领域,是马氏体相变机制的核心之一。针对 Fe-C 合金中的 FCC-BCT 马氏体相变,Bain 在 1924 年提出一种原子位移机制,其合理性主要体现在:通过一次切变即可完成马氏体相变,所涉及的原子位移最小[4]。在 Bain 模型基础上,有两种经典的马氏体相变晶体学理论:W-L-R 理论和 B-M 理论[4]。这两种晶体学理论中充分利用矩阵理论,成功地应用于钢中的马氏体相变,但这两种理论不能描述马氏体相变中原子位移的具体过程,所以属于表象晶体学理论。Mn 基合金中的 FCC-FCT 马氏体相变尽管简单,但由于实验观察到此类马氏体的形态多为马氏体孪晶,所以有必要在其相变晶体学中考虑孪晶切变的作用,而这方面的相变晶体学研究非常少。

极小形变(infinitesimal deformation, ID)近似是在晶体学表象理论基础上提出来的一种简洁的相变晶体学分析方法[5-7]。相变的演化路径是由相变的阻力决定的,相比界面能,相变应变能是主要的阻力项。ID 方法通过寻找一个合适的应变矩阵,使相变过程中的弹性应变能最小化,从而确定马氏体相变的晶体学特征。ID 方法是忽略表象理论中高阶小量后的近似结果,在本质上与表象理论是一致的,所以对于点阵畸变非常小的马氏体相变,利用 ID 方法可以得到具有简单形式的解析解,避免了复杂的数值计算,而且还保证了较高的精度。Mn 基合金中的 FCC-FCT 相变具有相变应变或点阵畸变小的特点,利用 ID 方法来分析非常方便,同时将孪晶切变作为此类相变的点阵不变平面应变(IPS),计算相关的 FCC-FCT 马氏体相变晶体学参数,并与经典表象理论计算结果进行比较,以验证 ID 方法的有效性及准确性。

### 8.2.1 理论计算模型

已知母相($\alpha$)和马氏体相($\gamma$)的点阵常数及两相的位向关系,可得到此马氏体相变的点阵畸变矩阵($\boldsymbol{B}$)。此矩阵 $\boldsymbol{B}$ 在母相($\alpha$)的正交坐标系中可表示为 $\boldsymbol{B}^{\alpha}$:

$$\boldsymbol{B}^{\alpha} = \begin{bmatrix} B_{11} & B_{12} & B_{13} \\ B_{21} & B_{22} & B_{23} \\ B_{31} & B_{32} & B_{33} \end{bmatrix} \tag{8.1}$$

基于 Khachaturyan 等的研究工作[8,9]，如果对称应变张量 $\boldsymbol{F}(S)$ 在坐标系 $x_1^n$-$x_2^n$-$x_3^n$（表示为 $n$ 坐标系）中满足以下关系：

$$F_{11}^n(S) = F_{22}^n(S) = F_{12}^n(S) = 0 \tag{8.2}$$

可得到如下结论，当 $x_3^n \perp (h,k,l)$（其中 $(h,k,l)$ 为惯习面）时，新形成的马氏体相产生的弹性应变能为零。对称应变张量 $\boldsymbol{F}$ 在 $n/\alpha$ 坐标系中的分量 $F_{ij}^n/F_{ij}^\alpha$ 满足如下转换方程：

$$F_{ij}^n = \sum_{k=1}^{3} \sum_{l=1}^{3} a_{ki} a_{ij} F_{kl}^\alpha \tag{8.3}$$

其中，$a_{ij}$ 作为方向余弦的含义如表 8.1 所示。

**表 8.1　$\alpha$ 坐标系和 $n$ 坐标系的方向余弦对应关系[10]**

| $\alpha$ | $a_{ij}$ | | |
| --- | --- | --- | --- |
| | $x_1^n$ | $x_2^n$ | $x_3^n$ |
| $x_1^\alpha \boldsymbol{P}\,[100]_\alpha$ | $a_{11} = \cos\theta\cos\phi$ | $a_{12} = -\sin\phi$ | $a_{13} = \sin\theta\cos\phi$ |
| $x_2^\alpha \boldsymbol{P}\,[010]_\alpha$ | $a_{21} = \cos\theta\sin\phi$ | $a_{22} = \cos\phi$ | $a_{23} = \sin\theta\sin\phi$ |
| $x_3^\alpha \boldsymbol{P}\,[001]_\alpha$ | $a_{31} = -\sin\theta$ | $a_{32} = 0$ | $a_{33} = \cos\theta$ |

事实是，大多数情况下，无论如何选取 $n$ 坐标系，方程(8.1)中 $\boldsymbol{B}^\alpha$ 的对称应变分量 $B_{ij}(i,j=1,2,3)$ 都不能满足方程(8.2)。众多实验观察证明马氏体相变过程是一个切变过程（包括滑移或者孪生），这是不同于其他扩散型相变的本质特征，而且此简单切变可认为是一个点阵不变切变，因此可将畸变张量写成如下形式：

$$\boldsymbol{F} = \boldsymbol{B} + \boldsymbol{P} \tag{8.4}$$

其中，$\boldsymbol{P}$ 是点阵不变切变矩阵。在 $\alpha$ 坐标系中方程(8.4)共有三个未知量：角度 $\theta$、$\phi$（确定 $x_3^n$ 的方向或切应变的方向）和点阵不变切变的切变量 $m$。$\boldsymbol{F}$ 在 $n$ 坐标系中必须满足方程(8.2)，这样可得到三个独立方程，所以理论上可解出方程(8.4)中的三个未知量（$\theta$、$\phi$ 和 $m$）。

方程(8.2)仅仅是不变平面切变的必要条件，不是充分条件，它只能保证惯习面不畸变，但无法保证惯习面不转动。为了同时满足惯习面不畸变、不转动（即点阵不变切变），需要引入一个反对称旋转矩阵 $\boldsymbol{R}$。矩阵 $\boldsymbol{R}$ 在 $\alpha$ 坐标系中可表示为 $\boldsymbol{R}^\alpha$：

$$\boldsymbol{R}^\alpha = \begin{bmatrix} 0 & -\omega_3 & \omega_2 \\ \omega_3 & 0 & -\omega_1 \\ -\omega_2 & \omega_1 & 0 \end{bmatrix} \tag{8.5}$$

其中，$\omega_i(i=1,2,3)$ 为旋转角。结合方程(8.4)和(8.5)可得到马氏体相变的总形状畸变矩阵 $\boldsymbol{T}$。矩阵 $\boldsymbol{T}$ 在 $\alpha$ 坐标系中可表示为

$$\boldsymbol{T}^\alpha = \boldsymbol{R}^\alpha + \boldsymbol{F}^\alpha = \boldsymbol{R}^\alpha + \boldsymbol{B}^\alpha + \boldsymbol{P}^\alpha \tag{8.6}$$

相变过程中惯习面不变等价于惯习面上任意两个非平行向量在转变前后应保持不变。ID 方法中惯习面不变的条件可表示为

$$\boldsymbol{T}^\alpha \boldsymbol{v}^\alpha(i) = 0, \quad i = \text{I}, \text{II} \tag{8.7}$$

其矩阵形式如下：

$$\begin{bmatrix} T_{11} & T_{12} & T_{13} \\ T_{21} & T_{22} & T_{23} \\ T_{31} & T_{32} & T_{33} \end{bmatrix} \begin{bmatrix} v_1(i) \\ v_2(i) \\ v_3(i) \end{bmatrix} = 0, \quad i = \text{I}, \text{II} \tag{8.8}$$

利用方程组(8.8)可得到马氏体相变的总形变畸变矩阵 $\boldsymbol{T}^\alpha$，利用方程(8.2)和方程(8.4)可计算得到简单畸变和点阵不变切变矩阵 $\boldsymbol{F}^\alpha$，再利用方程(8.6)可解出旋转矩阵 $\boldsymbol{R}^\alpha$。基于以上 ID 方法，可以对 Mn-Fe-Cu 合金的相变晶体学进行研究，孪晶切变是 FCC-FCT 马氏体相变的主要机制，体系的惯习面和切变方向为 $(011)_\alpha$ $[0\bar{1}1]_\alpha$；马氏体孪晶形成的点阵畸变过程如图 8.1 所示，沿这两个方向的畸变在晶体学上是等价的；马氏体孪晶中各变体的简单畸变矩阵 $\boldsymbol{B}_1$ 和 $\boldsymbol{B}_2$ 在 $\alpha$ 坐标系中分别表示为 $\boldsymbol{B}_1^\alpha$ 和 $\boldsymbol{B}_2^\alpha$：

$$\boldsymbol{B}_1^\alpha = \begin{bmatrix} \varepsilon_1 & 0 & 0 \\ 0 & \varepsilon_1 & 0 \\ 0 & 0 & \varepsilon_2 \end{bmatrix}_\alpha, \quad \boldsymbol{B}_2^\alpha = \begin{bmatrix} \varepsilon_1 & 0 & 0 \\ 0 & \varepsilon_2 & 0 \\ 0 & 0 & \varepsilon_1 \end{bmatrix}_\alpha \tag{8.9}$$

其中，$\varepsilon_1$ 和 $\varepsilon_2$ 作为简单点阵畸变量可以通过母相（$\alpha$-FCC 结构）和马氏体相（$\gamma$-FCT 结构）的点阵常数计算得出（$\alpha$ 坐标系与 FCC 晶胞的主轴平行）。

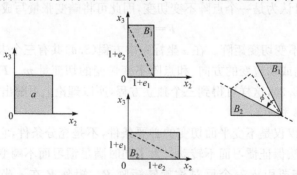

图 8.1　孪晶形变过程示意图

为了形成如图 8.1 所示的马氏体孪晶，变体 V1（对应简单点阵畸变矩阵 $\boldsymbol{B}_1$）必须旋转角度 $\phi$ 才能与变体 V2（对应简单点阵畸变矩阵 $\boldsymbol{B}_2$）形成孪晶。通过变体 V1 和 V2 之间的简单几何关系，可以解出变体 V1 的旋转矩阵 $\boldsymbol{\Phi}$；在 $\alpha$ 坐标系中，

旋转矩阵 $\boldsymbol{\Phi}^a$ 可以表示为

$$\boldsymbol{\Phi}^a = \begin{bmatrix} 0 & 0 & 0 \\ 0 & 0 & -\varepsilon_2+\varepsilon_1 \\ 0 & \varepsilon_2-\varepsilon_1 & 0 \end{bmatrix}_a \tag{8.10}$$

在 ID 方法中,总的畸变矩阵 $\boldsymbol{T}$ 的形式为

$$\boldsymbol{T} = \boldsymbol{R} + \boldsymbol{B} + \boldsymbol{P} \tag{8.11}$$

在 Mn 基合金中,FCC-FCT 马氏体相变的点阵不变切变为孪晶切变,这样总的畸变矩阵 $\boldsymbol{T}$ 就可以表示为如下形式:

$$\boldsymbol{T} = \boldsymbol{R} + f(\boldsymbol{\Phi}+\boldsymbol{B}_1) + (1-f)\boldsymbol{B}_2 \tag{8.12}$$

其中,$f$ 为变体 V1 在孪晶马氏体相中的体积分数,$1-f$ 为变体 V2 在孪晶马氏体相中的体积分数。这样在方程(8.12)中就同时考虑了两种变体对相变晶体学的贡献,即孪晶切变在 FCC-FCT 相变晶体学得到了有效体现。定义点阵畸变矩阵 $\boldsymbol{F}$ 为

$$\boldsymbol{F} = f(\boldsymbol{\Phi}+\boldsymbol{B}_1) + (1-f)\boldsymbol{B}_2 \tag{8.13}$$

根据方程(8.9)、方程(8.10)和方程(8.13),可以计算出在 $\alpha$ 坐标系中点阵畸变矩阵 $\boldsymbol{F}^a$ 为

$$\boldsymbol{F}^a = \begin{bmatrix} \varepsilon_1 & 0 & 0 \\ 0 & \varepsilon_1-f(\varepsilon_2-\varepsilon_1) & -f(\varepsilon_2-\varepsilon_1) \\ 0 & f(\varepsilon_2-\varepsilon_1) & \varepsilon_1+f(\varepsilon_2-\varepsilon_1) \end{bmatrix}_a \tag{8.14}$$

同理,可以得到点阵畸变矩阵 $\boldsymbol{F}$ 在 $n$ 坐标系中的 $\boldsymbol{F}^n$ 为

$$\boldsymbol{F}^n = \begin{bmatrix} \varepsilon_1 & 0 & 0 \\ 0 & \varepsilon_1-f(\varepsilon_2-\varepsilon_1) & -f(\varepsilon_2-\varepsilon_1) \\ 0 & f(\varepsilon_2-\varepsilon_1) & \varepsilon_1+f(\varepsilon_2-\varepsilon_1) \end{bmatrix}_n \tag{8.15}$$

其中,$\boldsymbol{F}^n$ 的相关分量要满足方程(8.2)。根据表 8.1 中定义的方向余弦,可以计算出 $n$ 坐标系中的点阵畸变矩阵 $\boldsymbol{F}^n$ 中的所有分量,因此方程(8.2)中的条件进一步可表示为

$$\begin{aligned} F_{11}^n &= \varepsilon_1 \cos^2\theta\cos^2\phi + [\varepsilon_1-f(\varepsilon_2-\varepsilon_1)]\cos^2\theta\sin^2\phi \\ &\quad + [\varepsilon_1+f(\varepsilon_2-\varepsilon_1)]\sin^2\theta = 0 \end{aligned} \tag{8.16}$$

$$F_{22}^n = \varepsilon_1\sin^2\phi + [\varepsilon_1-f(\varepsilon_2-\varepsilon_1)]\cos^2\phi = 0$$

$$F_{12}^n = -f(\varepsilon_2-\varepsilon_1)\cos\theta\sin\phi\cos\phi = 0$$

方程(8.16)是包含三个未知数的方程组,对其求解可得到惯习面指数和体积分数 $f$。解方程(8.16)可得到四组有效解,与 FCC-FCT 马氏体相变晶体学一致。由于晶体学对称性,四组解中只有两组解在晶体学上是独立的,这两组解可写成 S-I 和 S-II,见表 8.2。下面以解 S-I 作为示例,来得到相应的晶体学取向关系。变体 V1 的体积分数为 $f=\varepsilon_1/(\varepsilon_1-\varepsilon_2)$,将其代入方程(8.14)中得到变体 V1 的点阵畸变矩阵 $\boldsymbol{F}$ 在 $\alpha$ 坐标系中为 $\boldsymbol{F}^\alpha$:

$$\boldsymbol{F}^\alpha=\begin{bmatrix} \varepsilon_1 & 0 & 0 \\ 0 & 2\varepsilon_1 & \varepsilon_1 \\ 0 & -\varepsilon_1 & 0 \end{bmatrix}_\alpha \tag{8.17}$$

再将方程(8.5)和(8.17)代入方程(8.6)中,得到在 $\alpha$ 坐标系中总形状畸变矩阵 $\boldsymbol{T}^\alpha$ 为

$$\boldsymbol{T}^\alpha=\begin{bmatrix} \varepsilon_1 & -\omega_3 & \omega_2 \\ \omega_3 & 2\varepsilon_1 & \varepsilon_1-\omega_1 \\ -\omega_2 & -\varepsilon_1+\omega_1 & 0 \end{bmatrix}_\alpha \tag{8.18}$$

根据解 S-I 中惯习面取向的形式,惯习面上的两个非平行向量可选取为

$$\boldsymbol{v}^\alpha(\mathrm{I})=[0,0,1]_\alpha$$
$$\boldsymbol{v}^\alpha(\mathrm{II})=\left[-\left(\frac{\varepsilon_1+\varepsilon_2}{\varepsilon_2}\right)^{1/2},\left(-\frac{\varepsilon_1}{\varepsilon_2}\right)^{1/2},0\right]_\alpha \tag{8.19}$$

联立方程(8.7)~(8.19),旋转矩阵的分量可表示为

$$\boldsymbol{R}^\alpha=\begin{bmatrix} 0 & [-\varepsilon_1(\varepsilon_1+\varepsilon_2)]^{1/2} & 0 \\ -[-\varepsilon_1(\varepsilon_1+\varepsilon_2)]^{1/2} & 0 & -\varepsilon_1 \\ 0 & \varepsilon_1 & 0 \end{bmatrix}_\alpha \tag{8.20}$$

比较方程(8.20)和(8.5),可以得到旋转角 $\omega_i(i=1,2,3)$ 的值分别为

$$\omega_1=\varepsilon_1$$
$$\omega_2=0 \tag{8.21}$$
$$\omega_3=-[-\varepsilon_1(\varepsilon_1+\varepsilon_2)]^{1/2}$$

将方程(8.21)代入方程(8.18)中,即可得到 $\alpha$ 坐标系中的总形变矩阵 $\boldsymbol{T}^\alpha$。利用表 8.1 中的方向余弦转换关系,可以得到 $n$ 坐标系中总形变矩阵 $\boldsymbol{T}^n$ 为

$$\boldsymbol{T}^n=\begin{bmatrix} 0 & 0 & 0 \\ 0 & 0 & -2\varepsilon_1[-(\varepsilon_1+\varepsilon_2)/\varepsilon_1]^{1/2} \\ 0 & 0 & 2\varepsilon_1+\varepsilon_2 \end{bmatrix}_n \tag{8.22}$$

在 $n$ 坐标系中总形变矩阵 $\boldsymbol{T}^n$ 中包含沿着 $x_2^n$ $[(-\varepsilon_1/\varepsilon_2)^{1/2},[(\varepsilon_1+\varepsilon_2)/\varepsilon_2]^{1/2},0]_\alpha$ 惯习面的切变分量 $T_{23}^n=-2\varepsilon_1[-(\varepsilon_1+\varepsilon_2)/\varepsilon_1]^{1/2}$ 和垂直于惯习面的切变分量 $T_{33}^n=2\varepsilon_1+\varepsilon_2$,总的形变切变量大小为 $[(T_{23}^n)^2+(T_{33}^n)^2]^{1/2}=|\varepsilon_2|$。惯习面在 $\alpha$ 坐标系

中的总切变方向为 $[-(-\varepsilon_1/\varepsilon_2)^{1/2},[(\varepsilon_1+\varepsilon_2)/\varepsilon_2]^{1/2},0]_\alpha$。

**表 8.2　利用 ID 方法计算出的 $(011)_\alpha[0\bar{1}1]_\alpha$ 方向的点阵不变切变为孪晶切变的 FCC-FCT 马氏体相变的解析解**[10]

| 计算变量及位向关系 | 两组通解的值 | |
| --- | --- | --- |
| | S-I | S-II |
| V1 的体积分数 $f$ | $\dfrac{\varepsilon_1}{\varepsilon_1-\varepsilon_2}$ | $\dfrac{\varepsilon_2}{\varepsilon_2-\varepsilon_1}$ |
| 惯习面 $p$ | $\left[\left(-\dfrac{\varepsilon_1}{\varepsilon_2}\right)^{1/2},\left(\dfrac{\varepsilon_1+\varepsilon_2}{\varepsilon_2}\right)^{1/2},0\right]_\alpha$ | $\left[\left(-\dfrac{\varepsilon_1}{\varepsilon_2}\right)^{1/2},0,\left(\dfrac{\varepsilon_1+\varepsilon_2}{\varepsilon_2}\right)^{1/2}\right]_\alpha$ |
| 总的形变矩阵 $T^n$ | $\begin{bmatrix} 0 & 0 & 0 \\ 0 & 0 & -2\varepsilon_1[-(\varepsilon_1+\varepsilon_2)/\varepsilon_1]^{1/2} \\ 0 & 0 & 2\varepsilon_1+\varepsilon_2 \end{bmatrix}_n$ | $\begin{bmatrix} 0 & 0 & -2\varepsilon_1[-(\varepsilon_1+\varepsilon_2)/\varepsilon_1]^{1/2} \\ 0 & 0 & 0 \\ 0 & 0 & 2\varepsilon_1+\varepsilon_2 \end{bmatrix}_n$ |
| 孪晶切变方向 $d$ | $\left[-\left(-\dfrac{\varepsilon_1}{\varepsilon_2}\right)^{1/2},\left(\dfrac{\varepsilon_1+\varepsilon_2}{\varepsilon_2}\right)^{1/2},0\right]_\alpha$ | $\left[-\left(-\dfrac{\varepsilon_1}{\varepsilon_2}\right)^{1/2},0,\left(\dfrac{\varepsilon_1+\varepsilon_2}{\varepsilon_2}\right)^{1/2}\right]_\alpha$ |
| 切变量 $m_T$ | $|\varepsilon_2|$ | $|\varepsilon_1|$ |
| **V1 的位向关系** | | |
| $R^\alpha+\Phi^\alpha$ | $\begin{bmatrix} 0 & [-\varepsilon_1(\varepsilon_1+\varepsilon_2)]^{1/2} & 0 \\ -[-\varepsilon_1(\varepsilon_1+\varepsilon_2)]^{1/2} & 0 & -\varepsilon_2 \\ 0 & \varepsilon_2 & 0 \end{bmatrix}_\alpha$ | $\begin{bmatrix} 0 & 0 & [-\varepsilon_1(\varepsilon_1+\varepsilon_2)]^{1/2} \\ 0 & 0 & \varepsilon_1 \\ -[-\varepsilon_1(\varepsilon_1+\varepsilon_2)]^{1/2} & -\varepsilon_1 & 0 \end{bmatrix}_\alpha$ |
| 倾斜角 $\gamma\wedge\alpha$ | | |
| [100] | $[-\varepsilon_1(\varepsilon_1+\varepsilon_2)]^{1/2}$ | $[-\varepsilon_1(\varepsilon_1+\varepsilon_2)]^{1/2}$ |
| [010] | $[-\varepsilon_1(\varepsilon_1+\varepsilon_2)+\varepsilon_2^2]^{1/2}$ | $|\varepsilon_1|$ |
| [001] | $|\varepsilon_2|$ | $(-\varepsilon_1\varepsilon_2)^{1/2}$ |
| **V2 的位向关系** | | |
| $R^\alpha$ | $\begin{bmatrix} 0 & [-\varepsilon_1(\varepsilon_1+\varepsilon_2)]^{1/2} & 0 \\ -[-\varepsilon_1(\varepsilon_1+\varepsilon_2)]^{1/2} & 0 & -\varepsilon_1 \\ 0 & \varepsilon_1 & 0 \end{bmatrix}_\alpha$ | $\begin{bmatrix} 0 & 0 & [-\varepsilon_1(\varepsilon_1+\varepsilon_2)]^{1/2} \\ 0 & 0 & \varepsilon_2 \\ -[-\varepsilon_1(\varepsilon_1+\varepsilon_2)]^{1/2} & -\varepsilon_2 & 0 \end{bmatrix}_\alpha$ |
| 倾斜角 $\gamma\wedge\alpha$ | | |
| [100] | $[-\varepsilon_1(\varepsilon_1+\varepsilon_2)]^{1/2}$ | $[-\varepsilon_1(\varepsilon_1+\varepsilon_2)]^{1/2}$ |
| [010] | $(-\varepsilon_1\varepsilon_2)^{1/2}$ | $|\varepsilon_2|$ |
| [001] | $|\varepsilon_1|$ | $[-\varepsilon_1(\varepsilon_1+\varepsilon_2)+\varepsilon_2^2]^{1/2}$ |

## 8.2.2　FCC-FCT 马氏体相变晶体学解析解

解 S-I 的所有值列在表 8.2 中,同理可得到解 S-II 的所有值。比较解 S-I

和 S-Ⅱ 的形式可以发现,解 S-Ⅱ 实际上与解 S-Ⅰ 是关于孪晶界面 (011)$_\gamma$ 的孪晶对称关系。

### 8.2.3　计算结果分析与讨论

利用原位 XRD[11] 可得到 Mn-Fe-Cu 合金母相和马氏体相的点阵常数,高温 ($>A_f$) 时母相 ($\alpha$-FCC 结构) 的点阵常数为:$a_\alpha = 0.3712$nm;低温 ($<A_s$) 时马氏体相 ($\gamma$-FCT 结构) 的点阵常数为:$a_\gamma = 0.3752$nm,$c_\gamma = 0.3634$nm。根据点阵常数,可计算 $\varepsilon_1$ 和 $\varepsilon_2$ 的值为

$$\varepsilon_1 = \frac{a_\gamma}{a_\alpha} - 1 = 0.0108$$

$$\varepsilon_2 = \frac{c_\gamma}{a_\alpha} - 1 = -0.0210$$

将 $\varepsilon_1$ 和 $\varepsilon_2$ 的值代入表 8.2 中,可以得到 Mn-Fe-Cu 合金中 FCC-FCT 马氏体相变的相关晶体学参数的数值解,如表 8.3 所示。

表 8.3　使用 ID 方法计算的 Mn-Fe-Cu 合金中的晶体学参数的数值解[10]

| 计算变量及位向关系 | 两组通解的值 | |
| --- | --- | --- |
| | S-Ⅰ | S-Ⅱ |
| V1 的体积分数 $f$ | 0.3390 | 0.6610 |
| 惯习面 $p$ | [0.7161, 0.6980, 0] | [0.7161, 0, 0.6980] |
| 切变方向 $d$ | [−0.7161, 0.6980, 0] | [−0.7161, 0, 0.6980] |
| 切变量 $m_T$ | 0.0210 | 0.0210 |
| V1 的位向关系 | | |
| $[100]_\alpha \wedge [100]_{\gamma 1}$ | 0.6018° | 0.6018° |
| $[010]_\alpha \wedge [010]_{\gamma 1}$ | 1.3460° | 0.6174° |
| $[001]_\alpha \wedge [001]_{\gamma 1}$ | 1.2040° | 0.8622° |
| V2 的位向关系 | | |
| $[100]_\alpha \wedge [100]_{\gamma 2}$ | 0.6018° | 0.6018° |
| $[010]_\alpha \wedge [010]_{\gamma 2}$ | 0.8622° | 1.2040° |
| $[001]_\alpha \wedge [001]_{\gamma 2}$ | 0.6174° | 1.3460° |

为了验证 ID 方法的可靠性及其与 Wechsler-Lieberman-Read 表象理论 (WLR 理论) 的一致性,下面利用 WLR 理论[4] 计算相应的晶体学参数。根据 WLR 理论,FCC-FCT 马氏体相变的不变平面应变为孪晶切变,其惯习面 $p$ 和变体 V1 (与 ID 方法中的 V1 对应) 的体积分数 $f$ 也有两组晶体学独立解 (表 8.4)。

**表 8.4　WLR 理论计算出 FCC-FCT 相变的解析解[10]**

| 计算变量 | 两组通解的值 | |
| --- | --- | --- |
| | S-I | S-II |
| V1 的体积分数 $f$ | $\dfrac{1}{2}-\dfrac{1}{2}\dfrac{1-\eta_1^2\eta_2^2}{\eta_1^2-\eta_2^2}\sqrt{1-A^2}$ | $\dfrac{1}{2}+\dfrac{1}{2}\dfrac{1-\eta_1^2\eta_2^2}{\eta_1^2-\eta_2^2}\sqrt{1-A^2}$ |
| 惯习面 $p$ | $\dfrac{1}{\sqrt{1+K^2}}(1,K\cos\gamma,K\sin\gamma)_\alpha$ | $\dfrac{1}{\sqrt{1+K^2}}(1,K\sin\gamma,K\cos\gamma)_\alpha$ |

表 8.4 中，

$$\eta_1=a_\gamma/a_\alpha,\quad \eta_2=c_\gamma/a_\alpha$$

$$K=\sqrt{\frac{1-\eta_1^2\eta_2^2}{\eta_1^2-1}},\quad A=\frac{(\eta_1^2-1)(1-\eta_2^2)}{1-\eta_1^2\eta_2^2}$$

$$\cos\gamma=\frac{1}{2}\sqrt{1+A}+\frac{1}{2}\sqrt{1-A},\quad \sin\gamma=\frac{1}{2}\sqrt{1+A}-\frac{1}{2}\sqrt{1-A}$$

将 Mn-Fe-Cu 合金的点阵常数代入以上公式中，计算出两组解，见表 8.5。

**表 8.5　WLR 理论计算 Mn-Fe-Cu 合金体系得到的数值解[10]**

| 计算变量 | 两组通解的值 | |
| --- | --- | --- |
| | S-I | S-II |
| V1 的体积分数 $f$ | 0.3356 | 0.6644 |
| 惯习面 $p$ | [0.7141,0.6998,0.0152] | [0.7141,0.0152,0.6998] |

比较表 8.3 和表 8.5 中的惯习面指数和马氏体各变体的体积分数，发现对于 Mn 基合金中的 FCC-FCT 马氏体相变晶体学理论计算，ID 方法和 WLR 理论具有很高的一致性。以表 8.3 和表 8.5 中的解 S-I 为例，两种方法计算出的惯习面指数相差约 0.8816°，变体 V1 的体积分数也非常接近。另外，与 Wang[12] 等电镜直接观察到的惯习面指数相比，利用 ID 方法计算出的惯习面指数与之相差只有 1.0442°。这种一致性主要是由于 Mn-Fe-Cu 合金体系中发生 FCC-FCT 马氏体相变时晶体点阵畸变度很小[5]，即 $|\eta_1-1|$ 和 $|\eta_2-1|$ 远小于 1。将表 8.4 中惯习面指数和体积分数的计算结果进行泰勒级数展开，若忽略高阶小量，可得到如下结果（表 8.6）。表中 $\varepsilon_1=\eta_1-1$，$\varepsilon_2=\eta_2-1$，并将惯习面指数归一化。

**表 8.6　忽略高阶小量后 WLR 理论的解析解[10]**

| 计算变量 | 两组通解的值 | |
| --- | --- | --- |
| | S-I | S-II |
| V1 的体积分数 $f$ | $\dfrac{\varepsilon_1}{\varepsilon_1-\varepsilon_2}$ | $\dfrac{\varepsilon_2}{\varepsilon_2-\varepsilon_1}$ |
| 惯习面 $p$ | $\left[\left(-\dfrac{\varepsilon_1}{\varepsilon_2}\right)^{1/2},\left(\dfrac{\varepsilon_1+\varepsilon_2}{\varepsilon_2}\right)^{1/2},0\right]_\alpha$ | $\left[\left(-\dfrac{\varepsilon_1}{\varepsilon_2}\right)^{1/2},0,\left(\dfrac{\varepsilon_1+\varepsilon_2}{\varepsilon_2}\right)^{1/2}\right]_\alpha$ |

比较表 8.2 和表 8.6 中的公式,可以发现 ID 方法的计算结果是 WLR 理论计算结果的高阶近似。$|\eta_1-1|$ 和 $|\eta_2-1|$ 的值越趋近于零,利用 ID 方法计算得到的晶体学参数越接近利用经典 WLR 理论计算的结果。在 ID 方法中,当点阵畸变度($\varepsilon_1$ 和 $\varepsilon_2$)数值的量级为 $10^{-2}$ 时,ID 方法和表象理论分析方法的结果吻合得较好。而钢中的马氏体相变(如 FCC-BCT),其点阵畸变度约在 $10^{-1}$ 量级,比FCC-FCT 马氏体相变要大很多,利用 ID 方法计算得到的结果与实验观测值偏差较大。

## 8.3　FCC-FCT 马氏体相变的原位金相观察

Mn 基合金的马氏体相变温度与合金成分有密切的关系,当 Mn 含量比较高时(>75at%),其 $M_s$ 大于室温,并随着 Mn 含量的增加,$M_s$ 逐步靠近其反铁磁相变温度 $T_N$;相比而言,Mn 含量对 $M_s$ 的影响要大于对 $T_N$ 的影响。下面选择 $Mn_{80}Fe_{15}Cu_5$ 合金作为研究对象,利用具有原位温台的光学金相显微镜(型号:Leica DM 4000)对经 1% 拉伸预形变的试样进行升降温,观察其表面组织的演化。原位加热时采用氩气保护,升、降温速率设置为 40K/min,在每个温度点保温时间为 2min 以便进行观察拍照,拍照时的放大倍数为 200 倍,微分干涉下进行原位观察。图 8.2 是原位升温过程中的微观组织演化,图 8.3 是原位降温过程中的微观组织演化,此时形成的马氏体片比较宽,比较薄。

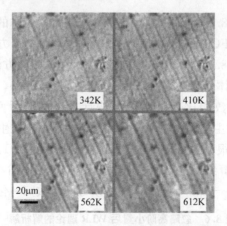

图 8.2　原位升温时 Mn-Fe-Cu 合金表面微观组织的变化

从图 8.2 中可以看出,从室温到 342K,试样表面几乎没有变化,表面有划痕,还有少量平行马氏体的痕迹,这主要是由于马氏体的硬度与母相基体的硬度不同,导致在试样打磨过程中会产生一定的差异。当加热到 410K 时,已观察到一系列的平行浮突产生,随着温度的升高,这种浮突会变得更加明显,而且方向几乎沿同一个方向。由于此合金的马氏体相变温度在室温以上,所以此时的浮突应当是马氏体逆相变导致的。加热到 612K,此时尽管有大量的浮突,但此刻不应当有马氏体,所以此时的浮突应当全部为母相。

　　图 8.3 是试样在 612K 等温 2min 后降温过程中表面形貌的原位观察。在 612K 和 560K 试样表面的浮突几乎没有变化;当降到 435K 时,表面浮突减小,表明此时发生了马氏体相变;降到 335K 时,马氏体相变结束,表面的浮突几乎消失,只留下一些痕迹,甚至比 342K 时的还要干净平整,这可能是由于对试样进行了预变形,除了热诱发的马氏体,还有预应变诱发的二次马氏体,这部分马氏体在降温时没有重新出现。这进一步表明热诱发的马氏体与应力诱发的马氏体是不同的,处于不同的能量状态。为了进一步定量研究 FCC-FCT 马氏体相变的表面形貌特征,下面将利用原位原子力显微镜(AFM)对 FCC-FCT 正逆马氏体相变进行定量观察,包括测量浮突角等。

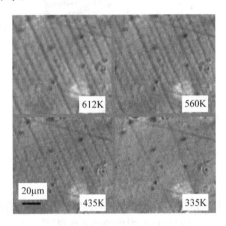

图 8.3　原位降温时 Mn-Fe-Cu 合金表面微观组织的变化

## 8.4　高温下 FCC-FCT 马氏体孪晶逆相变的原位 AFM 研究[11,13]

　　本节主要利用 AFM 研究 Mn-Fe-Cu 合金中的 FCC-FCT 相变中的应变与温度的关系,了解升降温过程中表面浮突的变化,对与相变相关的切应变进行定量分析,同时对相变机制进行分析。AFM 有利于弥补光学显微镜和电子显微镜研究中的不足,特别是在宏观应变方面。

### 8.4.1 DMA 分析 FCC-FCT 马氏体相变的特征温度

利用动态热机械分析仪（DMA）可以对 Mn-14Fe-4.5Cu(wt%)合金的马氏体相变及其逆相变特征温度进行表征,同时可测定反铁磁相变温度。升降温的温度范围为−150～250℃,升降温速率为 3℃/min,频率为 4Hz,测量结果如图 8.4 所示。图 8.4(a)是升降温过程中的模量变化,从图中可以看出,降温过程中模量最低点对应的温度是 150℃,而升温时模量最低点对应 170℃,这两点应当分别对应 $M_s$ 和 $A_s$。

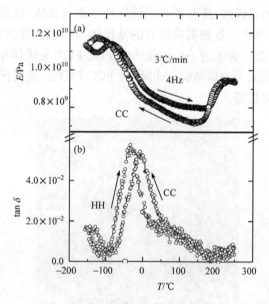

图 8.4　Mn-14Fe-4.5Cu 合金升温（HH）和降温（CC）过程中模量（a）和内耗（b）与温度的关系曲线[11]

图 8.4(b)是升降温过程中的内耗变化曲线,从图中可以看出,最大内耗峰对应的温度分别是−8℃（降温）和−35℃（升温）,这两个温度与 $M_s$ 或 $A_s$ 相差太大,而且这两个内耗峰与频率是相关的,频率变化,内耗峰对应的温度也会变化,这表明它们是马氏体孪晶内耗峰。但在此内耗峰的右侧依然可以看到一个小的内耗峰,只因为它与孪晶内耗峰比较邻近,而且二者的幅度相差比较大,所以此内耗峰不太明显;此内耗峰与频率没有明确的对应关系,不会像孪晶内耗峰那样,其内耗峰对应的温度并不随频率而发生移动,所以此内耗峰属于马氏体相变内耗峰或马氏体逆相变内耗峰,而且对应的温度在 100℃附近,此峰最右端变化转折点大约在 150℃,与 $M_s$ 或 $A_s$ 对应。

### 8.4.2　原位 XRD 马氏体晶体结构分析

通过原位 XRD 可以分析不同温度下材料体系中的相组成及其晶体结构类型。图 8.5 是不同温度下 Mn-14Fe-4.5Cu(wt%)合金的 XRD 谱线图。基于 DMA 实验结果可知所研究合金的相变温度在室温以上,所以测量室温到 300℃之间不同温度下的结构谱线即可判断马氏体结构类型。由于 Mn-14Fe-4.5Cu 合金中马氏体结构是 FCT 结构,其点阵常数满足关系 $a=b\neq c$,所以在 XRD 谱线中其 $(220)_{FCT}$ 和 $(202)_{FCT}$ 峰对应的角度不同,即(220)峰会出现分裂,这是判断 FCT 相出现的重要依据。在 200 ℃以上,母相全部为 FCC 结构,所以其 $(220)_{FCC}$ 和 $(202)_{FCC}$ 峰是重合的;当温度在 100 ℃以下,无论是升温过程还是降温过程,此温度下是马氏体相区,$(220)_{FCC}$ 峰就劈裂为 $(220)_{FCT}$ 和 $(202)_{FCT}$ 两个峰,如图 8.5 所示。按道理(311)峰也应当在升降温过程出现劈裂,但实验 XRD 测量中没有出现,所以此峰更倾向于(113),这样才能对 FCT 结构没有区别。此图也证明 $M_s$ 和 $A_s$ 在 100~200℃范围内,与 DMA 的实验结果是吻合的。

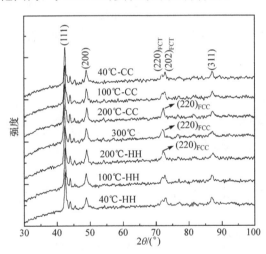

图 8.5　原位 XRD 分析升温(HH)和降温(CC)过程中母相和马氏体晶体结构的变化[11]

### 8.4.3　原位 AFM 表面形貌观测与分析

图 8.6 是合金试样在升降温过程中的三维表面形貌图。升温到 200℃,表面产生了明显的表面浮突,它是马氏体逆相变产生的,即使升温到 300℃,此浮突也能保持很好的稳定性,表明此刻试样已全部转化为母相,所有的表面起伏已不再是孪晶马氏体。以往大多是考虑马氏体正相变产生的表面浮突,所观察到的浮突是马氏体结构,而本节观察到的是母相浮突。由于在升温时发生的是 FCT-FCC 相

变,相变体积会减小,所以表面会产生起伏。比较升降温过程中的三维形貌特征(图 8.6(a)和(b)),可看出此过程具有良好的可逆性,这是由热弹马氏体相变的晶体学可逆决定的,同时表明此马氏体是热诱发的马氏体相变,而不是应力或应变诱发的马氏体相变,因为这些马氏体在升温完全转化为母相后再降温时不会再次形成马氏体,主要是再次降温时没有外应力场或应变场的诱发作用。

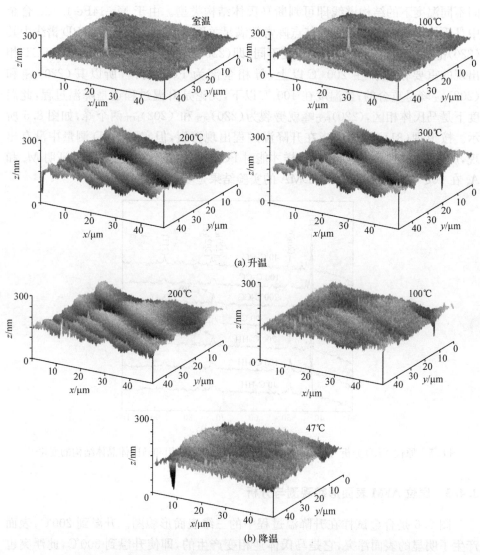

图 8.6　Mn-14Fe-4.5Cu 合金在升温和降温过程中三维表面形貌图[11]

上面的实验结果直接证实了马氏体逆相变可以产生浮突,但逆相变的微观机制及逆相变过程中表面浮突形成机理并不清楚。图 8.7(a)是升降温过程中不同温度下的二维表面形貌图,它们与图 8.6 是相互对应的,从二维形貌图也可看出升降温过程具有很好的可逆性。图 8.7(b)是室温(RT)、300℃和 47℃时试样表面刻线的浮突线图。由此可以看出,逆相变产生的浮突尽管并不对称,但具有明显的切变特征,而且这种切变是马氏体逆相变产生的,由此可证明马氏体逆相变也是一个切变过程。在前面的 FCC-FCT 马氏体相变晶体学分析中已提出孪晶切变机制,对于其逆相变,则应当是反向的孪晶切变机制(图 8.7(c)),这可以从高温下的表面浮突特征来获得证实。本合金中是热诱发产生的马氏体,这种浮突特征也不同于其他合金(如 Fe-Mn-Si 合金)中应力诱发的马氏体单变体的浮突特征,同时不同于其他合金或钢中扩散相变产生的表面浮突特征。

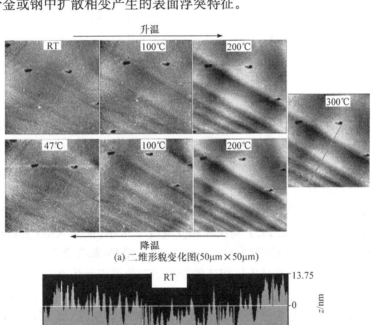

(a) 二维形貌变化图(50μm×50μm)

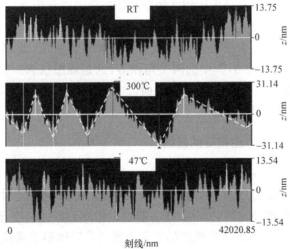

(b) 不同温度时的表面浮突

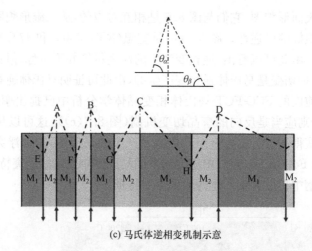

(c) 马氏体逆相变机制示意

图 8.7　Mn-14Fe-4.5Cu 合金在升降温过程中的二维形貌变化图、
试样在不同温度时的表面浮突以及马氏体逆相变机制示意图[11]

　　逆相变中的反向孪晶切变产生的浮突角可定义为 $(\theta_\alpha|\theta_\beta)$（图 8.7(c)）。本节
计算了图 8.7(c) 中 A、B、C、D 各点的逆孪晶切变角，分别为 $(\theta_\alpha|\theta_\beta)_A=$ $(1.03°|$
$0.97°)$，$(\theta_\alpha|\theta_\beta)_B=(1.09°|0.80°)$，$(\theta_\alpha|\theta_\beta)_C=(0.67°|0.42°)$，$(\theta_\alpha|\theta_\beta)_D=(0.76°|$
$0.21°)$。由此可以看出，此切变角最大为 $1.09°$，表明 FCC-FCT 马氏体相变的表
面浮突角非常小，其他合金体系中的表面浮突角可达到 $19.7°$，这主要是由马氏体
相变的类型决定的。FCC-FCT 马氏体相变应变非常小，根据 XRD 实验得到室温
下其 $c/a \approx 0.973$，其轴向应变 $(1-c/a) \approx 0.027$，而 Fe 基合金中马氏体相变的应
变可得到 0.1。FCC-FCT 马氏体相变的孪晶切变角可表示为 $\theta_{TB}=[90°-2\arctan$
$(c/a)]$，计算得到本合金的 $\theta_{TB} \approx 1.568°$；只有当孪晶切变面和孪晶切变方向同时
垂直于测量表面时，表面浮突角才最大，等于孪晶切变角，此刻的孪晶浮突角
$(\theta_\alpha|\theta_\beta)=(1.568°|1.568°)$，其中的两个角相等，这是理想状态。实际测量中只要
孪晶切变面或切变方向有一个不垂直表面，这两个角就不会相等，而且都要小于
$1.568°$，如上面的测量结果就证实了这一点。

### 8.4.4　FCC-FCT 马氏体逆相变的级别

　　图 8.8 给出了 Mn-14Fe-4.5Cu 合金在室温到 300℃ 之间升降温过程中的
DSC 热分析和热膨胀（$\Delta L/L_0$）测量曲线，分别用 L1 和 L2 表示。由于磁性相变导
致的应变在 $10^{-6}$ 级别，所以利用热膨胀一般难以检测到磁性相变导致的试样尺寸
的变化，所以本实验测得的试样长度的变化主要是马氏体相变或其逆相变导致的。
本合金属于高锰合金，其 $M_s$、$A_s$ 和 $T_N$ 比较接近，这表明降温时 FCC→FCT 马氏
体相变与顺磁→反铁磁相变之间有较强的耦合作用，升温时 FCT→FCC 马氏体逆

相变与反铁磁→顺磁相变之间有较强的耦合作用。一般认为马氏体相变属于一级相变,而顺磁→反铁磁相变属于二级相变,当一级相变与二级相变遇到一起时,表现为一级相变还是二级相变则需要实验验证。

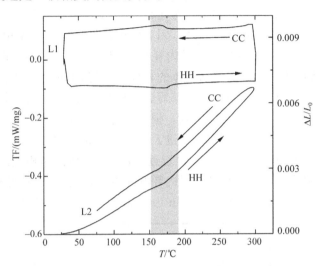

图 8.8　Mn-14Fe-4.5Cu 合金升温(HH)和降温(CC)过程中磁相变对应的热流(TF)
曲线(L1)和热膨胀曲线(L2)的变化[11]

从图 8.8 中可以看出,升降温过程中其热流峰基本对应,热膨胀转折点也基本对应,而且热流峰与热膨胀转折点也是对应的,这表明马氏体结构相变与磁性相变之间的确具有较强的耦合效应,从而使一级马氏体相变具有二级马氏体相变的特征。另外考虑到这种合金的 $T_N > M_s$,所以可以认为降温过程中反铁磁相变可诱发马氏体相变或马氏体孪晶切变。以往是不考虑马氏体逆相变的级别,在这里基于实验结果认为马氏体逆相变也具有二级相变的特征。

## 8.5　低温下 FCC-FCT 马氏体孪晶切变的原位 AFM 研究[14]

由于 Mn 含量对马氏体相变温度的影响比对反铁磁相变温度的影响大,所以可以通过降低合金中 Mn 含量从而使 $M_s$ 和 $T_N$ 分开,这样有利于排除反铁磁相变的影响,单独研究 FCC-FCT 马氏体相变,而且有可能将 $M_s$ 降到室温以下,可研究马氏体正相变的表面形貌特征及相关机制,并同逆相变的微观机制进行比较。Mn-26Fe-4.6Cu 是比较合适的研究对象。

### 8.5.1　不同频率下 DMA 测量

为了确定 Mn-25Fe-5Cu(wt%)合金的相变温度,本节利用 DMA 测定 −150∼

250℃合金模量（$E$）和内耗（tanδ）的变化，升降温速率为 3℃/min，频率分别为 4Hz、2Hz、1Hz。测量结果如图 8.9 所示。由图 8.9(a) 可知，在降温过程中，弹性模量在 220℃左右开始变小，出现模量的软化现象，这是顺磁→铁磁相变的开始，但此时没有出现与反铁磁相变相关的内耗峰，当温度进一步降到−75℃时，出现了内耗峰，但此时并不对应模量的最小值，因为此内耗峰不是马氏体相变内耗峰，而是马氏体孪晶弛豫峰。升温时的孪晶内耗峰对应在−50℃左右，如图 8.9(b) 所示。升降温过程中均没有观察到马氏体的相变内耗峰，但可以初步判断马氏体相变温度及其逆相变温度均在室温至−75℃。相比马氏体相变，此磁性相变的内耗应当更小，所以在本实验中没有观察到。根据以往的实验结果，马氏体相变的内耗峰与合金成分有密切的联系，当 Mn 含量大于 80wt%时，才能观察到比较明显、相对稳定的马氏体相变内耗峰，当 Mn 含量逐步减少时，马氏体相变温度也逐步降低，其相变内耗峰会逐渐被马氏体孪晶内耗峰所淹没，从而无法分离出马氏体的相变内耗峰。这与 Mn 基其他合金，如 Mn-Fe、Mn-Cu、Mn-Ni 的研究结果符合[3]。

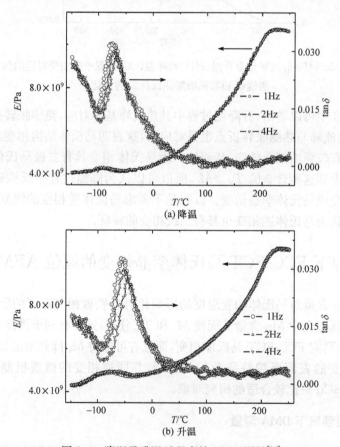

图 8.9　降温及升温过程中的 DMA 测量[14]

### 8.5.2　原位 XRD 晶体结构分析

　　根据 DMA 的实验结果,利用原位 XRD 测定 Mn-Fe-Cu 合金在降温过程中晶体结构的变化,这里设定了 4 个测量温度,分别是室温、—50℃、—100℃ 和—150℃。图 8.10 是通过原位 XRD 得到的升降温过程中不同温度下的衍射谱。对于 Mn 基合金,母相为 FCC 结构,而马氏体相为 FCT 结构。对于 FCC 结构,其(220)峰和(202)峰是重合的,而对于 FCT 结构,由于其点阵常数 $a \neq c$,所以其(220)峰与(202)峰会分开,或者会出现某些衍射峰的宽化现象。从图中可以看出,当温度降低到—150℃时,室温下的$(220)_{FCC}$峰逐步分裂为$(220)_{FCT}$和$(202)_{FCT}$两个衍射峰,由此可以确定体系在降温过程中发生了结构相变,其相变类型为 FCC→FCT 马氏体相变,而在室温时,这两个峰又会合并为一个$(220)_{FCC}$峰。根据图 8.10 可直接证明在降温过程中发生了 FCC→FCT 马氏体相变,升温时会发生逆相变,其相变具有较好的可逆性。

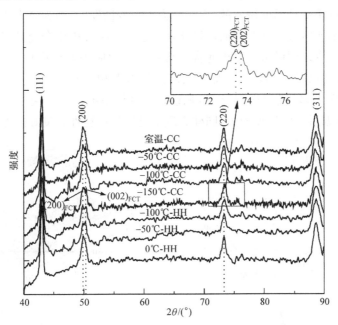

图 8.10　升温(HH)和降温(CC)过程中的原位 XRD 测量[14]

### 8.5.3　原位 AFM 表面形貌分析

　　在确定好材料的相变温度后,利用 AFM 原位观测升降温过程中表面浮突的变化。根据原位 XRD 的结果,在室温下组织全部为母相 FCC 结构,在室温下选择马氏体相变区具有较大的盲目性,所以在具体观测时先将试样降低到相变温度以下,然后去寻找马氏体相变区就容易得多。所以,具体的实验过程是从-120℃升到室温,再降到-120℃,在这个温度区间再取两个观测温度:-20℃和-70℃。图 8.11是利用 AFM 测得的升降温过程中的三维形貌图。从图中可以看出,在-20℃时表面开始出现三维浮突,在-70℃时形成了明显的表面浮突,继续降到-120℃,此三维表面浮突没有太大的变化,表明马氏体相变已完成。当室温到-20℃时表面的浮突开始消失,在室温时又恢复原状,表面浮突消失,表面马氏体逆相变全部完成。

　　由于每次升降温都要将探针抬起,所以每次测量的位置会有所偏移,但基本都在原位置的附近,但这并不影响测量的结果。结合图 8.10 和图 8.11可知,在升降温过程中伴随 FCC-FCT 马氏体相变会出现表面浮突的变化,同 Ni 基、Cu 基和 Fe 基形状记忆合金的表面浮突相比,本合金表面浮突的变化要小很多,这与其点阵畸变小有密切关系,具体原因将在下面加以解释。对比图 8.11(a)和(b)可知,此 Mn 基合金的表面浮突具有良好的可逆性。这种可逆性是通过升温完成的,证明此合金中的马氏体相变是温度诱发的,而非应力或应变诱发的,因为应力或应变诱发的马氏体相变不能通过温度变化而恢复原状。进一步推证得出合金具有由温度控制的形状记忆效应。同样可以得出此合金形状记忆效应为双程形状记忆效应,因为其在加热时恢复高温相形状,冷却时又能恢复低温相形状。Wang 等研究了 Mn-Fe-Cu 合金马氏体的高温逆相变[11],观察到此过程中出现了由逆相变引起的表面浮突,并且降温后表面浮突消失,同样表现出良好的可逆性。良好的可逆性是热弹

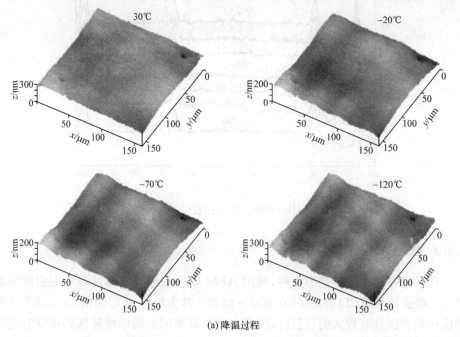

(a) 降温过程

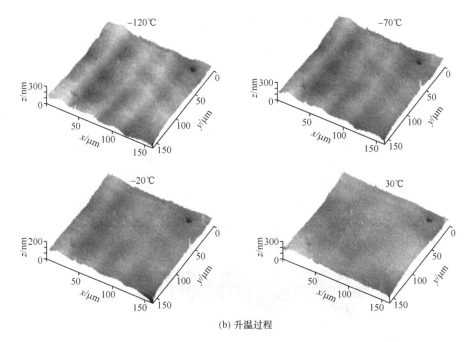

(b) 升温过程

图 8.11  降温过程和升温过程中不同温度下的三维形貌图[14]

性马氏体相变的重要特征,而在钢和 Co-Ni 等合金中由于母相中显著的位错、孪晶等,亚结构难以实现。因为 FCT 结构的低对称性,FCC-FCT 相变的可逆性一度被视为可逆马氏体相变的一个例外[15]。然而,Bhattacharya 等[16]在对马氏体相变的可逆性和晶体对称性的研究中提出了一套新的理论解释,其中 FCC-FCT 相变满足良好可逆性的条件。

　　下面对 FCC-FCT 马氏体相变机理及表面浮突特征进行深入分析,如图 8.12所示。图 8.12(a)是合金降温过程的二维表面形貌图,显示表面形貌具有良好的可逆性,同图 8.10 完全一致。为了进一步分析浮突的特征,在降温过程−120℃、−20℃以及升温过程−120℃的二维表面形貌图相同位置画上一条线即可分别得到其横截面形貌,线的位置如图 8.12(a)所示,所得的横截面形貌如图 8.12(b)所示。从图 8.12(b)可以明显看出,在 $M_s$ 下形成的表面浮突为两边不对称的 N 型浮突。马氏体相变引起的表面浮突有多种形状,如 Z 型、帐篷型和 N 型。表面浮突的形状与多种因素均有关系。首先,马氏体相变的类型会对表面浮突的形状有直接的影响,如合金 FCC-HCP 相变形成 N 型浮突[17]、钢中单一马氏体形成的 Z 型浮突[18]、TiCr 合金 BCC-HCP 相变形成帐篷状浮突[19]。Liu 等在对 Fe-Mn-Si 马氏体相变的研究中发现温控诱发的表面浮突与应力诱发的表面浮突形状不一致,这表明诱发马氏体相变的途径也会对表面浮突产生影响[20]。Hirth 等[21]探讨

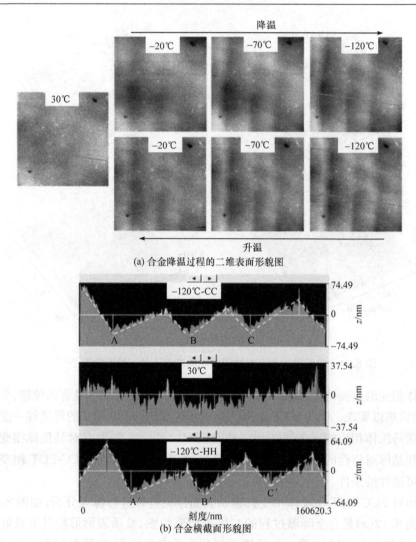

(a) 合金降温过程的二维表面形貌图

(b) 合金横截面形貌图

图 8.12　合金在升降温过程中的表面形貌图[14]

了 FCC-HCP 类型的马氏体相变,给出了形成帐篷状浮突和不变平面应变浮突的不同机理,这表明除相变类型、诱发途径之外的其他一些因素也会影响表面浮突。N 型浮突已经在 Ni-Mn-Ga[17]、Fe-Mn-Si[20]、Cu-Zn-Al[22] 等体系中被发现并广泛研究,Wang 等[11] 在 Mn-Fe-Cu 合金的 FCC-FCT 高温逆相变过程中观察到的表面浮突即不对称 N 型。对于 N 型浮突,孪晶切变在 {259}$_f$ 马氏体中起到了重要作用。Tian 等[23] 在对 Mn-Cu 合金马氏体的研究中观测到了 $1\sim5\mu m$ 厚度的孪晶片以及透射电镜观察到此孪晶中形成的 100nm 厚度的二次孪晶,并提出 FCC 相 90° 孪晶界变动的形核方式。Wang 等[12] 通过运用高分辨率透射电子显微镜观察 Mn-Fe-Cu 合金的 FCC-FCT 相变,得出相变过程中原子沿着与(110)平行的方向运动,(110)即低温相的孪晶界,并且孪晶位错的存在会降低应变能。这些研究结果都表明 Mn 基合金在马氏体相变过程中形成了孪晶马氏体,马氏体结构依旧是 FCT 结构。如先前所提到的,在图 8.9 中内耗随温度的变化仅表现出一个低温峰,而非之前研究结果中表现的双峰——高温马氏体相变峰和低温孪晶内耗峰,由此可以认为 Mn-25Fe-5Cu 合金中存在马氏体相变内耗峰与低温孪晶界牵动内耗峰的耦合。但是对其机制依旧存在争议。当反铁磁转变与马氏体转变温度非常接近时,可以认为是反铁磁转变诱导了马氏体相变,而当反铁磁转变温度与马氏体相变温度相差较大时,这种耦合效应应当非常微弱,即反铁磁转变不足以诱发马氏体相变。以往在电镜原位观察中可以看到孪晶条纹组织,随着温度的降低,这些条纹组织会逐步演变成为马氏体孪晶,这种合金中 Mn 含量大约为 80wt%,这种机制不适合 Mn-25Fe-5Cu 合金体系。结合 AFM 观测分析的峰型、DMA 测得的内耗峰特征以及 Tian 等和 Wang 等电镜观察的结果,孪晶切变被确认为此合金马氏体相变形核与长大的主要机制。马氏体相变及其逆相变一直被认为是通过奥氏体相-马氏体相的相界面迁移来完成的,但由于相变过程伴随着模量软化,所以同样可以被视为由切变完成。

### 8.5.4　表面浮突角分析

除表面浮突的类型之外,浮突角也是表征马氏体相变浮突的一个重要方法。图 8.13(a)为浮突角($\theta_\alpha | \theta_\beta$)定义的示意图。计算图 8.13(a)中 A、B 和 C 三点的浮突角,其结果分别为(0.32°|0.08°)、(0.22°|0.14°)和(0.24°|0.11°)。三点浮突角大小相差很小是因为马氏体之间为了降低应变能而产生了自协作效应。而对于 A′、B′ 和 C′ 三点,它们的浮突角为(0.37°|0.07°)、(0.29°|0.13°)和(0.21°|0.13°)。对比 A 和 A′、B 和 B′、C 和 C′ 的浮突角可以得出对应点经过升降温过程后浮突角基本没有发生变化,即合金良好的形状记忆效应得到了更为量化的证明。之前利用 AFM 进行的表面浮突研究中,各种合金的浮突角都被测量过,如 Fe-C 合金的 15°~25°[24]、Cu-Zn-Al 合金的 14.3°[22]、TiCr 合金的 6°[24]、Ni-Mn-Ga 合金的 2°~3°[17]。Wang 等甚至在 Mn-Fe-Cu 马氏体逆相变浮突中测到了 0.4°~1.0°这样极小的浮突角[11]。然而,在本合金马氏体相变中观测到了比之更小的 0.07°~0.37°,即使是最大的 0.37°也要小于其最小的 0.42°,这应该是目前所有测得的最小的浮突角。显然,浮突角的大小与浮突峰型一样会受马氏体相变类型和诱发浮突途径的影响。前者的影响已经在之前的阐述中得到体现,后者的影响则在 Fe-Mn-Si 温度诱发相变和应力诱发相变的对比研究中得到证明。该合金相变中之所以会产生如此小的浮突角,是因为 FCC-FCT 结构的晶格常数变化或者晶格畸变很小。根据图 8.10 中 XRD 数据,计算可得−150℃下 FCT 相中 $c/a = 0.9944$,与 1 相差仅 0.0056,即马氏体相的 FCT 结构十分接近 FCC。Mn-Cu 合金相变得到 FCT 结构的 $c/a$ 会随温度降低而降低,由此逆推可知−100℃时 Mn-25Fe-5Cu 合

金的 $c/a$ 大于 0.9944，与 1 的差值更小乃至受仪器精度限制而忽略不计，这可能是图 8.10 中－100℃未观察到明显 FCT 衍射峰的原因。值得注意的是，此合金中 Mn 的含量大于 70mol％，FCC-FCT 转变 $M_s < T_N$，但是它的 $c/a < 1$。对比 Wang 等所研究的逆相变浮突的 Mn-14Fe-4.5Cu 合金[11]，本合金中 Mn 含量降低到了 70wt％，导致 $M_s$ 降低到室温以下。Mn-Fe-Cu 磁形状记忆效应中，其顺磁-反铁磁转变伴随着模量的急剧下降，故而由图 8.9 中切变模量与温度的关系判定 $T_N$ 在 150～200℃范围内，推证得出 Mn 含量的变化会导致相变机理的变化，是因为 Mn 含量下降引起 $M_s$ 下降到室温以下，从而导致与顺磁反铁磁转变温度 $T_N$ 相差过大，反铁磁相变与马氏体相变的相互耦合作用消失。反铁磁转变不仅会降低应变能和界面能，从而降低马氏体相变能垒，也会产生与马氏体相变方向一致的晶格畸变，有利于马氏体相变的发生，甚至当引起的晶格畸变大于 $5 \times 10^{-3}$ 时会诱发马氏体相变，即人们所知的应变松弛机制。考虑到反铁磁转变的作用，Mn-25Fe-5Cu 合金中马氏体相变与反铁磁转变耦合的缺失会使得马氏体相变进行更加困难，从而抑制了大晶格畸变的产生。除了上述原因外，也应该考虑到晶格热膨胀随温度的变化特征，Mn 含量下降引起 $M_s$ 降低到－50～－70℃范围内，则实验中所观测到的表面浮突的形成与长大发生在 $M_s$ 到－120℃温度区间中，如此低的温度显然会降低晶格的热膨胀，降温过程中晶格常数变化变小，故而最终观测到的表面浮突也会较小。

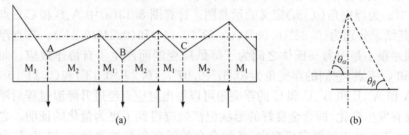

图 8.13　FCC-FCT 马氏体相变浮突角示意图[14]

# 8.6 小　结

(1) 在 Mn-Fe-Cu 合金体系中，FCC-FCT 马氏体相变的点阵畸变度在 $10^{-3} \sim 10^{-2}$ 量级。对于极小的点阵畸变度，应用 ID 近似理论可给出形式简单而且足够精确的相变晶体学参数的解析解。通过 ID 近似理论计算了点阵不变形变为孪晶切变的 FCC-FCT 马氏体相变的相关晶体学参数，得到了形式简单的解析解，与实验测量结果吻合。比较 ID 近似理论计算的结果与经典 WLR 理论计算结果，可以发现前者是后者的高阶近似，在点阵畸变度较小的情况下，两者的精度几乎相同。因此，对于 Mn-Fe-Cu 合金等点阵畸变度较小的合金体系，ID 近似理论是一种预测相变晶体学特征的极其便利的分析手段。

　　（2）原位金相观察发现经过 1% 预变形的 Mn-Fe-Cu 合金在升降温过程中会导致表面浮突的产生，这是马氏体逆相变导致的；由于预变形的影响，应变诱发的马氏体升温可逆相变为母相，但在降温过程中这些马氏体不能重新形成，导致升降温后的组织演化并不完全可逆。

　　（3）利用原位 XRD 和原位 AFM 研究了 Mn-14Fe-4.5Cu 高锰合金中的马氏体逆相变，发现表面浮突是由马氏体逆孪晶切变产生的，这种浮突全部是母相结构；所测定表面浮突角 $(\theta_\alpha | \theta_\beta)$ 小于理想的孪晶切变角；升降温过程中这种表面浮突具有良好的可逆性，这是由热弹马氏体相变的晶体学可逆决定的；实验结果显示，Mn-14Fe-4.5Cu 合金的 FCC-FCT 马氏体一级相变与顺磁-反铁磁二级相变非常接近，二者具有较强的耦合效应，从而使马氏体相变具有二级相变的特征。

　　（4）利用原位 AFM 观察到了 Mn-25Fe-5Cu 合金在室温下的升降温过程中因 FCC-FCT 马氏体相变导致的 N 型表面浮突的形成与消失，直接证明 FCC-FCT 马氏体相变的切变特征。孪晶切变被认为是 N 型浮突形成的主要机制。基于孪晶切变的马氏体正相变的表面浮突角 $(\theta_\alpha | \theta_\beta)$ 的定义，对其进行了测量，得出其值远小于其他合金成分的浮突值，为目前发现的最小浮突角。这表明当反铁磁相变没有直接影响马氏体相变时，表面浮突角进一步减小。表面浮突的可逆性以及升降温过程中 −120℃ 对应点的浮突角基本无变化，表明此合金具有良好的表面形貌记忆效应，这是由形状记忆合金的晶体学可逆性决定的。

## 参 考 文 献

[1] 徐祖耀，等. 形状记忆材料[M]. 上海：上海交通大学出版社，2000.

[2] Sozinov A, Lanska N, Soroka A, et al. 12% magnetic field-induced strain in Ni-Mn-Ga-based non-modulated martensite [J]. Applied Physics Letters, 2013, 102(2):1-39.

[3] 徐祖耀. 材料相变[M]. 北京：高等教育出版社，2013.

[4] 徐祖耀. 马氏体相变与马氏体[M]. 2 版. 北京：科学出版社，1999.

[5] Kato M, Shibata-Yanagisawa M. Infinitesimal deformation approach of the phenomenological crystallographic theory of martensitic transformations[J]. Journal of Material Science, 1990, 25(1):194-202.

[6] Shibata-Yanagisawa M, Kato M. Crystallographic analysis of cubic (tetragonal) to monoclinic martensitic transformations based on the infinitesimal deformation approach [J]. Materials Transactions, 1990, 31(1):18-24.

[7] Kelly P M. Martensite crystallography—The apparent controversy between the infinitesimal deformation approach and the phenomenological theory of martensitic transformations[J]. Metallurgical and Materials Transactions A, 2003, 34(9):1783-1786.

[8] Khachaturyan A G, Shatalov G A. Theory of macroscopic periodicity for a phase transition in the solid state [J]. Journal of Experimental and Theoretical physics, 1969, 29:557.

[9] Mura T, Mori T, Kato M. The elastic field caused by a general ellipsoidal inclusion and the application to martensite formation[J]. Journal of the Mechanics and Physics of Solids, 1976, 24(5):305-318.

[10] 王林, 崔严光, 万见峰, 等. Mn-Fe-Cu 反铁磁形状记忆合金中 FCC-FCT 马氏体相变晶体学研究[J]. 中国有色金属学报, 2015, 25(3):720-726.

[11] Wang L, Cui Y G, Wan J F, et al. In-situ AFM study of high-temperature untwinning surface relief in Mn-Fe-Cu antiferromagnetic shape memory alloy[J]. Applied Physics Letters, 2013, 102 (18):181901.

[12] Wang X, Zhang J. Structure of twin boundaries in Mn-based shape memory alloy: A HR-TEM study and the strain energy driving force [J]. Acta Materialia, 2007, 55:5169-5176.

[13] 元峰, 刘川, 耿正, 等. 锰基高温反铁磁形状记忆合金中 FCC-FCT 马氏体逆相变的表面浮突研究[J]. 物理学报, 2015, 64(1):016801.

[14] Liu C, Yuan F, Gen Z, et al. In-situ study of surface relief due to cubic-tetragonal martensitic transformation in Mn69. 4Fe26. 0Cu4. 6 antiferromagnetic shape memory alloy[J]. Journal of Magnetism and Magnetic Materials, 2016, 407:1-7.

[15] Otsuka K, Shimizu K. On the crystallographic reversibility of martensitic transformations [J]. Scripta Metallurgics, 1977, 11(9):757-760.

[16] Bhattacharya K, Conti S, Zanzotto G, et al. Crystal symmetry and the reversibility of martensitic transformations [J]. Nature, 2004, 428(6978):55-59.

[17] Buschbeck J, Niemann R, Heczko O, et al. In situ studies of the martensitic transformation in epitaxial Ni-Mn-Ga films [J]. Acta Materialia, 2009, 57(8):2516-2526.

[18] Bhadeshia H K D H, Christian J W. Bainite in Steels Metallurgical Transaction A, 1990, 21 (3):767-797.

[19] Furuhara T, Howe J, Aaronson H. Interphase boundary structures of intragranular proeutectoid $\alpha$ plates in a hypoeutectoid Ti-Cr alloy [J]. Acta Metallurgica and Materialia, 1991, 39(11):2873-2886.

[20] Liu D, Ajiwara S T, Kikuchi T, et al. Semiquantitative analysis of surface relief due to martensite formation in Fe-Mn-Si-based shape memory alloys by atomic force microscopy [J]. Philosophical Magazine Letters, 2000, 80(12):745-753.

[21] Hirth J, Spanos G, Hall M, et al. Mechanisms for the development of tent-shaped and invariant-plane-strain-type surface reliefs for plates formed during diffusional phase transformations [J]. Acta Materialia, 1998, 46(3):857-868.

[22] Yang Z G, Fang H S, Wang J J, et al. Surface relief associated with martensite and bainite in a Cu-Zn-Al alloy measured by atomic force microscopy[J]. Journal of Applied Physics, 1996, 79(12):9129-9133.

[23] Tian Q, Yin F, Sakaguchi T, et al. Reverse transformation behavior of a prestrained MnCu alloy[J]. Acta Materialia, 2006, 54(7):1805-1813.

[24] Hall M, Aaronson H. Formation of invariant plane-strain and tent-shaped surface reliefs by the diffusional ledge mechanism [J]. Metallurgical and Materials Transactions A, 1994, 25 (9):1923-1931.

# 编 后 记

　　《博士后文库》(以下简称《文库》)是汇集自然科学领域博士后研究人员优秀学术成果的系列丛书。《文库》致力于打造专属于博士后学术创新的旗舰品牌,营造博士后百花齐放的学术氛围,提升博士后优秀成果的学术和社会影响力。

　　《文库》出版资助工作开展以来,得到了全国博士后管委会办公室、中国博士后科学基金会、中国科学院、科学出版社等有关单位领导的大力支持,众多热心博士后事业的专家学者给予积极的建议,工作人员做了大量艰苦细致的工作。在此,我们一并表示感谢!

《博士后文库》编委会